山地人居环境研究丛书/赵万民 主编

国家自然科学基金重点资助项目:"西南山地城市(镇)规划适应性理论与方法研究",项目编号:50738007

科技部"十一五"支撑计划项目:"城市旧区土地改造利用关键技术研究",项目编号:2006BAJ14B06

科技部"十一五"支撑计划项目:"国家重大工程移民搬迁住宅区规划设计技术标准集成与示范",项目编号:2008BAJ08B19

教育部博士点基金项目:"三峡库区城镇化与人口资源协调发展的理论研究",项目编号:20070611040

教育部重点实验室项目:"山地城镇建设与新技术"研究项目

西南山地城市空间适灾理论与方法研究

李云燕　著

东 南 大 学 出 版 社

·南京·

内 容 提 要

本书立足城乡规划的视角,以山地城市灾害作用的城市空间为研究对象,以灾害作用的空间过程为研究切入点,探索山地城市防灾减灾的基础性理论问题;从空间视角研究城市空间抵抗灾害的作用机制与规律,从城市外部环境、城市空间、城市形态方面探讨了城市空间适灾的影响要素,并建立起城市外部环境、城市(内部)空间、城市形态与灾害形成、发展和衰减之间的作用关系;最后研究提出了灾前干预、灾中控制、灾后重构的灾害干预规划方法。

本书在理论与实证研究的基础上,探索山地城市空间避免灾害、承载灾害、抵抗灾害的原理和方法。本书可供城市规划、城市防灾减灾及城市管理人员学习和参考,也可供城市规划及城市防灾减灾相关专业研究人员、师生阅读参考。

图书在版编目(CIP)数据

西南山地城市空间适灾理论与方法研究 / 李云燕著.
—南京:东南大学出版社,2015.12
(山地人居环境研究丛书/赵万民主编)
ISBN 978-7-5641-5753-1

Ⅰ.①西…　Ⅱ.①李…　Ⅲ.①城市空间-研究-西南
地区　Ⅳ.①TU984.27

中国版本图书馆 CIP 数据核字(2015)第 107576 号

西南山地城市空间适灾理论与方法研究

著　　者	李云燕	
责任编辑	宋华莉	
编辑邮箱	52145104@qq.com	
出版发行	东南大学出版社	
出 版 人	江建中	
社　　址	南京市四牌楼 2 号(邮编:210096)	
网　　址	http://www.seupress.com	
电子邮箱	press@seupress.com	
印　　刷	江苏兴化印刷有限责任公司	
开　　本	787mm×1092mm　1/16	
印　　张	15.25	
字　　数	358 千字	
版　　次	2015 年 12 月第 1 版第 1 次印刷	
书　　号	ISBN 978-7-5641-5753-1	
定　　价	56.00 元	
经　　销	全国各地新华书店	
发行热线	025-83791830	

(本社图书若有印装质量问题,请直接与营销部联系。电话:025-83791830)

序一

　　我国是一个多山的国家,山地约占全国陆地面积的 67%,山地城镇约占全国城镇总数的 50%。山地集中了全国大部分的水能、矿产、森林等自然资源。山地区域是多民族的聚居地,是人类聚居文化多样化的蕴藏地。同时,山区是地形地貌复杂、生态环境敏感、工程和地质灾害频发的地区。我国近 30 多年的城镇化发展,在促进了经济高速增长的同时,也对土地资源节约、生态环境维育、地域文化延续等方面产生了较多的负面影响。这种影响所产生的破坏作用正逐步从平原地区向山地区域扩展。用"科学发展观"来指导我们的城乡建设事业,是我国的一项重要国策。因此,在山地城市规划和建设活动中,重视人与环境的"和谐发展"尤为重要。

　　中国的城镇化发展有两个明显的特征:其一,在城市(镇)地区走城乡统筹、和谐发展的道路,是促进经济社会整体发展的必然选择;其二,东部、中部、西部不同经济发展的梯度背景,必须采取因地域资源、文化特点、基础积累的不同而相异的城镇化发展道路。我国西南地区是典型的山地区域,具有人口集聚、自然和文化资源丰富、生态环境敏感、工程建设复杂、山水景观独特等特点,亟待开展山地城市(镇)规划适应性理论与实验研究。

　　城镇化的作用是一把"双刃剑",环境与发展的矛盾在山地区域尤其突出。由于不顾地形和环境条件而进行的"破坏性"建设,造成生态失衡、环境恶化、生物多样性锐减等危害,影响了人类的可持续发展。山地区域的生态平衡被破坏、水土不保,造成中、下游平原地区江河断流或洪灾泛滥。城镇化伴生的人口集聚和大规模工程建设,致使山地自然灾害和工程灾害频发。现代城市规划和建筑设计的浅薄化,使山地丰富的地域文化、传统聚居形态、地方技术等丧失。山地城市(镇)建设明显照搬平原城市的做法,不仅造成经济上的巨大浪费,而且带来工程质量安全方面的隐患。长期以来,西南地区在城市规划理论和技术研究方面比较薄弱,使得城市建设缺乏适应性的理论指导。

　　西南山地特殊的自然与人文资源构成,确定了它在我国整体城市(镇)化发展中的重要位置,体现了"科学发展观"的重要价值。研究西南山地城市(镇)规划的适应性理论,不仅是指导西南地区理论建设和城市建设工作的需要,而且是我国城市(镇)化理论体系整体发展的需要。西南地区的城市建设,在历史上大多反映了尊重自然、适应环境发展的城市建设思想和地方建筑学的技术方法。西南地域独特的城市和建筑形态,与山水环境浑然一体的建筑格局,以及孕育其中的人文内涵和生活风貌,形成了我国山地城市与建筑的特殊的文化流派。

　　从历史上看,西南区域资源丰富、人文荟萃、人居环境形态独特。2000 年后,西南城镇密集地区城镇化的进程加快,经济发展势头迅猛,城镇化水平在 2006 年达到 40%。重庆作为西部地区的重要城市,党中央寄予了厚望,胡锦涛总书记在十届全国人大五次会议期间提出了重庆直辖市在新的历史时期发展的战略定位和目标:"西部地区的重要增长极,长江上游的经济中心,城乡统筹发展的直辖市,在西部地区率先实现全面小康社会。"①西南区域的经济增长和社会文化水平的提高,大多反映在首位度较高的大城市地区,大量城镇和农村地区发展缓慢,落后的状况非常明显,大城市与小城镇地区的建设水平差距在加大。西南地区集中了"发达与欠发达"的经济差异、山区和平原的地域差异以及都市和乡村的形态差异的多维特征。区域性城镇化水平的不平衡发展,地区经济发展和地域文化的差异性,城市规划和建筑工程技术要求的特殊性、山地生态建设和环境保护的复杂性等,构成了西南山地城市(镇)规划理论创新和实践的重要基础条件。城市规划的适应性理论缺乏、技术水平滞后,不能跟上城镇化发展的要求并有效指导城市(镇)规划与建设,成为影响西南山地社会经济和城乡建设发展的瓶颈。

城市规划学科发展到今天,其理论体系的构成已经具有相当的学科外延性和综合性。山地人居环境的构成,在一般人居环境意义上有其更丰富的内涵和独特性。山地自然环境作用于城市、建筑、大地景观的物质形态和生活内容上,三位一体的关系更加突出,人与自然空间的构成更具有机性和依赖性;山地人文环境因地域文化的特殊性构成了人生活方式的丰富性和多维性。对于山地人居环境的研究,应该从地域因素和人文环境等方面来建立理论思维和解决问题的技术方法。

在山地城市规划和城市建设中,对自然环境因素的考虑是十分重要的。对环境的利用和尊重涉及城市建设的经济性、安全性、生活宜居性、城市景观等方面。西南山地城市(镇)规划与建设的相当一部分工作是在解决场地建设和工程建设的安全问题,包括由此而产生的经济性比较。山地的诸多情况,与非山地区域截然不同,如对环境的尊重和生态安全性的考虑,是涉及一个地区以及相应地区(如上游、下游地区等)的安全问题;城市规划和工程建设的经济性往往是"隐性的",隐含在对自然环境的合理利用和对建设用地的有机设计中。从城市宜居和城市景观方面考虑,结合山水自然的规划设计,获取优良的生活环境,是老百姓生活居住的追求,也是项目开发者利益追求的营建方式。因此,西南地区的规划师和建筑师对山地环境的规划设计能力,是衡量其职业素养和技术水平高低的重要指标。

对西南地区山地城市和建筑学术问题的研究,可以追溯到20世纪三四十年代。时逢抗战时期,中国政府和学术团体转来重庆和西南地区,人口的机械增长膨胀了城市和城镇,带来了一个时期的繁荣建设和发展;同时,学术精英集聚西南,客观地带动了山地建筑学和城市规划的理论和创作实践的发展。如梁思成和林徽因先生的营造学社,在四川宜宾的李庄,进行了不少关于西南山地历史建筑(群)的调查和整理工作。当时的中央大学、西南联大和重庆大学建筑系的校址就在山城重庆(今重庆大学松林坡),杨廷宝等先生在建筑设计从业的同时,授教于建筑系,在战火重庆教学育人,培养出不少今日学界著名的学者。学子们在艰苦的战争岁月中学习,树立为国家战后重建,使"居者有其屋""大庇天下寒士"的远大抱负,对城市和建筑环境的热爱和山水环境的理解也大多萌生于此(吴良镛教授对于在重庆松林坡读书的回忆文章中有记载)。抗战时期的中央大学建筑系和重庆大学建筑系成为今天重庆大学建筑城规学院的前身,其办学思想和学术风格遗存至今,影响未来。20世纪40年代,国民政府组织了"陪都十年计划",后因战争结束、首都回迁等多种因素未能全部实施,但

① 2007年3月全国"两会"期间,胡锦涛总书记对重庆代表团作出重要指示:努力把重庆加快建设成为西部地区的重要增长极,长江上游的经济中心,城乡统筹发展的直辖市,在西部地区率先实现全面小康社会。

今天从专业角度来看，当时的规划仍然有十分科学的参考价值，如有效的山地道路体系，城市的组团格局，注重滨水和景观的城市空间组织，新建筑风格和色彩的引导等。从建筑创作角度看，当时聚集重庆的建筑师曾设计了不少富于山地特色的建筑作品，如陪都总统府（"文革"后拆）、"精神堡垒"纪念碑、南山总统官邸建筑群、朝天门民生银行等，这些建筑及其环境成了今天重庆留存不多的历史文物建筑，是重庆"陪都文化"的记载。

自20世纪50年代以来，在西南地区，以重庆大学建筑城规学院为代表的山地人居环境的研究，从城市和建筑形态空间出发，广泛拓展研究领域，凝练学术内容，在山地城市空间形态、山地城市区域发展、山地城市生态、山地历史文化保护等方面，积累了较为丰富的学术经验和研究成果，凝聚了诸多学者在山地问题研究上理论建树和工程实践的心血，如唐璞教授、赵长庚教授、陈启高教授、余卓群教授、黄光宇教授、李再琛教授、万钟英教授等，他们的研究涵盖了以西南地区为学术舞台的山地建筑学、山地城市规划学、山地景观学、山地建筑技术科学，以及早期的山地人居环境学，在全国产生了极大的学术影响力。20世纪80年代，国家的社会经济发展逐步走上健康的轨道，重庆大学建筑城规学院在人才培养上迈上了新台阶，为西南、华南、华中和华东等地区培养了大量的山地城市规划和建筑学方面的人才，在研究、设计、管理、项目开发等领域发挥着骨干作用。

我国的城市化发展，出现了社会经济地区发展的不平衡和地域文化的差异性，西南地区的城市化发展已经起步，城市建设的活动进行得如火如荼，一日千里，有如我国东部发达地区在20世纪90年代初所面对的情况，即城市规划的工作跟不上建设的速度，理论的指导滞后于实际建设的需要。本丛书提出的理论思考和研究内容建议，拟对西南山地城市规划理论建设和学术发展做一些探索性的工作，并使其成为国家新时期城市化理论建设整体框架中的有效部分。

吴良镛教授等老一辈学者在20世纪90年代提出发展"人居环境科学"的主张，在全国范围内得到普遍响应，结合快速发展的城市化，对人居环境的研究在我国各个地域积极开展，有效地指导国家城市建设的理论与实践。针对西南山地土地资源稀缺性与生态环境脆弱性的地域环境特点，城市、建筑空间多维性和自然、人文内涵丰富性的地域文化特征，进行西南山地城市（镇）人居环境建设的理论研究与实践是一项十分重要的工作。在重庆大学建筑城规学院长期从事关于山地问题研究的基础上，本套丛书将逐步总结和推出相关方面的研究内容：(1)山地人居环境区域发展的研究；(2)山地流域人居环境建设的研究；(3)山地人居环境关于城市形态空间设计的研究；(4)山地人居环境关于工程技术方法的研究；(5)山地人居环境关于历史城镇保护与发展的研究。

我们希望，以西南山地有特点的城乡建设为土壤，通过学术耕耘，积极加入到全国整体的人居环境科学研究的洪流中，找到自己的位置，不断学习探索，并做出相应的理论与实践的贡献。

赵万民

2007 年 6 月

序二

我国的城镇化发展,逐步从平原向山区推进,人口的集聚和城市、城镇建设对自然环境的改造逐步加大、加剧。山地人与环境的动态平衡处在不断调整、维护和建设的过程中。由此,山地城市、城镇建设中的防灾减灾工作是我国城乡规划一项全新的任务,同时,也是山地区域城乡建设的迫切需求和技术难点。

总体而论,山地城市、城镇防灾减灾工作是面对灾前防御、灾中救援、灾后恢复等甚为复杂的空间过程。近年来,在我国山区,城乡建设灾害的不断产生,相当原因是因为城镇化发展所引起的人地矛盾突出,生态环境改变,工程和基础设施建设对自然环境破坏所引起的负面作用等。面对国家山地城镇化发展和生态文明建设的综合任务,调查研究和总结西南山地城乡建设关于防灾减灾的理论与方法,是具有国家高度和地方紧迫需求的重要科学和技术工作。

关于山地城镇建设所涉灾害研究的内容,视角不同,方法迥异,结论也不同。就目前研究情况来看,以研究灾害自身发生、发展规律的居多,减灾防灾的技术方法居多,而从城市规划、山地人居环境的综合防灾和减灾的理论认识,城市规划与建设防灾减灾的空间过程方面,研究工作不多。李云燕博士的论文研究,从城乡规划与设计的视角,以山地城市灾害作用的空间过程为研究对象,以灾害作用的类型破坏和规避防范的技术方法为主体内容,深入探索山地城市防灾减灾的基础理论和技术方法问题,具有较好的理论深度和独特的研究方法思考。

山地城市灾害的破坏主要有以下方面:(1)灾害直接导致人员伤亡和财产损失;(2)灾害破坏城市空间而进一步导致次生灾害的发生;(3)灾害对城市生态环境造成的负面影响等。这些情况在近年来西南山地连续的自然灾害实例中已经得到证实。李云燕的博士论文关于城市空间适灾的研究,从城市空间抵抗灾害的作用机制与规律,从城市外部环境、城市结构空间、城市形态特点等方面探讨了山地城市适灾的影响要素,并提出城市外部环境、城市(内部)空间、城市形态与灾害形成、发展和衰减之间的作用关系;提出了灾前干预、灾中控制、灾后重构的灾害干预与适应的理论与技术方法;通过研究城市空间要素与灾害的内在关系,提出优化城市空间结构形态等理论观点,以期提高城市空间对于灾害的适应能力和免疫能力。

从山地城市空间视角研究城市防灾减灾,是以整体性思维和适应性能力的思维方式研究城市防灾减灾的综合能力和应对突变的水平。另一个方面,就目前人类发展阶段的科学技术水平看,不是所有的灾害都能防治或者都需要去防治。很多灾害,如地震灾害就是避免不了的,需要去面对的工作,是尽可能地减少和降低灾害的损失。本书研究的出发点,就是从城市规划的基本思维出发,根据山地城市灾害发生、发展规律及特征,探索城市空间避免灾害、承载灾害、抵抗灾害的基本理论和方法。因此,本研究是具有较好的理论创新价值和探索意义的。

论文的写作，反映了李云燕博士的研究思考与成长过程，以及认真向学的踏实态度。李云燕在重庆大学完成城市规划的本科和建筑学的硕士研究生学习。在读博士期间，他跟随学科团队参与多项国家课题的申报、调查研究和结题工作，逐步培养起较好的研究素质。根据他的兴趣，将山地城市规划的防灾减灾作为博士论文选题方向，应该是有一定学科跨度和难度的工作，李云燕博士围绕该方向，逐步深入认识和思考，借助学科团队在山地和三峡人居环境研究方面的基础工作，和导师一起发表了多篇关于灾害研究方面的论文。在老师和团队的鞭策与鼓励下，逐步加深了对该方向的认识，明晰研究的关键科学问题，找到研究的突破点，也找到了研究的乐趣点。通过博士研究工作，几年来辛勤笔耕，确立学术目标，终得收获。

论文得到专家们的普遍好评。通过论文的研究，李云燕逐步建立自己所热爱的研究方向和学术领域，或可在今后学术视野发展中，在对西南山地人居环境防灾减灾方面研究的工作中，有所贡献和突破，逐步迈入到国家城乡建设与防灾减灾研究工作的整体队伍中，由此增长为学的境界和拓展学术视野，逐步成长为在相关领域有所建树的"学者"，则是为师以及他自己所期望的事业人生。

我国正在经历城镇化的高速发展阶段，人居环境建设的稳步发展和健康推进，与生态和安全息息相关。国家30年的高速发展的经验表明，城镇化对人民生活和工作带来的安全和舒适比什么都重要。已经经历的阶段和教训我们不能再重复，已经犯过的错误不必要再重演，如城市危险品仓库爆炸事件、城市踩踏事件、城市火灾等人为灾害，如汶川地震、舟曲泥石流、芦山地震等自然灾害，都证明城乡规划防灾减灾工作的重要性和紧迫性，警醒我们要高度重视城镇化工作的安全问题。从理论高度总结经验教训，以便更好地指导我们的城乡规划和建设实践，更好地开创未来。

现阶段我国的西部发展战略，一方面要保护良好的自然资源，另一方面应该大力发展西南地区城镇社会经济，大力发展山地城镇。所以，做好西南山地城镇的空间适灾性研究，对于指导山地城镇的建设，有着不可估量的现实意义。

李云燕博士毕业后留在重庆大学从事教学和科研工作，这对今后的学术发展和深化研究工作提供了可能。云燕是有学术志向和学术目标的青年人，学风踏实，谦虚谨慎，深爱自己的事业，也有较好的学术基础和学术积累，希望他能够坚守目标，通过持续的努力，建立信心，展望未来，在事业人生的道路上，实现自己的理想，为国家和西南地区的山地人居环境建设事业有所贡献。

谨此为序。

赵万民

2015 年 10 月　于重庆

目　　录

1 绪 论

1.1 研究背景及意义

1.1.1 研究背景

1) 全球灾害形势严峻,山地灾害日趋严重

在全球经济飞速发展,科学技术日新月异带来世界翻天覆地变化的今日,自然灾害对人类的挑战从未停止,且伴随着城市人口和社会财富的日趋密集,灾害损失呈几何增长的趋势(图1.1,图1.2,表1.1),人类在突如其来的灾害面前变得十分脆弱。一次次触目惊心的灾害不断地挑战人类对灾难所能想象到的极限。

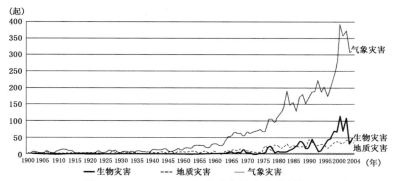

图 1.1　1900—2004 年全球自然灾害趋势图

资料来源:东北财经大学经济与社会发展研究院.5.12 汶川大地震抗震救灾研究报告之二(重大自然灾害的政府应急管理:国际经验与启示)[R]. 大连:东北财经大学经济与社会发展研究院,2008:3.

表 1.1　1901—2003 年全球自然灾害损失描述性统计

	自然灾害数量(起)	死亡人数(人)	受影响人数(人)	经济损失(千美元)
亚洲	2 998	17 000 000	5 000 000 000	315 000 000
美洲	2 018	480 000	173 000 000	280 000 000
非洲	1 145	1 100 000	368 000 000	22 000 000
欧洲	897	1 500 000	45 000 000	230 000 000
大洋洲	417	9 000	15 000 000	14 000 000
总计	7 475	20 089 000	5 601 000 000	861 000 000
每年	73	205 000	54 911 764	8 441 000
每次事件		2 800	749 257	115 000

资料来源:东北财经大学经济与社会发展研究院.5.12 汶川大地震抗震救灾研究报告之二(重大自然灾害的政府应急管理:国际经验与启示)[R]. 大连:东北财经大学经济与社会发展研究院,2008:3.

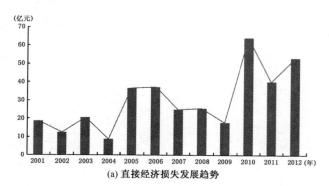

(a) 直接经济损失发展趋势

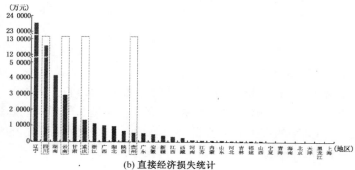

(b) 直接经济损失统计

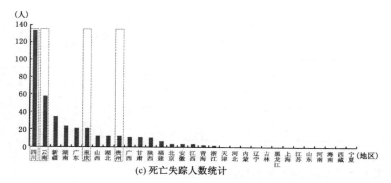

(c) 死亡失踪人数统计

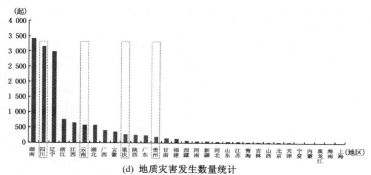

(d) 地质灾害发生数量统计

注:虚框内是西南地区城市

图 1.2　2012 年全国地质灾害情况统计①

资料来源:根据"2012 年地质灾害通报"整理绘制.

① 2012 年,全国共发生地质灾害 14 322 起,其中滑坡 10 888起、崩塌 2 088 起、泥石流 922 起、地面塌陷 347 起、地裂缝 55 起、地面沉降 22 起;共造成 375 人死亡(失踪)、259 人受伤,直接经济损失 52.8 亿元。与 2011 年相比,地质灾害发生数量减少 8.6%,造成的死亡(失踪)人数和直接经济损失均有所增加,分别增加 35.4% 和 31.7%。在全国 14 322 起地质灾害中,自然因素引发的有 13 677 起,占总数的 95.5%;人为因素引发的有 645 起,占总数的 4.5%。自然因素主要为降雨和重力作用等,人为因素主要为采矿和切坡等。

据联合国以及慕尼黑再保险公司等国际组织 1999 年末的统计分析：在过去的一千年里，地球上至少发生过 10 万次巨大的自然灾害，最少有 1 500 万人因此而丧生[①]（金磊，2000）。

以较为熟知的地震灾害为例，1923 年日本关东发生 7.9 级大地震，造成人员死亡及失踪约 14 万人，造成财产损失约 65 亿日元；1960 年智利发生 9.5 级大地震，造成约 2 万人死亡；1976 年中国唐山发生 7.8 级大地震，造成约 24.5 万人死亡，重伤约 16.4 万；1995 年日本阪神·淡路发生 7.2 级大地震造成约 6 400 人死亡及失踪；2004 年印度尼西亚苏门答腊岛上的亚齐省（ACEH），发生里氏 8.9 级大地震，地震引发的海啸席卷斯里兰卡、泰国、印度尼西亚及印度等国，导致约 30 万人失踪或死亡；2008 年中国汶川 8.0 级大地震，造成约 8.7 万人死亡或失踪，直接经济损失 8 452 亿元人民币；2010 年舟曲特大泥石流，造成约 1 700 多人死亡或失踪；2010 年中国玉树 7.1 级大地震造成约 3 000 人死亡和失踪；2011 年日本发生 9.0 级大地震，引起海啸，造成 1.9 万人死亡或失踪，引起核泄漏；2013 年中国芦山发生 7.0 级地震，造成重大经济损失。当然数据不仅仅是地震，还包括飓风、海啸、洪灾、火灾等等，在这里就不一一列举，这些数据足可说明全球灾害的严峻形势。

从全球地形图看，山地面积占陆地面积的绝大部分，黄光宇教授在《山地城市学原理》一书中，对全球山地的面积进行了分析："山地（海拔高度在 500～8 000 m）面积最大，占大陆面积的 47.82％；丘陵（高度在 200～500 m）面积次之，占 26.8％；平原（海拔高度在 0～200 m）再次之，占 24.85％；海拔高度小于 0 m 的洼地面积最小，仅占 0.53％。以上山地和丘陵两者合计为 1.111 亿 km^2，约占大陆面积的 76.62％。"（黄光宇，2006）很显然，山地是全球陆地的重要组成部分，研究山地灾害问题有助于为山地城市建设提供参考（图 1.3）。

我国山地区域灾害，具有破坏性强、人为灾害趋势明显和环境恶化引起灾害等特点。

（1）灾害破坏程度日趋严重

我国在高速的城镇化进程下，人口继续向城镇集中，使得城镇人口密度剧增，每单位面积城镇用地上的人类财富量比以往任何时候都高。在这种情况下，城市灾害一旦发生，其造成的损失将不可估量。不管是自然灾害还是人为灾害，其对城镇的危害程度都变得愈来愈严重，而且造成的损失也将愈来愈大，特别是西南山地区域，这种危害更加明显。据统计，西南地区崩塌、滑坡、泥石流等突发性山地灾害占全国的 30％～40％，呈现出点多、面广、规模

————————

① 慕尼黑再保险公司搜集和整理了大量详尽的巨灾资料，将过去的一千年中最主要的巨灾统计了出来。这其中包括 1887 年发生在中国河南的水灾（90 万人丧生，是全球历史上死亡人数最多的巨灾事件）；1755 年葡萄牙里斯本发生的大地震（欧洲上最大的地震，造成 3 万死亡）；以及 18 及 19 世纪在印度和巴基斯坦多次发生的夺去上百万人命的飓风。在 20 世纪，这些主要的巨灾，造成了 1 200 多万人丧生。众多详尽的数字表明，巨灾的发生呈明显的增长趋势，由 20 世纪 50 年代的 20 起增至 90 年代的 80 多起，增加 4 倍；经济损失由 380 亿美元增至 5 350 亿美元，增加了 14 倍。根据对全球保险损失的统计，对巨灾保险赔偿的增加速度几乎是经济损失增加速度的 2 倍。在近一个世纪中，风暴造成的保险损失最多，约占统计数字的 70％；地震占 18％；洪灾占 6％；其他巨灾如森林火灾和火山爆发占 6％。地震造成的经济损失占首位，约占统计数字的 35％，洪水占 30％，风暴占 28％，其他占 7％。同时地震也是造成死亡人数最多的灾难，约占死亡总人数的 47％，风暴为 45％，洪水为 7％，其他 1％。参见：全球千年灾害的统计与思考．寂寥繁华：http://blog.sina.com.

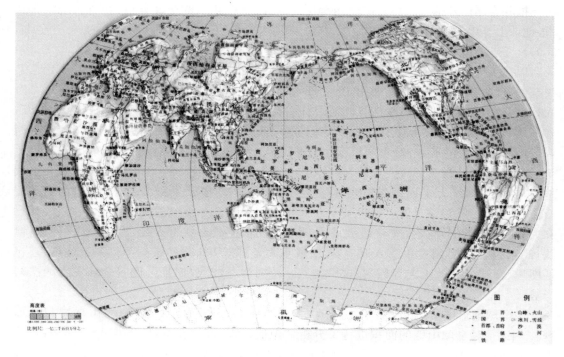

图 1.3　世界地形图

资料来源：中国地图出版社，2003 年 8 月版.

大、成灾快、暴发频率高、延续时间长等特点。灾害起数呈现平稳状态，甚至有下降的趋势，但从经济损失来看，呈增长趋势。尤其是次均灾害损失有明显的增长趋势。统计分析可以说明，由于人类逐渐认识到灾害的威胁，对其有一定的防灾意识，灾害的起数逐渐减少，但是灾害的破坏程度则越来越大（图 1.4，表 1.2）。

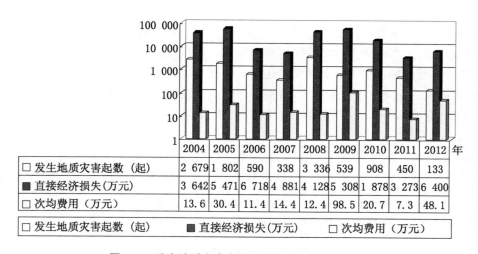

	2004	2005	2006	2007	2008	2009	2010	2011	2012 年
□ 发生地质灾害起数（起）	2 679	1 802	590	338	3 336	539	908	450	133
■ 直接经济损失（万元）	3 642	5 471	6 718	4 881	4 128	5 308	1 878	3 273	6 400
□ 次均费用（万元）	13.6	30.4	11.4	14.4	12.4	98.5	20.7	7.3	48.1

□ 发生地质灾害起数（起）	■ 直接经济损失（万元）	□ 次均费用（万元）

图 1.4　重庆地质灾害发展变化图（2004—2012 年）

资料来源：根据国家统计局资料绘制.

表 1.2　西南地区地质灾害情况

指　标	2004 年	2005 年	2006 年	2007 年	2008 年	2009 年	2010 年	2011 年	2012 年
发生地质灾害起数（起）	6 614	6 107	920	1 071	12 901	8 160	2 451	4 250	2 690
滑　坡	5 219	4 481	680	711	8 883	4 962	1 825	2 887	1 883
崩　塌	718	627	175	240	3 108	2 274	352	626	357
泥石流	399	833	47	77	450	529	187	498	386
直接经济损失（万元）	129 535	287 742	91 861	28 716	136 126	182 817	74 455	134 322	238 614

资料来源:根据国家统计局资料绘制.

（2）人为灾害趋势明显

山地城镇中人为灾害在不断增加,地质灾害等传统自然灾害发生的人为诱因也越来越强,如人类修建公路铁路、劈山开矿等经济活动及滥垦滥伐,都会诱发滑坡、泥石流、山体坍塌等地质灾害。人类修建的大型水库往往诱发地震,全世界已报道过的水库诱发地震就达100 多例,与相同震级的自然地震相比,烈度明显偏强(张保军等,2009)。

人类工程活动作为影响地壳表层地质环境演化规律和演化速率的一种地质营力,其作用强度极大地增强,甚至超过了自然地质营力的作用强度。据不完全统计,全球人类每年消耗约 500 亿 t 的矿产资源,超过大洋中脊每年新生成的岩石圈物质约 300 亿 t 的数量,更超过河流每年搬运物质约 165 亿 t 的数量(张倬元,1994)。目前,我国已建成 8 万余座水电站,近 8 万 km 铁路和百多万公里的公路,几百座大型煤矿。数量如此之多的大型工程,其开挖和堆填土石方量之大是惊人的,对地质环境所造成破坏和恶化程度是不可想象的。不仅如此,大规模的人类工程活动还经常引发各种人为地质灾害。据统计,约有 50% 的地质灾害的发生与人类活动有关(马宗晋,高庆华,1992)。美国尼尔森等指出,加利福尼亚州康错考斯塔郡将近 80% 的滑坡与人类活动有关;布立格兹等认为,宾夕法尼亚州阿利亨郡的滑坡 90% 由人类活动引起(张咸恭,黄鼎成,韩文峰等,1990)。广而言之,直接或间接由人类的工程活动所引发的灾害在逐渐增加。

（3）环境恶化引起更多灾害

随着人口增长,经济的超限发展,人类赖以生存的环境逐渐被破坏,环境条件恶化严重,特别是西南山地区域,生态环境脆弱,易受到破坏,并直接或间接引发灾害的发生,或加剧灾情,增加成灾的频率,或引发新的灾种类型。人类活动使环境不断恶化,主要表现在:一方面使环境的承载力变得脆弱,自我调整能力转趋薄弱,另一方面使人类自身抗灾的能力也日益下降,再一方面大部分人类破坏环境的过程本身就是自然灾害形成的过程。在众多因素的影响下,自然灾害层出不穷。

总体来说,山地灾害的特征较为明显,破坏性较大,损失严重,以 2009 年西南地区发生的地质灾害为例与全国同期进行比较(图 1.5),不论从灾害次数、灾害损失数据都可见西南地区地质灾害的损失占了全国的很大比例。

2）山地区域城镇化进展迅速,亟须必要的安全建设理论的支撑

如前所述,城镇化是人类社会发展的必然,在很多方面促进和推动人类社会的进步,如在城市发展中,城镇化的集聚作用可大幅提高城市公共资源的利用效率,节约资源。但同

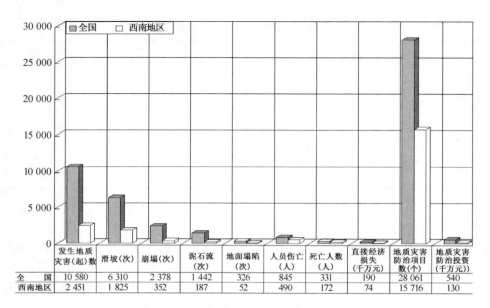

	发生地质 灾害(起)数	滑坡(次)	崩塌(次)	泥石流 (次)	地面塌陷 (次)	人员伤亡 (人)	死亡人数 (人)	直接经济 损失 (千万元)	地质灾害 防治项目 数(个)	地质灾害 防治投资 (千万元))
全 国	10 580	6 310	2 378	1 442	326	845	331	190	28 061	540
西南地区	2 451	1 825	352	187	52	490	172	74	15 716	130

图 1.5　西南山地灾害情况与全国对比图(2009 年)

资料来源:根据国家统计局资料绘制.

时,人口和财富的过度集聚,使得城市在遭遇灾害破坏时,其损失呈现几何倍数增长。从图1.4可以看出,西南地区灾害起数呈现平稳状态,甚至有下降的趋势,但从经济损失来看,呈增长趋势。尤其是次均灾害损失有明显的增长趋势。统计分析可以说明,由于人类逐渐认识到灾害的威胁,逐步建立一定的防灾意识,灾害的起数逐渐减少,但是灾害的破坏程度则越来越大。

西南山地城镇灾害,每年都造成巨大的生命和财产损失,特别是四川汶川地震、青海玉树地震、舟曲泥石流的发生,都昭示我们城市减灾防灾需要有必要的理论支撑。

发达地区已有的发展经验证明,城市建设不可缺少防灾减灾理论。从辩证法的观点来看,不存在绝对没有灾害的城市。城市灾害与人居环境建设是矛盾的双方。城市灾害是客观存在的,而人居环境建设的目标是建设适宜人居住的、可持续发展的人类聚居环境,这是人类的主观愿望。所以,要建设优质的人居环境就需要发挥人的主观能动性,发现灾害发生规律,研究减少灾害发生的理论方法。

3) 山地城市空间发展所面临的防灾问题,缺乏空间主动防灾的研究

高质量的城市空间规划能够对城市灾害起到很好的防御作用,并有助于减轻灾害的损失与人员的伤亡。以东西方古代小城镇为例,其经过规划者从防御灾害角度进行设计,考虑到城镇空间的防灾作用,达到城市防灾减灾的目的。如卡塔尼亚(Catania)海港城市,位于西西里岛东南部,1693 年 1 月 11 日发生大地震,城市几乎被夷为平地,灾后当地重建委员会创造性地提出了重建规划应以保证将来再次面临灾害时能最大可能地避免生命和财产损失,提出了道路和广场建设的规划,在当时的技术水平下,只有通过合理的城市空间布局、道路规划等措施来对抗灾害的一个例子。随着产业革命的发生,资本迅速向城市集中,人口开始聚集,交通工具得到迅速发展,原有的城市空间结构不能满足城市发展需要,城市自发而盲目地迅速蔓延,酿成城市的巨大灾难:污染、交通堵塞、生态平衡的破坏等。原来具有很好

承灾能力的城市空间逐渐消失,城市环境的恶化,给城市安全带来很多隐患,特别是用地条件复杂的山地区域城市。由于城市空间不适应防灾需要而给城市带来灾难的隐患,甚至使灾害损失更为严重,这在山地城市空间主要表现为以下方面的问题:

(1) 山地城市化进程迅速,人口膨胀

城市化首先表现为城市人口的增长。随着我国改革开放的不断深入和社会经济迅速发展,我国处于落后区域的山区城市化进程不断加快。改革开放 30 多年以来,伴随着经济高速增长,中国城市化水平显著提高,城市化率从 1978 年的 17.9% 提高到 2008 年的 45.7%,城市人口也由 1.7 亿增加到近 6 亿。贪大求强、求快的发展动机使城市用地、建设空间的需求急剧扩大,导致区域城市形态过于密集,城市个体形态呈圈层式发展。据统计,上一个 20 年我国大中城市建设量超过了以前所有城市建设量的总和,快速扩张的城市中保持原来单中心结构的占到国内大中城市的多数(段进,李志明,卢波,2003)。人口膨胀导致城市人口密度激增,单位城市空间上承受的人口较以往有较大幅度增加。相比以往,统一规模的灾害影响的人更多,损失更大。中国城市化水平的区域差异表现为"东高西低"的分布特征。经历了"北高南低"向"东高西低"的变化(图 1.6)。根据 2006 年的东、中、西部城镇人口比例计算得出中国东中西部的城市化水平分别为:55.0%、40.4% 以及 35.7%。2007 年中国城市化率大于 50% 的省市区除内蒙古外都分布在东部或东北,而东部和东北地区除福建和海南两省外都超过 50%,这两省也接近 50%,分别为 48.7% 和 47.2%。[①] 山地区域城市化水平较全国水平较低,但随着政策的倾向,山区城市逐步以较快的脚步发展。

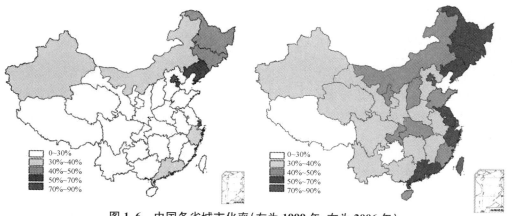

图 1.6　中国各省城市化率(左为 1999 年,右为 2006 年)

资料来源:李国平. 中国城市及其政策课题. 第 68 次中国改革国际论坛论文集[C]. 转引自中国改革论坛:Chinareform. org. cn.

(2) 山地城市中心区土地使用强度高,建筑密集

伴随着人口向城市区域集中,山地城市用地有限,山地城市中心区土地使用强度不得不提高,建筑向空中发展,建筑密度和高度进一步加强。当土地开发强度达到一个极限时,便开始对城市环境起负面作用。因为过高的开发强度可导致人口过于密集,造成城市交通拥挤,公共及基础设施负担过重,环境逐渐恶化,产生灾害隐患(图 1.7)。

城市快速的扩张必然会导致城市土地开发利用的速度加快、人口急剧膨胀,使得城市土

---

① 李国平. 中国城市及其政策课题[J]//第 68 次中国改革国际论坛论文集[C]. 转引自中国改革论坛 Chinareform. org. cn.

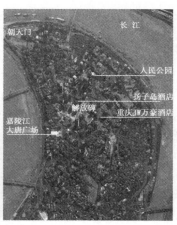

图 1.7　重庆渝中区高层

资料来源：作者自摄(右图为谷歌图片，作者改绘).

地承载的容量不断提高，这在山地城市尤为明显。同时，房地产经营者都想从土地中获取更高的利润，这种冲突与矛盾也会导致土地使用强度过高，导致城市到处是钢筋混凝土的森林，其环境容量超负荷，城市空间环境的恶化。在快速城市化进程中，各种绿地、公园、广场、水系等空间逐渐被侵占，各种垃圾污染严重，城市生态系统严重失衡，自我调节恢复能力日益脆弱，城市防灾形势非常严峻。而从我国山地型城市的发展态势可以看出，大多城市中心区建筑密度和容积率过大过高，高层建筑密布。这种拥挤的城市空间形态对城市防灾极为不利，在灾害发生时不能提供充足的救灾空间，更会直接导致城市灾害损失加大(吕元，2004)。

　　(3) 山地区域城市老旧社区更新缓慢，灾害隐患多

　　我国许多山地城市都是在城市旧区基础上发展起来的，由于城市建设较早，规划理念薄弱，开发强度大，道路狭窄、人口密度高，开放空间的严重不足，造成城市空间极度拥挤，对防灾工作的开展不利。再加上各种老旧建筑年久失修，存在着较大的灾害隐患。城市老旧社区由于多位于城市中心地带，人口密集、商业集聚，导致地价高、拆迁安置费用大等现实情况。考虑到城市的更新发展，旧区建筑规模需要控制，更新改造速度缓慢，给城市带来更大的灾害威胁。2013 年芦山地震中死亡最多的也是在建筑物较老的老城区，这里建筑物密度高，空间小，建筑物的抗震性能差(图 1.8)。

图 1.8　四川省芦山县太平镇灾害破坏图

资料来源：根据正北方网. 四川雅安芦山地震现场俯拍 家园一片废墟(组图)[EB/OL]. http://www. northnews. cn/2013/0420/1089885_5. shtml 图片整理.

（4）山地城市出现较多随意侵占空间的建设

山地城市在发展建设过程中由于发展用地受到限制，同时部分城市缺乏灾害危机意识和相应的管理监督制度，导致城市开放空间在数量和规模上均不能达到相应标准。城市公园绿地被各种建设以各种名目所挤占，城市生态环境调节能力降低。反映在城市防灾上，城市防灾空间的不足易引发灾害或加大损失。重庆城市原来是城市淹没在山体绿化中，如今房地产开发随意侵占山体绿化，钢筋混凝土完全掩盖了山体绿化空间（图1.9）。

图 1.9　重庆洪恩寺山体

资料来源：作者自摄、自绘.

从前面分析看，城市在结构、功能、美学等方面较受重视，而较少在城市空间布局上主动考虑防灾因素，多数研究关注的是各灾种的具体防治，强调综合防灾管理，强调灾后救援，长期以来更是在灾害发生后被动地采取防灾减灾措施，经常会因防灾措施不得力而事倍功半。随着城市灾害的日益增加和破坏力的增强，国内外关于城市减灾防灾的研究也日益密切，然而对于灾害为什么会在城市发生，这方面的研究还是较少，虽有一些实践，但并不系统，缺乏城市空间主动防灾的研究。而在一些发达国家，已经形成了防灾减灾专家与城市规划人员的协作，合理规划和建设城市空间以达到对灾害的防御作用。其中一些大城市（如美国旧金山、洛杉矶，日本东京、神户等）已经采用城市防灾空间的建设来减轻灾害所造成的人员伤亡、财产损失和对社会经济的冲击，并已看到一定的实际效果（金磊，2006）。

综上所述可以看出，山地城市灾害形势日趋严重，城市面临更多的灾害威胁；同时，城市的盲目发展使城市空间远远不能满足城市防灾的需要，给城市带来了种种灾害隐患，严重影响了城市的可持续发展，城市空间还处在被动防灾的境地，城市建设较少在城市空间布局上主动考虑防灾因素，且由于我国山区经济条件相对落后，长期以来更是在灾害发生后被动地采取防灾减灾措施，经常会因防灾措施不得力而事倍功半。目前，城市规划中的城市防灾规划也大多是被动地去适应城市规划所产生的空间形态，不能对城市总体规划提出反馈（金磊，2006；吕元，2004）。因此，有必要引入城市空间主动防灾减灾的概念，在城市发展中强调城市空间防灾减灾的重要性,充分利用城市空间的防灾机能,构建有利于防灾减灾的城市空间体系——城市空间适灾体系。

1.1.2 研究意义与价值

1) 研究城市空间适灾的必要性及其重要性

(1) 城市空间适灾研究的必要性

吴良镛院士在 2003 年中国首届人居环境高峰论坛上指出,中国人居环境建设需具备的五大条件分别是:住区居民适当住房的保证;健康与安全的保障;人与城市住区环境的和谐发展;生态环境建设;住区资源的可持续开发与利用。吴院士肯定了"健康与安全"对于城市人居环境建设的必要作用。金磊从城市整体空间的角度,回顾了我国城市安全的历史,探讨了我国城市空间安全研究的现状,指出我国现在缺乏城市空间适灾性的研究(金磊,2006)。由于我国所处发展阶段的限制,目前还没有从城市本身角度研究空间防灾。现有的防灾规划中涉及城市空间的内容多是分散于各个单一灾种的规划中,且涉及的内容多是针对某个功能空间体系的局部研究,而没有从城市整体空间层面把握城市空间的防灾内涵,忽略了城市空间系统的整体性防灾研究。

城市规划中虽有涉及综合防灾规划和空间布局的内容,但基本流于形式,是城市规划制定后再附加的规划内容。如果城市没有形成一个具有良好抗灾能力的空间结构和空间体系,只是单一地强化各种专项防灾规划或加强工程性防灾措施,就好像一个人如果没有良好的身体体质,不管怎么穿衣、戴帽、戴口罩加强防护,还是时刻都有被病毒侵袭的危险。各类灾害的形成条件和防治措施都有一定的共性,需要统一整体、系统化研究。作者提出的城市空间的适灾研究是充分利用城市空间的容灾、防灾特性,对相关空间元素进行防灾整合,明晰层次,发挥其最佳效能。

(2) 城市空间适灾研究的重要性

人居环境科学以人类生活环境为研究对象,着重探讨人与环境之间的相互关系,目的是满足人类聚居的要求,建设可持续发展的宜人的美好生活环境。我国山地面积居多,平原面积有限,城市化的推进和西部大开发等都促进了城市在山地建设的程度。

20 世纪 90 年代以来,我国各级政府都非常关注人居环境的建设。国内有关城市、个人及项目先后 12 次获得"联合国人居奖",珠海、大连、威海、厦门、杭州等城市都已成为典范的人居城市(杨明豪,2007)。许多城市都在竞相开展以创造最佳人居环境为目的的环境建设。建设部专门成立了人居环境指导与协调中心,并从 2000 年起设立"中国人居环境奖"。各地城市都以获得联合国或中国"人居环境奖"作为改善和提高城市环境质量、优化投资环境的标志。中国人居环境奖的评选条件很重视城市的减灾防灾与灾后重建工作,把减灾防灾与灾后重建作为两个主题内容。

从辩证法的观点来看,不存在绝对没有灾害的城市。城市灾害与人居环境建设是矛盾的双方。城市灾害是客观存在的,而人居环境建设的目标是建设适宜人居住的、可持续发展的人类聚居环境,这是人类的主观愿望。所以,要建设人居环境就需要发挥人的主观能动性。城市的安全性是人居环境建设的必要条件之一。所以说,研究建立安全少灾的山地城市环境具有重要意义。

（3）城市空间适灾研究的迫切性

山地①是地球生命支撑系统的重要组成部分,对维系人类生存与发展以及改善人类生存的质量起着非常重要的作用。全球有 76.62％的陆地表面为山地,至少 1/10 的世界人口居住在包括山地在内的多山地区,依赖山地资源生活。山地城镇灾害是威胁人类的重要灾害之一,地质灾害又是山地城镇灾害之中主要的灾害之一,也是全人类防灾减灾工作的重要组成部分。山地是地质灾害的多发区域。随着山地城镇地质灾害危害性的日益显现,建设安全的山地城镇、防治地质灾害、保护生态环境、促进可持续发展,已成为山地城镇建设不可回避的内容。

山地城镇灾害越来越多,也越来越严重,每年都造成巨大的生命和财产损失,且城市抵御灾害的能力相对较弱;山地城市一般是社会经济欠发达区域,城市规划建设中的防灾理论与实践研究缺乏,山地城市仿照平原城市建设方式的项目比比皆是,直接套用平原城市的建设方法,大填大挖,为了获得更多建设用地,对沟谷山体的平地化改造成为必然,如重庆下徐家坡,由于开发建设,对于原始环境进行了大规模开挖,破坏了原始地形地貌(图 1.10)。这仅是山地工程改造中较为极端的一例,这样的建设方式还很多,据作者调查,山地城市建设

图 1.10　重庆下徐家坡施工现场(2010 年)

资料来源:作者自摄.

①　本书所指的山地是广义的概念,是指有一定高度(绝对高度和相对高度)和一定坡度的地域,包括山地、丘陵和崎岖不平的高原。中国山地面积约为 659 万 km²,占全国陆地面积的 69％,其中山地面积(包括高山、中山、低山)为 33％,丘陵面积(包括浅、中、深丘)为 10％,高原面积为 26％。山地城市,国外叫斜面都市,如日本;或坡地城市,如欧美 (Hillside Cities),即城市修建在倾斜的山坡地面上。城市建在坡地上和平地上对城市规划、城市设计一级建设使用的安全性、实用性、经济性等都会产生不同的变化与影响,要引起特别的重视,加以专门的研究。虽然这很重要,但作为对山地城市(Mountain Cities)概念的全面理解,仍远远不够。因为它只考虑了"坡度"这一个维度的基本特征与影响,而忽略了作为山地城市的许多其他重要特征,如海拔的高度、垂直梯度的变化、城市周围的地貌、环境的不同等等,都会对山地城市的规划与建设带来重要影响。因此,应全面把握山地城市的自然、经济、社会、文化的生态特征,以便做出山地区域与山地城市建设发展、规划设计的正确决策。因此,我认为山地城市是一个相对的概念,是泛指城市的选址和建设在山地地域上的城市,形成与平原城市不同的空间形态和环境特征,如重庆、兰州、香港、青岛等。根据山地城市的用地情况和环境特征,山地城市包括两种不同的情况:一种情况是,城市选址和建筑直接修建在起伏不平的坡地上,如香港、重庆、兰州、延安等;另一种情况是,城市选址和建筑虽然修建在平坦的坝区,但由于其周围有复杂的地貌,从而对城市的布局结构、交通组织、气候、环境及其发展产生重要影响的,也应视为山地城市,如昆明、贵阳、杭州、南京等。这也是为什么提出要建立山地城市学(Mount-urbanology)的基本出发点。(转自黄光宇. 山地城市学[M]. 北京:中国建筑工业出版社,2002.)

中均不同程度地对地貌进行开挖,才得以成为建设用地。可见大多山地城市在建设中缺乏山地城市建设理论,这样的建设方式大量破坏自然地貌环境,影响城市建设的安全性,特别是汶川地震、舟曲泥石流、玉树地震的发生,更昭示我们研究城市减灾防灾理论的迫切性,特别是进行城市本身抵御灾害的能力的研究。

2)从城市空间角度研究防灾减灾,为山地城市防灾减灾研究找到突破口

近年来,城市安全受到广泛关注,各方面的研究内容也很广泛,已经有了较多的研究成果,但大多数研究阐述的是某一灾害事件、某个区域或某个时期灾害的状况,以及在防灾策略与管理方面的研究,基本脱离了城市规划以空间为主体的研究,缺乏城市空间适灾性的研究(金磊,2006),这使得我们很容易产生这样的判断,即城市的防灾减灾与城市空间本身相关性不大,城市空间的形态和模式只是社会经济的各种活动在地域上的投影,这种判断使得空间的主体性被忽视,研究的方法是通过经济和社会活动过程的空间落实来解析空间的形式,空间自身的研究被经济和社会的研究所取代,客观上阻止了对空间自身发展规律的研究(段进等,2011)。不可避免地导致城市规划学科的空间主体性和职业领域变得越来越模糊,越来越没有话语权。

城市灾害与城市息息相关,随着城市复杂程度的日益提高,很多灾害防不胜防。因此,提高城市空间对于灾害的适应能力和承载能力,提升城市空间的适灾性,对于城市灾害防治与灾后恢复有着至关重要的作用。尤其是对于山地城市来说,城市建设环境条件的复杂性和多样性,和其空间面临的灾害严重性,使得探讨山地城市空间的适灾性有着既重要又深刻的意义。

本研究从城市空间本身探讨其与灾害的内在联系,呼吁回归城市规划的本源,即城市空间的研究。研究探讨空间对于灾害适应性和承载性的构成要素和空间特点,把城市作为一个整体,以系统的观点切入到研究的各个层面,首先对山地城市空间发展面临的问题进行梳理,在梳理山地城市发展面临的灾害问题的基础上,提出研究山地城市空间适灾性的对策,以期对山地城市防灾减灾提供新的思路。

3)总结经验,为西南地区城市安全建设提供参考

我国正在经历城镇化的发展阶段,在发展中也已经尝试和积累了一定的经验。不管是国外还是国内,已经犯下的错不必要再重演,汶川地震、舟曲泥石流、芦山地震的发生更是警醒我们城镇建设安全的重要性。只有从理论高度总结经验教训,才能更好地指导现阶段我们的山地城镇建设,才能更好地开创未来。现阶段我国的西部发展战略,一方面要保护良好的自然资源;另一方面就是大力发展西南地区城镇社会经济,大力发展山地城镇。所以,做好西南山地城镇的空间适灾性研究,对于指导山地城镇的建设,有着不可估量的现实意义。

1.2 研究范围的划定

1.2.1 研究范围划定的意义

从古至今,边界划分现象在政治学、社会学、生态学和系统学等领域都普遍存在。我们可从不同的视角对边界划分的意义加以理解:①从政治学的角度,"边界是国家对领土统治

具有排他性权力的最明显的空间表达"、"个体和群体试图喜爱、影响和控制居民的现象,通过在一定地理范围内划定边界并施加控制,空间单元只有通过划定边界并对居民进行控制时,才成为领土"。① ②从社会学的角度,人类具有群体划分和领土空间划分的本能,在领土空间的划分过程中,人类实现群体的认同和排斥,以实现自我心理的满足。② 人类群体划分在本质上是空间的划分,反映出人类倾向于居住和生活在有界的空间愿望,作为与空间划分伴生的边界在这一过程中是群体分异的标志,也就是说,人类希望并通过划定空间边界来创造属于自己同一群体的领土范围。对人类来说,特定空间被看做是群体成员集合的地域"(Lefebvre,1991)。③ ③从系统学的角度,有组织整体是各类系统的本质特征,任何一个自组织系统的边界均是由其有组织的整体在与外界环境相互作用中,所能够自我调整、控制的一定作用范围加以确定的,边界就是系统在与其外界环境相互作用中,整体自我调整、控制的作用范围的一定限度。④ ④从生态学的角度,边界也就是划分群落,即"一定地段或生境里各种生物种群构成的结构单元"的界限。⑤

在地理学及城市和区域规划的研究中,人们通常认为边界是将地域单位加以区分的线或者带,边界反映了划分地理客体各组成要素的空间结构,是指某一区域隐退其显著特征,同时给出另一毗邻地区显著特征的地带(于涛方,吴志强,2005)。区域地理边界与地理区域是相辅相成的,后者是前者存在的基础,前者对后者则有鉴定意义;地理边界是相邻区域的分异标志,又影响区域之间的相互作用,它不仅仅具有分割毗邻区域的分离功能,还具有充当区域之间接触纽带的接触功能,等等。

对于西南地区来说,划定明确的研究范围,有助于了解研究地域的文化、经济、生态环境等基础信息,突出研究的针对性,并具有重要意义。

1.2.2　我国西南地区范围的变化

随着我国经济社会的发展变化,我国的区域格局在国家层面大致经历了"2334"的变化(钟城,吴振华,2008)。在 20 世纪五六十年代结合我国经济发展形势,分为沿海、内地;到了 60 年代中后期到 70 年代中期,依据城市的政治地位、经济实力、城市规模以及区域辐射力,开始按照一线、二线、三线进行划分,至今还有一些研究还延续这样的划分;改革开放后,经济迅速发展,出现了以经济发达地区地名为中心的叫法,如"以上海为中心的长三角经济区"和"以山西为中心的煤炭重化工基地经济区",后来逐渐形成了东、中、西三大经济地带;到 21 世纪,按照研究切入点的不同,形成了西部地区、东北三省、中部地区、东部地区的划分。2003 年,国务院发展研究中心在借鉴吸收过去区域划分经验的基础上,依据城市空间上毗邻、自然资源条件相近、经济发展水平接近、经济上相互联系密切、社会结构相仿、区块规模适度、适当考虑历史延续性、保持行政区划的完整性、便于进行区域研究和区域政策分析等条件,将中国大陆划分为八大区域:东北地区(辽宁、吉林、黑龙江);北部沿海

---

① 参见:李铁立.边界效应与跨边界次区域经济合作研究[M].北京:中国金融出版社,2005:28.
② 参见:于显洋.组织社会学[M].北京:中国人民大学出版社,2001:163.
③ 参见:李铁立.边界效应与跨边界次区域经济合作研究[M].北京:中国金融出版社,2005:24.
④ 参见:李铁立.边界效应与跨边界次区域经济合作研究[M].北京:中国金融出版社,2005:21.
⑤ 参见:赵志模,郭依泉.群落生态学原理方法[M].北京:科学技术文献出版社,1990.

地区(北京、天津、河北、山东);东部沿海地区(上海、江苏、浙江);南部沿海地区(广东、福建、海南);黄河中游地区(内蒙古、陕西、山西、河南);长江中游地区(湖北、湖南、江西、安徽);大西北地区(甘肃、青海、宁夏、西藏、新疆)和西南地区(重庆、四川、贵州、云南、广西)(图1.11)。

图1.11 西南地区位置和范围(国务院发展研究中心)

资料来源:根据相关资料绘制.

1.2.3 研究界定的"西南地区"范围

1) 西南地区范围划分总观

历史上对于西南地区范围有着不同的界定。李旭在其论著《西南地区城市历史发展研究》中对古代西南作了详细分析。他指出古代西南有狭义的西南和广义的西南之分:狭义的界定沿袭了自《史记》《汉书》《后汉书》以来"西南夷"的概念,将西南等同于西南夷,界定在巴蜀西南徼外的川西、云南、贵州等地区;广义的西南则是突破了行政区域限制,结合历史人文与自然地理的共性与差异性,划出了一个包含四川、西藏、云南、贵州并以这四个地区为主的空间领域(李旭,2011)。

近现代由于研究的目的和内容不尽相同,对于西南地区范围也有着不同的界定方式。1940年,刘敦桢先生在对西南诸省古建筑进行调查时,对于西南定义"窃以为西南诸省之涵义在地理上系指四川、西康、云南、贵州、广西五省而言"(刘敦桢,1987);童恩正先生在其《中国西南民族考古论文集》中指出西南的范围包括四川、云南、贵州三省和西藏自治区(童恩正,1998)。

区域地理划分是基于自然、经济、地理、行政管理和人文要素综合考虑的结果,反映了一定时期内一个国家经济技术水平在地域空间上的差异。不同时期、不同标准的区域划分,实质上反映了政府不同的经济管理指导方针。

现代西南地区的范围划分,比较明确的有《中国大百科全书》将全国划分为东北、内蒙古地区、西北地区、西南地区、中南地区和东南地区等。《中国民俗地理》将全国划分为:华北、东北、华中、华南、西南、西北以及青藏7个民俗地理区(高曾伟,1999)。

2)本研究界定的西南地区范围

本研究综合考虑自然地理特征、经济发展水平、人文环境影响、行政区划以及研究的系统与整体性等因素,将西南地区范围界定在:四川省、云南省、贵州省、重庆市三省一市的行政区划范围,涉及四川省18个地级市、3个自治州、43个市辖区、14个县级市、120个县、4个自治县;云南省8个地级市、8个自治州、12个市辖区、9个县级市、72个县、29个自治县;贵州省4个地级市、2个地区、3个自治州、10个市辖区、9个县级市、56个县、11个自治州;重庆市43个区市县;涉及面域约112.53万km²(李旭,2011)(图1.12)。

图1.12 西南地区范围

资料来源:李旭. 西南地区城市历史发展研究[M]. 南京:东南大学出版社,2011:6.

1.3 研究相关基础理论

1.3.1 人居环境科学理论及其发展

早在二次世界大战之后,希腊学者道萨迪亚斯(Constantinos Apostolos Doxiadis,1913—1975)就提出了"人居环境科学"的概念。不同于传统的建筑学,它所考虑的是小到三家村,大到城市带不同尺度、不同层次的整个人类的聚居环境,而非单纯的建筑或城市问题。1993年,以吴良镛院士为首的老一辈学者,提出了我国建立"人居环境科学"的主张(吴良镛,周干峙,林志群,1994)。吴良镛院士在此基础上进行了发展并将其体系化理论化,以其出版著作《广义建筑学》和《人居环境科学导论》为标志,逐步建立了人居环境科学理论体系。这一学术思想的形成和发展,对于引导我国城市规划事业理论和实践,具有十分重大的意义。

吴良镛院士关于人居环境科学的主要思想,借鉴了世界城市化发展的规律,从我国社会和经济发展的客观情况出发,认识城市乡村建设中人与生存环境的关系,从而探索和建设符合人类聚居可持续发展的理想环境。

《人居环境科学导论》中,以"五大原则"(生态观、经济观、科技观、社会观、文化观)、"五大要素"(自然、人、社会、居住、支撑网络)和"五大层次"(全球、区域、城市、社区、建筑)为基础,构建了人居环境科学研究的基本框架(图1.13)。广义的人居环境是指人类的生存环境,它包括人类生存的自然环境、社会环境、经济环境和文化环境等。狭义的人居环境是指人们日常工作、生活、学习和游憩的社会、文化环境及城市、社区、建筑等具体物质空间的环境(吴良镛,2002;吴良镛,赵万民,1995)。

城市作为人类生产和生活的主要空间,是人居环境建设的重点。城市人居环境是人们在城市居住生活的自然的、经济的、社会的和文化的环境的总称。城市人居环境包括城市、社区和建筑(居住)环境三个层次,可分为人居物质环境和人文环境(杨明豪,2007)。

赵万民教授在吴良镛院士人居环境的基础上,结合山地特殊情况,提出了山地人居环境学研究,指出"山地人居环境学的研究目标,主要集中在三个方面:建立山地人居环境学的理论框架,使其成

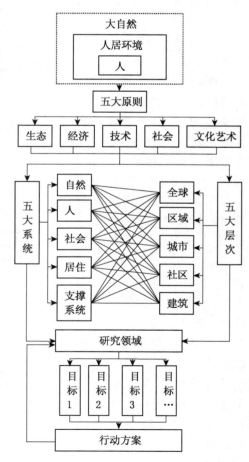

图1.13 人居环境科学研究的基本框架

资料来源:吴良镛.人居环境科学导论[M].北京:中国建筑工业出版社,2001:71.

为我国整体'人居环境科学'理论体系中的一个部分，指导山地人居环境建设的可持续发展，拓展和深化山地人居环境建设实践工作领域，为理论体系的建立做基础性工作，同时，也是支撑和反馈理论建设的重要内容，为我国西部大开发推进山地城市化的工作服务；针对西部地区人才匮乏，山地城乡建设需要理论研究与实际工作人才的情况，从研究、实践和管理三方面建设人才队伍"。（赵万民，2003）

以赵万民教授为首的山地人居环境科学研究团队，历年来扎根西南，主研山地人居环境规划、建设的相关理论与方法，并积极付诸实践，产生了一系列关于山地空间与安全方面的创新成果，是本研究的主要基石。

1.3.2 环境承载力理论

承载力最初是理论种群生态学中的一个概念，表示某一生物区系内各种资源光、热、水、植物、被捕食者能维持某一生物种群的最大数量网。环境承载力是指在一定时期内，在维持相对稳定的前提下，环境资源所能容纳的人口规模和经济规模的大小，地球的面积和空间是有限的，它的资源是有限的，显然，它的承载力也是有限的。因此，人类的活动必须保持在地球承载力的极限之内。

环境作为一个系统，在不同地区、不同时期有着不同的结构。环境系统的任何一个结构，均有承受一定程度的外部作用能力，在一定程度之内的外部作用下，其本身的结构特征、总体功能均不会发生质的变化，环境的这种本质属性就是环境承载力。

环境承载力作为判断人类社会经济活动与环境是否协调的依据[①]，具有以下主要特征：客观性和主观性；区域性和时间性；动态性和可调控性（王俭，孙铁珩，李培军，等，2005）。这些特征反映了环境承载力与空间作用过程之中相互可作用过程，承载力的大小是可以随着空间、时间和生产力水平的变化而变化的。人类可以通过提高城市建设技术水平、改变城市空间形式等手段来提高区域环境承载力，使其向有利于人类的方向发展。

1.3.3 安全科学理论

德国学者库尔曼（Kuhlmann A.）在其所著的《安全科学导论》（*Introduction to Safety Science*）一书中详细介绍了安全科学的理论和方法，论述了安全科学的范围、任务，并用事例论证了定性与定量的安全分析，探讨了政府和社会对技术领域的安全问题所能施加的影响。"安全科学技术的研究目标是将科学和技术应用过程中产生的损害可能性和损失的后果控制在绝对的最低限度，或者至少使其保持在可容许的限度内。"（库尔曼，1991）这里所指的损失，就城市而言指的是城市灾害引发的人员伤亡和财产损失。

本研究主要基于以上三种理论，在研究中用到的其他理论将分别论述。

---

① 尽管承载力的概念至今没有被广泛认同的概念，有着其模糊性和不确定性，但其内涵思想与应用价值，通过其适用性、直观性、形象性始终在国内外不同领域被广泛应用。从目前承载力理论应用上看，主要被应用于自然资源或环境对人口以及流域经济的承载力、特定区域对社会和经济的支持能力、某生境对特定生物的承载力和旅游承载力等，还被应用于娱乐和交通规划、考古学和人类学等领域。

1.4 国内外相关研究现状与趋势

1.4.1 国外城市空间适灾相关研究与实践

1) 欧美城市空间减灾防灾的学术萌芽及发展

城市空间作为城市防灾活动的物质载体,其空间布局方式和形态以及相应的空间构成要素无疑对城市防灾工作有着重要的研究价值。可以说城市规划的发展与每一次城市灾害都有着密切的关系,研究从欧美、日本等空间防治灾害实践发展历史进行了分析(图1.14),探索城市利用空间进行减灾防灾的一些经验。

(1) 欧洲古代城市空间防灾实践

欧洲早期的文明史记载,在公元79年8月24日,维苏威火山爆发[①],在不到1天的时间内庞贝古城遭遇火山爆发、4次熔岩流和3次灰尘暴袭击后化为废墟。罗马古城庞贝被湮没,整个城市直接从世界上消失。这次灾难过后人们了解到火山的危害,也加强了对城市选址的认识,为后来城市选址时提供了警示。

17、18世纪在欧洲一些建在地震区的城市已经考虑了城市防灾减灾问题,而且比较明显地体现在城市空间与建筑形态上。而且这些措施至今看来仍比较实用。如欧洲城市形态具有的笔直大道,颇具规模的广场,除了考虑统治阶级的权利象征外,还具有防灾减灾的功能,当时某些处于易灾区的欧洲城市在城市建设方面已经考虑到防灾减灾的问题,并体现在城市空间和形态上(张敏,2000)。

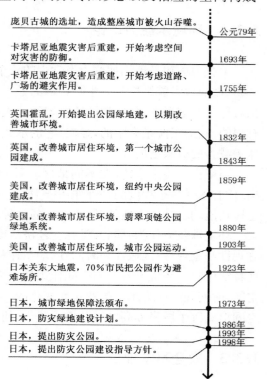

庞贝古城的选址,造成整座城市被火山吞噬。	公元79年
卡塔尼亚地震灾害后重建,开始考虑空间对灾害的防御。	1693年
卡塔尼亚地震灾害后重建,开始考虑道路、广场的避灾作用。	1755年
英国霍乱,开始提出公园绿地建,以期改善城市环境。	1832年
英国,改善城市居住环境,第一个城市公园建成。	1843年
美国,改善城市居住环境,纽约中央公园建成。	1859年
美国,改善城市居住环境,翡翠项链公园绿地系统。	1880年
美国,改善城市居住环境,城市公园运动。	1903年
日本关东大地震,70%市民把公园作为避难场所。	1923年
日本,城市绿地保障法颁布。	1973年
日本,防灾绿地建设计划。	1986年
日本,提出防灾公园。	1993年
日本,提出防灾公园建设指导方针。	1998年

图1.14 国外主要城市空间防灾实践

资料来源:作者自绘.

---

① 维苏威火山海拔1 277 m,据地质学家们考证,它是一座典型的活火山,数千年来它一直在不断喷发,庞贝城就是建筑在远古时期维苏威火山一次爆发后变硬的熔岩基础上的。可是,公元初年,著名的地理学家斯特拉波根据维苏威火山的地形地貌特征断定它是一座死火山,当时的人们完全相信他的这一论证,对火山满不在乎。火山的两侧种上了绿油油的庄稼,平原上到处遍布着柠檬林和橘子林,还有其他果园和葡萄园,他们万万没料到这座"死火山"正在酝酿着一场毁灭性的大灾难。公元62年2月8日,一次强烈的地震袭击了这一地区,造成了许多建筑物的毁塌,我们今天在庞贝城看到的许多毁坏的建筑都是那次地震造成的。地震过后,庞贝人又重建城市,而且更追求奢侈豪华,然而,庞贝还没来得及从那次地震中复苏过来,在公元79年8月24日这一天,维苏威火山突然爆发了。瞬息之间,火山喷出的灼热的岩浆遮天蔽日,四处飞溅,浓浓的黑烟,夹杂着滚烫的火山灰,铺天盖地降落到这座城市,空气中弥漫着令人窒息的硫磺味。很快,厚约五六米的熔岩和火山灰毫不留情地将庞贝从地球上抹掉了。

卡塔尼亚(Catania)的震后重建即是一个很好的例子,卡塔尼亚位于西西里岛(Sicily)东南部的一个海港城市(图1.15),临近火山,火山爆发和地震灾害频发。据相关史料记载,1693年的一次毁灭性大地震,几乎将整个城市摧毁。大震过后,由当地长老和教士组成的重建委员会创造性地提出了城市重建规划以保证灾害再次来临时最大可能地避免生命和财产损失。在城市规划中用宽阔笔直的大道取代了原来曲折狭窄的街巷,来确保发生地震后坍塌的废墟不易堵住民众逃生的通道。在城市中规划了一些特大型广场,其作用是在灾害发生时可以用来疏散避难,搭建帐篷等。灾后重建基本维持了原来的城市道路结构和网络,但却对其大大地加宽和拉直。这种代表统治阶级威严的巨大广场和笔直的放射性街道也成为灾害发生时重要的逃生路线和避难场所,空间美学和城市防灾完美地结合成一体。

图 1.15　卡塔尼亚

资料来源:左图:作者根据相关资料绘制;右图:来自谷歌图片.

另一个例子是葡萄牙的首都里斯本(Lisboa),1755年11月1日发生了强大的地震,之后由地震引发次生灾害海啸和大火几乎摧毁了整座城市。在灾后重建中,规划师提出了多种有防灾思想的重建方案:①城市迁址重建;②用笔直和宽阔的道路系统能够重新规划建设全城;③按照新设想重新规划建设破坏最严重地区,按原有规划复建城市其他地区。但限于当时的各种约束,最后实施了第三个方案,采用了在破坏最严重的地区重新进行规划和建设,而在其他破坏相对较轻的地区进行复建的原则。在被改造的地区中有一个明显的共同点,即用笔直的街道连接城市公共广场,所有街区规划成方格网状。本次重建中还采用了加固建筑和建立防火墙等防灾减灾措施。

综上可以看出,欧洲古代城市在防灾减灾方面开始开展了一定的实践,主要表现为笔直的街道、大型广场等开敞空间,在防灾功能上还仅仅是满足于与当时经济技术条件相适应的最低的逃生、避难要求。

（2）欧美公园空间防灾体系的建立

16世纪至19世纪,欧洲工业和资本主义经济迅速发展,18世纪英国的工业革命带来机器大生产时期。工业的发展在使社会财富迅速积聚的同时,也使人口迅猛地向城市集聚,城市飞速膨胀,城市空间结构不合理,大气和水体被污染,交通拥挤混乱,噪声嘈杂,卫生环境日趋恶劣。1832年,英国霍乱大流行后,各国政府都相继认识到城市中存在的潜在灾害威胁,开始着手改善城市环境。1833年,英国议会内设置的公共散步道委员会首次提出应该通过公园绿地的建设来改善不断恶化的城市环境。这是首次把城市绿地引入到城市防灾领域。1843 年,英国利物浦市为改善工人的生活条件,防止由于城市环境恶化,建造了世界上第一个城市公园——伯肯海德公园(125 英亩,约 50 hm²),并向公众免费开放。受英国经验的影响,在奥姆斯特朗的竭力倡导下,美国的第一个城市公园——纽约中央公园(843 英亩,约 341 hm²)于 1858 年在曼哈顿岛诞生。纽约中央公园是美国风景园林史上的一座里程碑,刘易斯·芒福德评价为:"他不仅仅是设计了一座公园,更重要的是他创造了一种新的思想,这就是创造性的利用风景,使城市环境变得自然而适于居住。"(许浩,2003)

19 世纪下半叶,欧洲、北美掀起了城市公园建设的第一次高潮,称之为"城市公园运动"。这次公园建设高潮,其目的之一就是为了解决城市化所带来的城市问题,保障城市居民安全和健康,这可以说是城市绿地防止城市灾害的雏形。但是由于城市发展过快,公园的服务范围有限,而且早期的公园建设,主要是用于被动地休闲和观赏。单个的公园已经不能解决城市灾害发生时所产生的影响(吴人韦,1998)。

"城市公园运动"为人们带来了一个个集中的绿地开放空间,然而它们还只是由建筑群密集包围着的一块块脆弱的"沙漠绿洲"。

1880 年,奥特斯特德等人设计了波士顿的"翡翠项链",该公园体系充分利用了河流、泥滩、荒草地所限定的自然开放空间,利用 200～1 500 英尺宽的现行空间,将数个公园连成一体,改变了波士顿中心地区空间环境的总体面貌,形成了景观优美、环境宜人的公园体系。这个体系的建成标志了"城市公园运动"向"城市公园体系"的转变。如今,"翡翠项链"两侧分布着世界著名的学校、研究机构、学术馆和居住区(刘东云,周波,2001)。"翡翠项链"为越来越集中的城市增添了绿色的开放空间,舒缓了城市集中带来的一系列问题,更重要的是开始形成了城市绿地系统,对防止城市灾害起到积极的效果。

随着城市的发展,艾略特将城市公共空间体系进一步发展,他成为了"波士顿开放空间体系之父",其为后来的开放空间建立了一个完整的框架和样板。

波士顿公园体系的成功,对城市绿地的发展和国家公园运动的发展都产生了深远的影响。受此影响美国其他的一些城市也建立了各自的城市绿地开放空间框架。如西雅图市在1903 年以城市中的河谷、台地、山脊为依托,规划了城市绿地开放空间框架。

城市公园体系的建立,其根本目的是解决城市问题,防止城市灾害的蔓延和扩张,同时它也是居民避难逃生的主要场所。虽然,现阶段的绿地系统规划还没有从防止城市灾害本身出发,但是,只要有城市绿地系统的存在,它就能发挥城市绿地空间系统本身的作用。

2) 日本城市空间防灾的建设

1923 年的关东大地震,城市的广场、绿地和公园等公共场所对阻止火势蔓延起到了积极的作用,当时约东京人口的 70%的市民把公园等公共场所作为避难处,在认识到城市空间对于灾害防护的作用后,日本开始了城市空间防灾的研究与实践。日本政府于 1973 年在《城市绿地保全法》里把建设城市公园置于防灾系统的地位;1986 年制定了紧急建设防灾绿地计划,并提出要把城市建设成为具有避难地功能的场所;从 1972 年开始至今,日本已实施6 个建设城市公园计划,每个计划都有加强城市的防灾结构,扩大城市公园和绿地面积,把城市公园建设成为保护城市居民生命财产的避难地等内容;1993 年日本修改城市公园法实施令,把公园提到紧急救灾对策所需的设施高度,第一次把发生灾害时作为避难场所和避难通道的公园称为防灾公园;1995 年 1 月 17 日阪神大地震发生后,神户市 1 250 处大大小小的公园在救灾方面显示出了巨大作用,促使日本视公园为防灾救灾的根据地;1996 年 7 月建设省的咨询机构城市计划中央审议会在关于今后城市公园等建设与管理报告中提出要把建设防灾公园、加强城市公园的防灾功能作为建设城市公园的重点(金磊，2001)。日本东京的防灾计划及应变对策，主要为应变因地震引起的火灾、海啸、地层错动等影响居民生命安全的灾害因子而制定城市防灾空间计划，以确保东京市民可拥有防灾与避难及灾后恢复建设的避灾机制。

日本建设省于 1998 制定了《防灾公园计划和指导方针》，把防灾公园划分为 5 种类型，就防灾公园的定义、功能、设置标准及有关设施等作了详细规定。

3）现代城市空间减灾防灾研究

在了解了城市空间减灾防灾研究的历程后，需要对现代关于城市空间减灾防灾的最新研究进行梳理。因城市在防灾减灾方面的研究涉及方方面面，从城市综合防灾到单项防灾都和城市空间密切相关。所以，本研究主要从现代城市的综合防灾减灾、城市外部空间减灾防灾、城市内部空间减灾防灾和城市空间形态减灾防灾研究等方面进行分析。

（1）城市综合减灾防灾的研究

针对发展中国家的城市灾害，国际上在 20 世纪 80 年代中期提出把 20 世纪最后 10 年作为"国际减轻自然灾害十年（International Decade For Natural Disaster Reduction，IDNDR）"；1996 年，联合国提出"国际减灾日"的主题为"城市化与灾害"（Disaster and Urbanization），以提高各地政府对城市防灾减灾的意识，采取积极措施应对城市灾害；联合国在 1999 年通过"国际防灾战略（ISDR）"活动计划，并设立了联合国国际防灾战略事务局，负责推动国际间防灾减灾的各项活动，加强城市中建立灾害应对能力强的社区。相应的很多发达国家的城市，都能根据自己城市的特点，制定城市应对灾害措施。例如瑞士、瑞典，都以建立完整的城市民防体系作为城市防灾的主要任务（对城市居民的防护，组织社会发展对自然灾害、突发性人为灾害和战争灾害进行防护的总称，在国外统称民防（civil defense），在我国则称为人民防空，简称人防）。人防体系可以抵御城市发生的多数灾害，具有较强的抗御能力。

日本是灾害多发国家，其制订了一整套城市综合防灾对策，包含拟定防灾计划，对设计城市安全的地理、地质、水文等自然环境特性和人口、建筑物、防洪设施、生命线工程等人为环境的性质及分布资料建立档案供灾害管理及相关研究使用，并对主要城市可能发生的灾害进行模拟，评估可能受灾地点及其受灾程度，进而据此拟制救灾及避难计划和土地利用规划。如日本成立了内阁府防灾机构，以应对东京地下发生大地震的防灾救灾工作。早在1988 年就曾设想和关东大地震同等级的 M8 级大地震[①]，并制订了《南关东地域震灾应急对策活动要领》，1992 年又设想发生 M7 级大地震，制订了《南关东地域直下地震对策大纲》，

---

① 震级(M)是据震中 100 km 处的标准地震仪(周期 0.8 s，衰减常数约等于 1，放大倍率 2 800 倍)所记录的地震波最大振幅值的对数表示。其中 M 为地震级数前国际上使用的地震震级：里克特级数，是由美国地震学家里克特所制定，它直接同震源中心释放的能量(热能和动能)大小有关，震源放出的能量越大，震级就越大。里克特级数每增加一级，即表示所释放的热能量大了 10 倍。地震分级及表现：零级，无感地震，地震仪的仪表上有记录，而人尚无感觉；一级为微震，人体静止时或对地震有特殊敏感者，有感应；二级属于轻震，门窗摇动，一般人均有感觉；三级为弱震，房屋动摇，门窗格格有响，悬物摇摆，盛水动荡；四级为中震，房屋摇动甚烈，不稳定物体易倾倒或落下，盛水容器达八分满都会溅出；五级为强震，墙壁裂开，烟囱或牌坊都会倾倒；六级为裂震，房屋倾倒，山崩地裂，表层断陷；第七级时人会站立不稳，池塘出现水波；第八级则砖石墙部分破裂倒塌，树枝断落；第九级是很严重的，地下水管破裂，地面出现裂缝，小建筑物倒塌等等；第十级时水库出现裂缝，桥梁被破坏，铁路扭曲等；第十一级则地下水管及阴沟系统全被破坏；第十二级则是全面破坏，连巨石也震动移位。

1998 年制订了《南关东地域震灾应急对策活动要领》和《南关东直下地震对策大纲》。2003 年日本中央防灾会议决定设置"首都直下地震对策专门调查会",并成了调查工作组,研究东京正下方地震的想象图景,模拟地震时直接和间接受害对象。2005 年中央防灾会议提交了《首都直下地震对策大纲》,明确了应对地震的策略。其中《首都直下地震对策大纲》对"提前预防"进行了阐述,要求进行"防灾城市设计、街区设计",以强化城市空间和建筑物的抗震、防火以及阻止火灾蔓延的功能。同时在城市设计中要求在密集型街区要提供可供全面实施救助活动和灭火的空间。[①] 当然,其包括内容不止于此,从 1959 年开始日本政府就有计划地进行城市防灾的研究,受限于当时的科技水平,其设防标准也缺乏足够的科学依据。但随着日本经历的几次大地震,政府更加重视城市防灾研究,广泛开展防灾减灾研究,现在其研究的广度和深度以及一些方法上,在世界上已处于相对领先的地位,使城市的安全性能大为改善。日本中央政府各部会所进行的防灾科技研究课题涵盖震灾、风灾、水灾、火山灾害、雪灾、火灾、危险品灾害等,另外还包括城市基础性的研究、各种灾害发生机制及防灾对策研究、结构物安全性以及城市生命线系统的研究(表 1.3)。

表 1.3　防灾研究的重点领域

序号	研究领域	研 究 概 要
1	异常现象发生的机制	大规模的地震、大规模的火山爆发、异常集中的暴雨、异常干旱等自然现象发生机制的揭示与预测技术
2	灾害应急系统	为保证受害损失最小化,灾害及事故突发时迅速对应的体系
3	高密度城市圈中减轻巨大灾害的对策	在高密度大城市发生异常现象时的灾害减轻技术(包括火灾对策)、顺利地迅速地展开复旧复兴对策及支撑自助,共助活动的体系
4	中枢职能及文化财产等的防护体系	提高社会、经济活动的中枢职能抗灾能力的体系,文化财产、科学技术研究基础等公共性强的资产保护体系
5	超先进防灾支援系统	利用宇宙及空间先进的观测通信系统、可移动设备、高性能运送工具、防灾急救机器人等新一代防灾支援系统
6	先进的道路交通系统	灾害发生时,复兴时有效地疏导人流、物流的系统以及消减交通事故等的系统
7	陆地、海上及航空交通安全对策	对应与陆海空交通需求、特性的变更、数量增大的安全对策
8	基础设施的劣化对策	防止由于基础设施的劣化而发生事故和灾害,同时延长设施寿命的对策
9	有害危险物质,犯罪对应等安全对策	消解公海等近代负遗产,确保伴随新的科学技术的发展而产生的物质或系统的安全性。公共空间的犯罪对策

资料来源:根据相关资料整理.

　　美国政府把"国家级自然灾害防治研究纲领"作为联邦政府推动防灾科技研究的依据。1963 年美国成立了世界上第一个研究灾害对社会影响的机构"美国灾害研究中心",主要从事对社会紧急事件做出反应的多种社会研究(汤爱平,1999)。经过多年的发展,现在主要研究目标已转向探求主要自然灾害的本质特性;加强减灾工程建设和减灾技术的能力;改善减灾的数据管理,研究和完善实时灾害观测资料、预警信息和完整灾害信息的获取手段;大力

---

①　日内阁府中央防灾会议.首都直下地震的被害设想.2005.转引自(日)青木信夫.日本东京的防灾规划[J].城市环境设计,2008(4):9—12.

改进灾害风险评估,包括自然灾害的时空特性、多灾害风险组合以及减灾措施的成本效益分析。①

从体系上看,美国防灾减灾体系包括组织体系和规划体系两个方面,其组织应急管理系统分为 5 级:现场回应(Field Response)、地方政府(Local Government)、运作区(Operational Area)、区域(Region)和州(State)。地方政府指郡、市和特别管区(Special District);运作区负责管理协调郡范围内的所有地方政府之间的信息、资源和优先权;区域负责管理协调运作区之间的信息和资源;州负责全州范围的资源协调以及与联邦部门的配合。美国的防灾规划体系基本上分为联邦州和地方三级,在联邦层面有"国家回应规划"(NRP),没有该层面的综合减灾规划。但是根据防灾专项和主管部门的不同有相应的减灾规划(HMP)和应急回应规划(ERP)。在州和地方(市、郡)层面除了有州和地方(市、郡)的应急行动规划(EOP)还有州和地方(市、郡)的"综合减灾规划(MHMP)。并且依灾害专项和防灾主管部门的不同有对应的减灾规划和应急回应规划。②

美国在城市整体防灾策略上更强调灾前的预防工作和灾后迅速复原的能力。研究从孤立地设置抗震、防洪、消防等单个系统向综合化发展,把工作的重点从灾后"救治"转向灾前"防御",建立以"防"为主、抗救结合的城市综合防灾系统。

(2) 城市空间减灾防灾的相关研究

城市是国家和地区的经济、政治、科技、文化和信息中心,也是人口与财富的聚集地,目前世界各国都已把减灾防灾的中心和重点转向城市,研究适合本国国情的综合减灾防灾策略,不断增强城市防御和减轻灾害的能力,以促进城市发展,提高城市竞争力。这些研究涉及了多方面的内容,其中本文主要梳理从城市空间方面进行的研究。

在城市空间防灾减灾方面,相关学者从城市外部环境、城市内部环境、城市形态等方面也做了大量研究,1978 年出版的《作为灾害之源的环境》(*The Environment as Hazard*)③,就是论述城市外部(区域)环境对于城市灾害形成的关系;1994 年出版的《风险:自然致灾因子、人类的脆弱性和灾害》(*At Risk:Natural Hazards,People's Vulnerability,and Disasters*)④系统地总结了区域资源开发与自然灾害的关系;在应对措施方面,如凯斯·斯密斯(Keith Smith,2013)在其著作 *Environmental Hazards:Assessing Risk and Reducing Disaster*⑤ 一书中就从不同灾害产生作用出发,阐述了城市宏观、中观不同层面的应对措施;相关学者(Birkmann,2006;Norris F. H.,Stevens S. P. et al,2008)⑥⑦从如何建构具有抗灾能力的社区角度,进行了空间环境、空间形态等对于灾害反应能力的相关研究;也有学者从城市空间的弹性角度,研究空间对灾害的减轻作用(Tierney K.,Bruneau M.,2007;Vale

① 参见:张明媛. 城市承载能力及灾害综合风险评价研究[D]. 大连:大连理工大学,2008.

② 参见:张翰卿,戴慎志. 美国的城市综合防灾规划及其启示[J]. 国际城市规划,2007(4):58-64.

③ Burton I,R W Katers,G F White. The Environment as hazard[M]. 2d. New York:The Guilford Press,1978.

④ Blaikie P,T Cannon,I Davis,et al. At Risk:Natural Hazards,People's Vulnerability,and Disasters[M]. London:Routledge,1994.

⑤ Smith K. Environmental Hazards:Assessing Risk and Reducing Disaster[M]. London:Routledge,2013.

⑥ Birkmann J. Measuring vulnerability to natural hazards:Toward disaster resilient societies[M]. New York:United Nations Publications,2006.

⑦ Norris F H,Stevens S P,Pfefferbaum B,et al. Community resilience as a metaphor,theory,set of capacities,and strategy for disaster readiness[J]. American Journal of Community Psychology,2008,41(1-2):127-150.

Lawrence J. and Thomas J. Campanella，2005)[1][2]，探讨了弹性的空间尺度对灾害应对策略的影响，研究城市空间在遭受灾害破坏后的恢复能力。从城市所处的宏观气候环境研究灾害发生与之的关系，探讨城市环境、气候等，对于灾害形成发展的作用机制也进行了一定的研究(Thomalla F.，Downing T.，Spanger-Siegfried E.，et al，2006)[3][4]；还有学者从相关案例进行了研究，如大卫·P.埃森曼等从卡特里亚飓风灾害对抗灾能力相对较弱的社区进行了灾害的破坏分析，指出灾害发生时的疏散不仅与城市空间的本身结构相关，还与该区域的社会关系，等等相关。[5][6]

1.4.2　国内城市空间适灾的相关研究

1）我国古代空间防灾实践的萌芽及实践

自古以来，中国就是一个自然灾害频发的国家，地震、火灾、洪水是我国古代城市所面临的最主要的三种自然灾害，在与这些灾害的斗争中，我们祖先学会了利用城市规划的理念进行防震、防火、防洪，为我们在城市防灾规划方面积累了很多有益经验。古代很多城市在规划建设时就已经将城市空间营造与防灾减灾相结合，创造了优美的城市空间，又起到防灾减灾的作用，值得我们深入学习和研究。

我国古代也是地震多发国，地震灾害也比较强，在当时通讯不发达的条件下，为了及时救灾、了解灾情，汉代科学家张衡发明了世界上第一架地动仪来监测地震。在地震灾害防御方面我们祖先在城市规划和建筑建造技术上总结了一些经验。首先在城市规划中制定了礼制礼法，如"左祖右社，面朝后市，市朝一夫""国中九经九纬，经涂九轨、环涂七轨"，一方面体现了皇权的威严，另一方面也体现严格的城市分区制度，引导城市功能合理分布，有利于城市的安全发展，同时对于不同等级城市的道路宽度和条数的规定，也暗含了在城市灾害发生时的疏散考虑，大都城人多，道路相对要宽，便于疏散。这些朴素的防灾思想(也许当时没有考虑，不过起到的作用可为我们当代人借鉴)在我们现代城市规划中的也有反应，如城市分区的思想、城市道路宽度控制等。在建筑建造技术方面，对于地震灾害的防御体现在我国的木结构房屋，木结构建筑的优势是质量轻，结构体系为柔性结构体系，该体系在地震发生时具有随震动摆动的特点，以消耗地震能量。2013 年芦山地震中，芦山县龙门乡就有木结构百年建筑没有遭到地震破坏，历经地震依旧巍然屹立(图 1.16)。

---

① Tierney K，Bruneau M. Conceptualizing and measuring resilience：a key to disaster loss reduction[J]. TR news，2007(250)：14-17.

② Vale Lawrence J，Thomas J Campanella. The resilient city：How modern cities recover from disaster[M]. Oxford：Oxford University Press，2005.

③ Thomalla F，Downing T，Spanger-Siegfried E，et al. Reducing hazard vulnerability：towards a common approach between disaster risk reduction and climate adaptation[J]. Disasters，2006，30(1)：39-48.

④ Schipper L，Pelling M. Disaster risk，climate change and international development：scope for，and challenges to，integration[J]. Disasters，2006，30(1)：19-38.

⑤ Eisenman D P，Cordasco K M，Asch S，et al. Disaster planning and risk communication with vulnerable communities：lessons from Hurricane Katrina[J]. American Journal of Public Health，2007，97(1)：S109-S115.

⑥ Elliott J R，Pais J. Race，class，and Hurricane Katrina：Social differences in human responses to disaster[J]. Social Science Research，2006，35(2)：295-321.

　　金磊在分析我国城市安全空间的研究时就指出(金磊,2006),洪涝灾害是在我国古代经济条件较低情况下的一项影响到国计民生的重大灾害,因此每个朝代的统治者都很重视防洪的力度。中国古代城市大多是城墙环绕城市,并辅以护城堤防和护城河,这固然是军事防御的需要,但同时也是城市防洪的重要保障,护城河的防洪功能在于其具有调蓄水量、引导流向的作用。北宋城市东京建设的三重城墙及护堤对防御外部洪水侵入城内起到很重要的作用。还有很多历史名城都具有优美的河湖水系空间,这些空间除了担负城市供水,水运交通的功能外,还具有防洪排涝的调蓄功能。明清北京城的三海以及紫禁城的筒子河就拥有很大的蓄水容量,是城市重要的防洪空间。古城杭州西湖宋朝时曾经一度半为葑田(湖面被葑草即水草覆盖),雨多时无法储蓄,干旱年湖水干涸,后经苏东坡提议开浚西湖,以葑草与淤泥修成长堤,后人称为"苏堤",在湖中立三座石塔,塔内湖面不准种植菱藕,以免再次湮塞,即为"三潭印月",既减轻了城市旱涝灾害,也美化了城市空间(金磊,2006)。吴庆洲教授对我国古代城市防洪作了专门研究,指出我国古代城市防洪的方略[①]有"防、导、蓄、高、坚、护、管、迁"八条(吴庆洲,2009)。"防"即是堵,用筑城、筑堤、筑海塘等方法堵水,使外部洪水不致侵入城区,以保护城市的安全;"导"即疏导江河沟渠,降低洪水的水位,是"水由地中行",不致泛滥成灾。对于城市防洪而言,"导"有两个方面的内容:一是疏导城外沟渠,降低城外洪水水位,使城区免受洪

现场照片

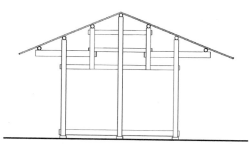

木结构建筑的一般结构（柔性结构体系）

图 1.16　芦山县龙门乡百年老宅历经地震依旧巍然屹立

　　资料来源:照片来源于新华网.《屋坚强》! 震中一座百年老宅巍然屹立[EB/OL]. http://news.xinhuanet.com/photo/2013-04/23/c_124617728.htm.

水威胁;二是建立排水设施,迅速排除城内积水;"蓄"调蓄,在城市内建立容量较大的湖、池,并连接外围河道,干旱时可以引进水源,水涝时则排除城外,通过调蓄功能维护城市的安全;"高"则是指城市选址,须注意城址比周围地势要高,《管子·度地》就提出过城市选址"高毋近旱,而水用足,下毋近水,而沟防省"的思想;"坚"指的是城市防洪设施必须坚固可靠;"护"指的是维护,侧重于管理,城市防洪设施要勤于维护,防止出现损坏;"管"则指的是管理,是对城市防洪体系及各子系统的管理,使之在防洪中发挥作用;"迁"顾名思义为搬迁,包含了让江河改道,迁移城市,迁徙老百姓,根据不同的情况具体实施。可见吴庆洲教授提出的八

---

　　① 防洪的方略是指古代用以指导城市防洪规划、设计的方法和策略。

条方法，是对古代城市空间防洪的高度总结，体现了古人在城市防洪方面的积极实践，为我们现代城市建设提供参考。

因我国的木结构建筑构造，火灾成为我国古代城市所面临的一项重要灾害。考古资料表明氏族人聚落遗址周围一般都有一道甚至几道壕沟，兼具防御野兽、防洪、防潮、防止部落间的战争冲突以及防御野火的功能，是城市护城河的雏形；从功能上看，聚落布局上已经出现了简单功能分区，把居住区和烧陶窑场进行隔离，这就避免了烧陶区因常年用火对居住区造成的威胁。自周王城开始，我国古代城市建设就愈加明确地用宽阔的道路和围墙划分城市防火单元；利用自然河道，组织城中通达的水系用于生活与防火；采用方格网的空间布局，利于扑救与疏散，防止延烧；建设园林、开辟广场用于隔断火灾和疏散避难（金磊，2006）。以宋代城市汴州为例，为了应对建筑拥挤、城市火灾频繁的情况，城市管理者在城市改扩建中贯穿了防火思想，拓宽道路，增大了建筑物间的防火间距，疏浚了汴河，沿街划定植树地带，增加了城市绿化。在一些中小城镇创造了一种"火巷"，宽度很小，但两侧建筑用封火山墙封闭，且不对其直接开窗，大大节约了城市用地，又提供了防火间隔和疏散用地，具有较理想地防火效果。在古代防灾技术不发达的情况下，加宽建筑距离是一个明智的选择，如唐明长安城城市建设，主街道宽都在 40～75 m，宫城前横街宽达 220 m。除了显示威严的需要，还兼具城市防火的功能，明代宫中有三大殿曾发生三次被烧的情况，最后还是用加大间距的办法来防火。

综上所述，我国古代城市空间在防御地震、水灾、火灾方面总结了不少经验和教训，为我们现代城市规划提供了宝贵的参考。

2）现代城市空间减灾防灾研究

面对我国城市灾害的多发性，很多学者已经对城市防灾减灾作了大量的研究。（史培军，2002；史培军，2009；陈绍福，1997；张维狱等，1999；姚清林，1995；金磊，2005）但在城市规划领域，对于城市空间防灾的研究还相对较少，虽然城市规划本身就具有一定的防灾功能，但随着城市规模的扩大，相应的城市问题也相继出现，然而针对城市空间防灾的研究却没有跟上。研究梳理了近几年来从城市外部环境、城市内部空间和城市空间形态进行减灾防灾的研究。

（1）城市外部环境减灾防灾的研究

我国地域环境面积广阔，山地环境复杂，山地区域自然条件和社会经济发展水平差异很大，城市灾害的地域性很明显，灾害致灾因子和承灾体（主要指城市外部环境）都表现出很大差异性，不同的致灾因子会导致不同的灾害类型（图 1.17）。[①] 可见城市外部环境的不同会导致不同的灾害影响，中国古代城市选址首要考虑的因素就是城市外部环境，外部环境及整体环境条件决定了城市的生存环境（龙彬，2001），也可以说决定了城市安全的基础。《管子·乘马篇》中的"凡立国都，非于大山之下，必于广川之上……"等。《管子·度地篇》中还明确提出城市防灾的考虑，要避免水、旱、风雾雹霜、厉及虫"五害"，这些都明确指出外部环境对于城市安全的重要意义。现代关于城市外部环境与城市减灾及防灾的研究，多从外部环境的生态性、区域环境的相关性等方面进行研究（常玮，郑开熊，2008）从台北城市选址实践案例分析了城市建设与自然环境（风水）的关系，明确了外部环境与城市安全的联系。

① 刘婧，史培军. 中国自然灾害与区域自然灾害系统[J]. 科学（上海），2006，58（2）：37-40.

自然致灾因子类别	中国主要自然灾害	资料来源
	干旱、洪涝、台风、地震、冰雹、冷冻、暴风雪、天然林火、病虫害、崩塌、滑坡、泥石流、风沙暴、风暴潮、海浪、海水、赤潮	《中华人民共和国减轻灾害报告》,1993 年 12 月
大气圈致灾因子	干旱、台风、暴雨、冰雹、低温、霜冻、冰雪、热干风	《中国自然致灾因子的区域分异》(有补充修改),1994 年 3 月
水圈致灾因子	洪水、内涝、风暴潮、海浪、海冰	
生物圈致灾因子	作物病害、作物虫害、森林病害、森林虫害、鼠害、毒草	
岩石圈致灾因子	地震、滑坡、泥石流、风沙流、沉陷、地裂缝	
地震灾害	地震	《中国重大自然灾害与社会图集》,2004 年 2 月
洪水灾害	洪水灾害、渍涝灾害	
气象灾害	旱灾、暴雨灾害、热带气旋灾害、风雹灾害、低温冷冻灾害、其他灾害	
海洋灾害	风暴潮灾害、风暴海浪灾害、海冰灾害、赤潮灾害、海啸灾害	
地质灾害	崩塌灾害、滑坡灾害、泥石流灾害、地面沉降灾害、地面塌陷灾害、地裂缝灾害、水土流失灾害、土地沙漠化灾害、土地盐碱化灾害、其他灾害	
农作物生物灾害	虫害、病害、草害、鼠害	
森林灾害	虫害、病害、草害、鼠害	

图 1.17　中国主要致灾因子与灾害类型关系

资料来源:刘婧,史培军.中国自然灾害与区域自然灾害系统[J].科学(上海),2006,58(2):37-40.

（2）城市内部空间减灾防灾研究

城市内部空间减灾防灾的研究相对较多,在空间防灾理念上,金磊在研究中国城市安全空间时,分析了我国城市空间防灾的实践,指出我国现代城市缺乏利用空间布局进行主动防灾的意识,其次是缺乏整体化、系统化的研究,第三是缺乏城市空间适灾性的研究(金磊,2006)。"适灾"比"防灾"更进一步,是强调提高城市空间的弹性,即既可防灾又可容灾,具有较好的防救能力,还可以支持灾后迅速恢复重建,这是从理论上提出空间防灾减灾的思想。吕元通过研究,认为城市防灾空间应该保证下述灾害应急对策工作的实施:"救援物资的配给;紧急输送办法的确保;避难所的开设和管理;临时屋的供给准备等四项工作",并说明了防灾空间应具有适应性,首先是适应城市空间的各种功能与防灾功能的变换与转移,城市防灾空间并不是脱离各种城市空间而独立存在的,在平时以城市空间的其他功能属性为主,而在面临灾害时则以其防灾属性为主,是从城市防灾的角度来考虑城市空间,因此要充分考虑空间的适应性。其次是适应多种灾害的防御,城市用地紧张,防灾空间的建设应根据条件尽可能地适用于防御多种灾害,以充分发挥其功能与效益,而不是仅仅限于防御某一种灾害(吕元,胡斌,2004;吕元,2004)。张明媛提出了城市灾害相对承载力概念,即"依据承灾能力和易损性的思想,定义城市复杂系统灾害相对承载力为:灾害背景下,相对于城市自身发展水平的城市发展过程中,城市复杂系统的抗灾能力、救灾能力和恢复能力,反映了城市复杂系统抗御灾害的整体水平,是其处理灾害事件的社会和经济能力的综合量度,主要表现为城市复杂系统中的行为主体人的抗灾、防灾、救灾能力,社会经济子系统承灾、救灾及灾后恢复正常经济发展水平的能力,以及资源环境子系统抵御灾害破坏继续维持其健康的能力,是城

1
绪
论

市复杂系统对灾害危险的敏感性和人类对这种危险的响应能力的有机结合"。(张明媛,袁永博等,2008)并建立了城市灾害相对承载力模型予以评价城市对于灾害的承载力。当然,张明媛讨论的城市承载力包含了社会、经济和环境多方面的问题。郑力鹏分析了未来城市发展中灾害的必然性与严重性,指出当前防灾减灾的局限性,提出了开展适灾规划设计理论与方法研究,并论述了适灾的思想。他指出人类在灾害环境中,从"避灾"到"抗灾"是一次飞跃,是人类物质技术进步的结果。而从"抗灾"到"减灾"的变化,是第二次飞跃,是人类重新认识自然环境及其与人类活动关系的一个进步。但就人与自然的关系而言,"抗灾"与"减灾"都是以人为主体,前者强调对灾害环境的对抗,后者强调对自然与人工环境的改良以减少灾害的损失,这与寻求人类与自然的融合相去甚远。他提出应以"适灾"作为城市与建筑规划设计的指导思想之一,通过科学合理的规划设计,创造适应灾害环境的城市与建筑(郑力鹏,1995)。应该说从"减灾"到"适灾"的变化,是第三次飞跃。童林旭提出:在多种综合防灾措施中,充分调动各种城市空间的防灾潜力,建立以地下空间为主体的城市综合防灾空间体系,为城市居民提供安全的防灾空间和救灾空间(童林旭,2004)。施小斌(2006)、王薇(2007)、邓燕(2010)、李云燕(2007)分别在其论文中分析了城市空间的防灾机能,阐述了城市应急避险空间规划的主要内容及所应遵循的基本原则。

可见,我国在城市空间防灾方面有一定的研究,还有学者进一步对灾害在空间中发生灾害的机制进行研究,提出灾害发生发展的相关模型,如金磊(1994)早在1990年代就发现由于人口的快增长和高度集中,有效的防灾减灾技术与管理措施未跟上,导致出现灾害加重的现象,提出了以系统的思维进行灾害研究,并初步提出了一系列减灾模型:如安全水平模型,主要研究事故的统计特征,做出事故的概率分布形式;灾害预测状态的可靠性模型,主要是对地震发生区域进行预测的模型;系统可修复性与可靠寿命模型,强调系统具备综合监控的作用;重大灾害源及应急对策模型,针对的是重大灾源的特殊破坏力;事故风险的量化分析模型;城市生命线系统可靠性优化模型等六个模型,涉及城市防灾减灾的多个层面,为以后的研究提供了思路。仪垂祥、史培军(1995)对自然灾害系统模型进行了发展,认为灾害系统应包括孕灾环境、致灾因子、承灾体和灾情之间的定量关系,拉近了灾害系统与城市和人的关系。张明媛等(2008)针对普遍关注也是较难解决的城市系统综合承灾能力评价问题,建立了城市系统灾害相对承载力评价模型。该模型通过对城市复杂功能系统中社会子系统、经济子系统和环境子系统的划分及其相互影响分析,找出各子系统中对承灾能力的重要影响因素,进行加权整合后分别得出社会安全指数、经济"软"指数、环境指数和基础设施指数,应用这些承灾能力指数建立了灾害相对承载力模型。田依林等(2008)在研究了城市灾害应急能力评价指标体系模型设计的原则及构成的基础上,针对现有评价方法的不足,应用AHP-Delphi集成的方法构建城市灾害应急能力评价指标体系,建立了城市灾害应急能力评价模型。由于认识到灾害发生存在目前未知或模糊因素的综合作用,学界相继研究了城市灾害的模糊识别模型(孙才志,宫辉力,张戈,2001;杨思远,陈亚宁,1999)、灰色关联模型(陈亚宁,杨思全,1999)等。

台湾地区在"9·21"大地震后,都市防灾建设被逐渐受到重视,人们开始深入研究都市防灾空间系统。依照台北市都市空间结构现况来看,建设成为防灾都市,应是以循序渐进的方式。目前城市空间的规划重点,首先是构建防灾避难生活圈,所谓的防灾避难生活圈系根据地区区位及空间设施条件,所划定之一定圈域,以作为防灾规划之最小单元;其次是建构都市计划防灾空间六大系统,包括避难、道路、消防、医疗、物资、警察;第三是进行防灾避难据点与交通动线系统之检讨与规划,为使空间防灾机能充分发挥,台北市首先就都市实质空间的防灾系统中直接影响避难与救灾成败的防救灾交通动线系统及防救灾据点两大项,经由现况调查进行防救灾效率的检讨,并初步探究其规范准则(李繁彦,2001)。并在据此提出的重建计划中把都市防灾规划建议作为灾区重建的参考,归纳出城市防灾规划重点如下:

规划要保证震灾中超过十万人露宿避难的空间需求。

台湾是以县为指挥中心的空间防灾应变体系,以学校外围为避难中心,以各乡(镇、市)为完整的防救灾基本单元;规划初步制定了各层级防灾生活圈划设方式:以县为范围,划设区域防灾生活圈,以乡(镇、市)为范围,划设地区防灾生活圈、以相近村里(或社区)为范围、以中小学校为中心,划设邻里防灾生活圈。

由于"9·21"地震受灾地区多半集中于市郊,宽广的开敞环境缓和了受灾程度及救灾避难的急迫性;但如果发生在都市区,由于其人口密度高、城市开敞空间少,而且日夜间人口差异大、土地复合使用情形严重、维生管线密布,除了造成建筑物倒塌外,还可能引发都市火灾等二次灾害,救灾避难缓冲空间的不足会加重受害程度,减缓救灾时效。因此"9·21"震灾的防救经验与都市空间防灾应变情形有很大的差异,提出都市区在拟定空间架构之外,更应重视开放空间的研究。可见,台湾在空间减灾阶段的研究较多,主要是探讨灾害发生后怎样应对,属于灾害过程的减灾阶段,在灾害发生其他阶段的空间防灾、抗灾的研究相对较少。

汶川特大地震发生后,城市防灾减灾更引起了国内学术界的关注,先后针对地震灾后重建引发了大讨论,在城市空间减灾防灾方面,宏观层面主要是讨论灾后重建的体制和模式(仇保兴,2008;赵万民,李云燕,2008)、城市资源承载力(陈懿,2009)、重建产业规划(杨振之,叶红,2008)、地震次生灾害防治(王兰生,2008)、灾后环境影响(刘亚丽,何波,2009)等;在中观层面主要讨论了灾后重建思路(邱建,2009;周珂,屈军,2008;毕凌岚,沈中伟,2008);在微观层面主要讨论了建筑布局与抗震的问题(刘剑君,沈治宇,2009)。相关杂志也纷纷出版了防灾减灾专刊,中国城市规划设计研究院作为灾区重建规划的承担单位之一,在2011年集中对北川城市的灾后重建工作的研究和实践进行了总结,在《城市规划》杂志以增刊形式出版①,集中讨论了北川城市防灾和灾后重建问题。总体说来,汶川大地震后,灾害研究已开始关注城市所处的外部环境、城市的空间构成等,但相关研究还处于对某个要素进行分析,缺乏从整个城市空间系统进行的研究。

(3) 城市空间形态减灾防灾研究

城市空间形态减灾防灾研究主要出现在对城市形态的研究当中,如霍华德提出的"田园城市形态"、沙里宁提出的"有机城市形态"以及马塔提出的"带型城市形态"等等都是在一定城市发展阶段为了解决一系列"城市病"的"良方"。对山地城市,城市空间形态基本模式为组团发展模式、串联式发展模式、环绿心发展模式、网络发展模式,这些模式与山地城市的地理区位、地形地貌、气候条件等结合衍生出多种多样的空间形态模式(黄光宇,2006)。这些城市形态对于城市安全是具有积极作用的,如建立间隙式的城市空间结构是防范城市灾害的城市优化形态,从而在根本上有利于城市的防灾与减灾(段进,2003)。

---

① 该增刊为城市规划2011年增刊2,共发表了23篇与北川城市重建相关的研究与实践总结。

1.4.3　对国内外研究现状简要评述

综上国内外研究现状看出,城市空间适灾的研究分别从城市外部环境、城市内部空间、城市空间形态方面,从古至今已经有了大量的实践,但这些实践还处于在城市发生灾害后的应急处理,凭经验的成分比较多。现在虽然有部分学者进行深入研究,但也只是站在某个灾害要素层面,或者单个城市空间要素层面,没有立足城市整体层面,从城市的角度系统研究城市空间如何应对灾害。国外已有对城市社区可持续能力的研究(Tierney K,Bruneau M,2007;Vale,Lawrence J.,and Thomas J. Campanella,eds,2005),但研究侧重于社会网络关系,对于城市自身空间构成研究较少。

城市面对的灾害具有复杂性和不确定性,我们不能只是针对某类灾害研究应对措施,即所谓的头痛医头脚痛医脚。实际研究中发现应对某一类型灾害的措施,都是能在某种程度对其他类型灾害产生作用的,所以研究城市空间应对灾害的措施应该统筹考虑,从灾害对城市造成的损害出发,综合平衡,制定出的灾害应对措施能使得城市"不怕灾",能有效地应对各类灾害,强化城市的适灾能力,这是灾害研究的一种发展趋势。

从另一方面,现阶段学界还没有相关系统的研究总结,还只是针对某类灾害进行空间的考虑,没有系统化理论化的总结。与国外同行相比,我国国内学术界对城市空间适灾研究总结性的还比较少,一般性讨论多,缺乏创新性与实证性研究;理论总结与建构尚显薄弱,前瞻性与指导胜不强。现有大量研究多为现象或对策研究,主要停留在就问题谈问题阶段,探讨城市空间特征及其系统能效方面的综合性与深入性的研究还不是很多。

1.5　研究的内容、方法和框架

1.5.1　主要内容

本书主要针对目前灾害研究缺乏系统性,以及西南地区城市缺乏利用城市空间布局及构成等进行主动防灾减灾的意识,以灾害结果的破坏性为统一特征,以研究城市空间作为巨大的承灾体,在空间布局、空间构成等方面与灾害发生过程(形成、发展、衰减三个阶段)之间的作用规律。

不同类型的灾害对城市产生的影响是不同的,城市的受灾反应也不同,但不同点存在于特定方面。从宏观和本质来看,城市对灾害的反应是有很大共性的,找到并掌握这种共性,也就抓住了城市空间对于灾害适应性的核心和实质。虽然对于不同灾害而言,致灾因子存在差异,但其作用于城市空间形成灾情的机制却是类似的,产生的结果是一致的,最直接的表现都是破坏城市空间,造成人类生命和财产的损失,其承灾体都是城市的空间。

基于此基础,本书主要研究内容按图 1.18 的逻辑,主要进行了以下几方面的研究:

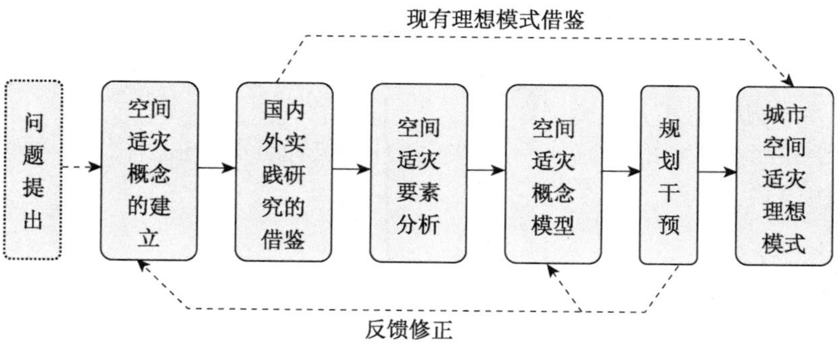

现有理想模式借鉴

问题提出 → 空间适灾概念的建立 → 国内外实践研究的借鉴 → 空间适灾要素分析 → 空间适灾概念模型 → 规划干预 → 城市空间适灾理想模式

反馈修正

图 1.18　研究逻辑

（1）基于对西南山地城市灾害作用于空间的特征规律认识，针对西南地区城市缺乏利用城市空间布局、空间形态设计等进行主动防灾减灾的意识，提出城市空间适灾的理念，把城市空间对于防灾的"防御"进一步推进到城市空间对灾害的"适应"，并系统阐述空间适灾理念的构成、相关概念的区别、空间适灾的作用机制等。

如前所述，城市灾害的发生不可能根本杜绝，相反各种城市灾害的突发性和随机性使得城市防不胜防。因此，城市在预防灾害发生的同时，也要提高城市空间对于灾害的适应能力和承受能力。这种适灾性主要表现为提高城市空间的弹性，即既可防灾救灾又可容灾，具有较好的防救能力，还可以在灾害过后支持城市迅速恢复，减少城市遭受的损失。

（2）本书总结国内外城市利用空间布局、空间构成等进行城市防灾减灾实践和研究，分析这些城市在空间防灾减灾工作上的成败，探讨一些值得学习的经验和技术。

研究中分别对国外和国内进行了城市利用空间防灾减灾实践和研究的梳理，在国外从欧洲文艺复兴时期就开始了类似的实践，日本在几次大震灾后也开始了进行空间进行防灾的实践；国内方面，我国古代城市建设的选址、规划等都从不同层面考虑了城市空间防灾减灾的，进行了大量的实践。

（3）本书详细分析西南山地城市空间适灾的各个关键的因素，对各个关键因素在城市空间适灾中的作用进行了论述，并引用相关案例进行说明。

基于城市安全视角，本书对影响城市空间的因素进行分类，认为大体可以分为城市本身的空间形态构成和空间构成的相关要素，以及城市所处的大环境即城市外部空间环境三方面。本书第 4～6 章分别对涉及这三个方面的因子进行了详细的论述，并对其在空间适灾中在所起到的作用也进行了分析。其中第 4 章论述了城市外部空间的适灾作用，其适灾特征表现为外部空间环境的整体性、可容纳性和生态性。第 5 章论述了城市内部空间适灾构成要素，研究形成了城市空间适灾的功能系统、城市空间适灾骨架系统、城市空间适灾调节系统、城市空间适灾实体系统、城市空间适灾支撑系统和城市空间适灾引导系统。第 6 章论述了城市空间适灾的形态特征，研究发现了西南山地城市空间形态与环境相适应的多组团特征，西南山地城市的有机分散与紧凑集中特征，西南山地城市的道路交通引导空间形态发展特征，以及西南山地城市空间形态自组织特征。

（4）基于城市空间与灾害的作用机制分析，构建了城市空间与灾害联系的关系模型，用于城市空间研究与灾害研究之间的转换和联系，并分析该模型在灾害形成—演化—衰减三个阶段各因子子系统的变化规律，提出了三个阶段的规划干预策略：灾前干预、灾中控制、灾后重构。希望通过对因子要素的调节,改变空间在灾害发生的不同阶段对灾害系统进行调控,达到控制灾害发生或加剧的能力,以建立城市空间适灾。也可以理解为"治未灾"原理[①],可以充分说明模型建立的必要性。

(5) 基于各因子要素的研究分析,及模型的推演功能,本书最后探讨了西南山地城市空间适灾的理想模式。

1.5.2 研究方法

(1) 复杂系统研究,探求复杂系统的求解方法。城市灾害系统是一个复杂的系统,也是一个开放的系统。研究应建立复杂系统求解的思路。吴良镛院士提出的人居环境科学研究的方法论,其基本要求是进行"融贯的综合研究","从外围学科中有重点地抓住与建筑学有关部分,加以融会贯通"。研究方法"以问题为中心,首先对矛盾进行'分解',将复杂事物分析为有限方面;然后'综合',再将事物综合为整体,形成切实的工作纲领"。这一方法具体来说就是对于复杂系统的研究方法,也可以简单地归纳为:发现提出问题→总结归纳问题为几方面→研究问题产生原因→寻找解决问题的理论与方法→探索具体化的途径与措施→形成综合的战略→形成若干的行动可能性→随时根据变化情况不断调节所得到的结论(图 1.19)。

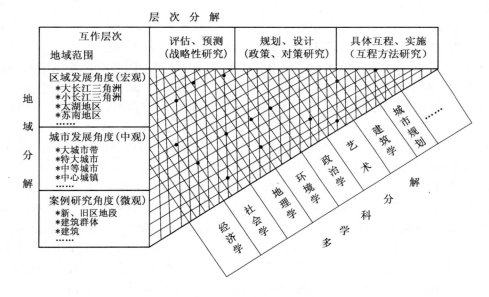

图 1.19 人居环境研究过程中以问题为导向的解析方法

资料来源:吴良镛. 人居环境科学导论[M]. 北京:中国建筑工业出版社,2001:111.

研究的整体框架逻辑结构就是在这样的研究方法指导下建立的,即首先对城市空间系统的考察,客观地研究当前西南地区山地城市空间形态与灾害的内在关系,针对其中的关键

---

① "治未灾"借鉴于"治未病"。"治未病"是中医学最具特色的医学观点之一,内蕴深刻精湛的系统思想,是系统科学的宝贵资源。它包含四个层次:健身防病;治病于微;已病防变;病愈防复。

问题提出一些对策构想。

（2）现场调研和走访，进行基础资料收集与整理工作采用典型实例实地考察的方法，采取面上全面调查与点上重点突破的调研方式进行推进，重点选择对重庆、四川、云南、贵州四省市的 10 个城市（县）进行实地考察，对城镇建设进行现场踏勘和摄影，对地质灾害现状进行感性认识，并取得第一手资料。在踏勘中的具体方法采用了现场访谈、观察、录音、笔记、默记、摄影和速写，以及进行电话咨询等。收集了重点城市的基础档案资料、统计资料与政府公布数据资料，以及相关的城市规划、土地利用规划的基础性文件，拍摄与记录的照片资料共 4 000 余张。

（3）文献收集，梳理研究进展找到研究突破口。通过收集整理相关文献资料，获得城市空间灾害研究的相关资料，分析其研究的进展情况，探索城市空间在防灾减灾方面的突破口，并对相关研究实例进行分析和类比，为研究提供必要的理论和案例支撑。收集的对象主要包括城市空间防灾减灾研究资料、城市承载力研究资料等。

（4）对比分析研究，借鉴成熟方法为我所用。对比分析法（Comparative Analysis Approach），也称比较分析法，是按照特定的指标系将客观事物加以比较，以达到认识事物的本质和规律并做出正确的判断或评价。对比分析法通常是把两个（或更多）相互联系的指标数据进行比较，从数量上展示和说明研究对象规模的大小，水平的高低，速度的快慢，以及各种关系是否协调。在对比分析中，选择合适的对比标准是十分关键的步骤，只有选择合适，才能做出客观的评价；如果选择不合适，则评价有可能得出错误的结论。

研究选取了与西南地区具有相同地貌特征的香港和日本进行比较，主要分析香港和日本在空间建设方面的努力，以及分析日本阪神地震后重建对于城市空间防灾方面的工作的借鉴。

（5）Delphi 专家咨询法，研究进行客观化处理。德尔菲法（Delphi）是美国兰德公司（Rand Corporation）在 20 世纪 40 年代末首先使用的一种评价方法，是以古希腊城市德尔菲（Delphi）命名的规定程序专家调查法，德尔菲法作为一种独特的专家意见评价方法，具有评审匿名性、意见反馈性、观点统一性等特点。研究中涉及的关于西南地区城市形态与灾害的相关分析，因作者无法一一对每个城市进行资料收集，便采用了专家咨询的方式。首先函请相关领域的专家提出意见或看法，然后再将专家的答复意见或新设想加以科学地综合、整理、归纳，再以匿名的方式将所归纳的结果反馈给各专家再次征询意见。如此经过多轮反复，直到意见趋于较集中，得到一种比较一致的、可靠性较高的意见。

1.5.3 技术路线

根据研究目标和内容，秉承"以问题为导向"的研究思路，坚持理论与实践并重的基本原则，遵循"提出问题—研究基础—理论构建—规律探析—模型构建—规划干预"的技术路线。

研究发现，以往的城市防灾研究多是针对每个灾种进行独立的研究，从灾害的机理出发提出控制要求。然而，城市空间往往需要面对不同的灾害种类，各种灾害所需要的控制要求各不相同，很难在城市空间中一一落实。所以，本书以复杂系统研究为主要方法，从城市空间本身出发，通过对城市空间适灾的规律探寻，提出规划调试模型，并对城市空间进行规划调适，提高城市空间对于灾害的适应能力和承载能力。

本书从基础资料的收集,灾后重建案例的调查入手,总结现实中存在的问题和不足,通过文献检索查阅发现城市空间防灾相关领域的发展动态及趋势,思考问题的症结所在及可能的解决方案,结合我国西南地区城市防灾的基本情况进行城市空间适灾的研究,研究的技术路线如图 1.20 所示:

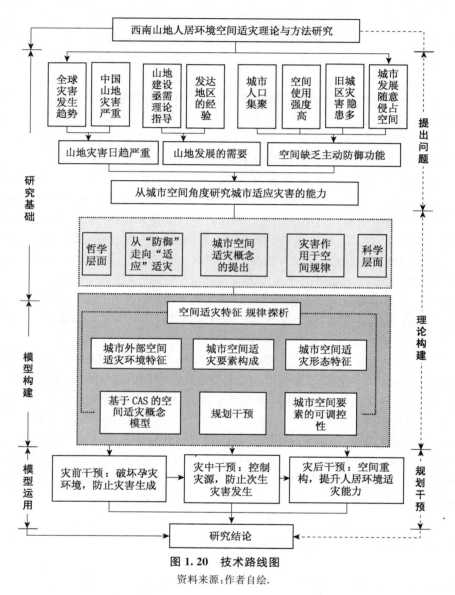

图 1.20 技术路线图

资料来源:作者自绘.

2 西南山地城市空间环境与灾害

西南山地城市空间环境具有复杂性,相应在其基础上产生的城市灾害也具有特殊性,这种关系表现得较为密切。研究并发现灾害过程与城市空间的相关性,以及相互作用规律,对于提出城市灾害解决方案更有针对性。这就需要对山地城市环境的特点,以及西南山地城市的主要灾害类型进行分析,探讨灾害作用于空间的规律特征。

2.1 西南山地城市空间环境特点

2.1.1 西南地区的自然地理特征

自然地理环境是影响城市空间的主要因素之一,不同的自然地理环境会形成不同的城市空间特色,山地城市与平原城市会产生截然不同的城市空间效果。且不同的空间对灾害的适应性与承载性是不同的,所以,对于西南地区的自然地理的了解与认识有着重要的意义。

(1)地势特点:我国的地势西高东低,呈阶梯状向东南倾斜,有两列山脉组成的地貌界线,使我国的大陆呈现出三级台阶式的地貌格局(图 2.1)。西南地区具有两大高原、一大盆地,即青藏高原、云贵高原和四川盆地,地形主要以山区、丘陵为主。西南山地地跨我国第一、二地形阶梯,地形高低悬殊,河谷深切,地貌类型多样,地层岩性复杂,褶皱断裂发育,新构造运动活动强烈。

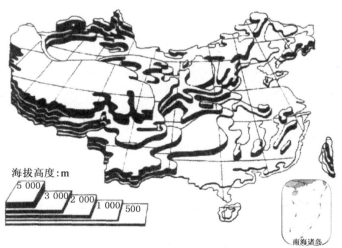

图 2.1 中国阶梯状地势示意图

资料来源:陶石,卢海滨.中国城镇空间形态类型的二元界定与八级划分——兼论"山地城市学"中"山地城市"概念的界定[J].规划师,2002(11):83-87.

（2）地形特征：西南地区山地在总面积中占有很大比例，地势由西北向东南倾斜，区内地形复杂，山地、丘陵、高原、盆地、峡谷及河谷平原交错分布。区内按地形特征可分为横断山脉、四川盆地、长江三峡平行岭谷、云贵高原四个区（图 2.2，图 2.3）。

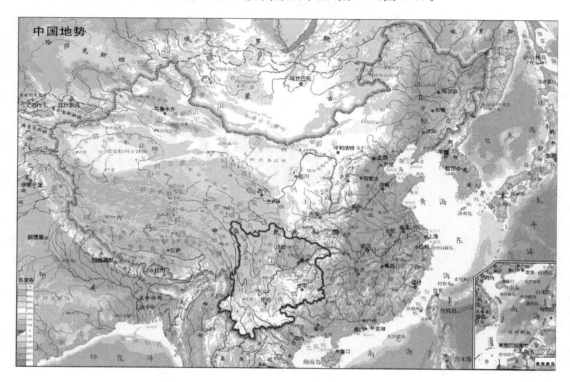

图 2.2　西南地区在全国的位置

资料来源：李旭.西南地区城市历史发展研究[M].南京：东南大学出版社，2011：7.

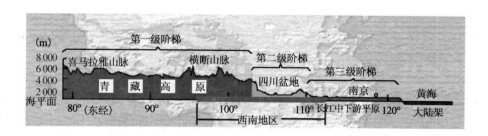

图 2.3　中国地形剖面中的西南地区位置示意图

资料来源：李旭.西南地区城市历史发展研究[M].南京：东南大学出版社，2011：8.

横断山脉包含邛崃山、龙门山和大凉山、大雪山等由北向南延伸的山脉，今川西高原和云南西部属青藏高原的东沿，海拔达 3 000 m。

四川盆地四面临山，东有龙门山、大凉山和邛崃山，北有米仓山和大巴山，东为神农架高地的巫山，南面为云贵高原的大娄山和大凉山。在这些高山峻岭的四面环合下，只有一些江河峡谷和山地隘口与外界相通（段渝，谭洛非，2001）。从地里维度来看，四川盆地范围在北纬 28°～32°之间,正好位于"神秘的北纬 30°线"之上(季羡林,2004)。这条维度带是一系列古代文明的发源地。另外,其中的"成都平原"又称"川西平原",面积约 9 500 km²,并有 3‰～5‰的自然坡度,宜于自流灌溉。平原上冲积形成的土壤肥沃,植物茂盛。盆地中部的龙泉山至华蓥山之间为川中丘陵,山丘多数高 50～250 m。

长江三峡平行岭谷共有二十余条大小山岭组成,均呈"西南—东北"走向,山间多有河道,长江从西至东奔流,形成许多宜于人类居住的河谷阶地(季羡林,2004)。

云贵高原是指包括今云南东部、贵州大部分地区,地形极为复杂,地势西北部最高,向北、东、南三面倾斜。其中云南西北高、东南低,有 94%多的面积是山地,仅有不到 6%是坝子、湖泊。以云南元江谷地和云岭山脉南段的宽谷为界,云南大致可以分为东西两大地形区,西部为横断山脉纵谷区,高山与峡谷相间;东部为滇东、滇中高原,称云南高原,属云贵高原的西部。[①] 今贵州西部的黔西北高原,是云南高原向东延伸的一部分,为高原丘陵地貌。中部的黔中高原,是贵州高原的主体,为高原丘陵盆地地貌。在黔西北高原和黔中高原之间,大部分地区为高中山和中山地貌。东部的黔东高原,为贵州高原与湘西丘陵的过渡地带,大部分为低山丘陵地貌。黔北为中山峡谷地貌,黔南为低山河谷和低山丘陵河谷盆地(李旭,2011)。[②]

(3) 气候特点:西南地区大部分属亚热带气候,一些地区垂直带气候明显,气候情况变化迅速,整个西南地区涵盖了从南亚热带、中亚热带、北亚热带到暖温带、温带、寒温带和亚寒带等类型。

川西高原多属寒温带以至亚寒带气候,气温低,霜期长,降水量少,湿度小,日照长。

四川盆地属亚热带湿润季风气候区,太平洋吹来的东南季风和印度洋西南季风在此相会,北方的冷风又常常被秦岭—大巴山脉阻止,气候条件十分优越,温暖,无霜期长,降水量多,湿度大,日照少。

川东地区也属亚热带湿润季风型气候,夏热冬暖,无霜期长,热量、水能资源丰富。

云南属亚热带—热带高原型湿润季风气候,总的特点是干湿季节分明、气候类型多样。[③] 贵州地区属亚热带湿润季风气候,由于纬度较低,太阳辐射充裕,季节分配均匀,兼受东南季风和西南季风的影响,水汽来源丰富,降水丰沛。[④]

2.1.2 西南山地城市空间环境特点

山地是人类聚居空间系统中的一个重要组成部分,由于其地域环境的复杂性、交通条件的封闭性、建设活动的艰巨性和经济发展的滞后性,决定了山地人居环境建设的特殊性。尤其是在我国西南山地区域,其在空间维度上有着与平原城市人居环境诸多要素所不同的特点。西南山地区域人居环境是包括一定山地地域范围内村落、集镇以及基质空间的综合系统,其品质更有赖于地域空间中各实体要素功能的整体协调。

---

① 参见:云南省地方志编纂委员会. 云南省志·地理志(卷一)[M]. 昆明:云南人民出版社,1996.
② 参见:贵州省地方志编纂委员会. 贵州省志·城乡建设志[M]. 北京:方志出版社,1998.
③ 参见:云南省地方志编纂委员会. 云南省志·地理志(卷一)[M]. 昆明:云南人民出版社,1996.
④ 参见:贵州省地方志编纂委员会. 贵州省志·城乡建设志[M]. 北京:方志出版社,1998.

目前,我国西南山地区域正处于快速城市化这一整体社会发展背景下,有着西部大开发、新农村建设和城乡统筹等一系列政策性的倾斜优势,西南山地区域在这样一种环境形势下,对于社会经济发展、城市建设进步是一个不遇良机,是改变西南山地城市落后状态的一条途径。

正是由于这些机遇,也使得山地人居环境建设面临着巨大的挑战。城市发展需要大量的城市建设,而在西南山地区域,由于地形地貌的限制,可供建设的平坦区域较少,大量的建设往往都需要向山上发展。山地本身是一个复杂的巨系统,我们对山地的认识和研究尚处在启蒙阶段,更何况在山地上搞建设。但由于社会经济发展的推动力,在我们尚未揭开山地之谜的同时,就已经有大量的建筑在山地上建设了。这导致了一系列问题,包括社会的、文化的、生态的和环境的等等。而最重要的也是最基本的,是威胁城市居民生命安全的灾害问题。山地环境的复杂性决定了山地灾害的复杂性。只有把山地环境的特性研究透彻,才能从根源上了解山地灾害产生的原因,也才能更有针对性地进行城市防灾减灾的研究。

在特殊的地形地貌环境条件下,西南山地城市空间环境呈现出城市外部环境的生态脆弱性、城市空间的三维性、城市空间建设的集约性和城市空间形态的多样性。城市空间的这些特性又是影响城市防灾减灾的重要因素,往往因为这些因素使得城市防灾减灾工作变得复杂。

1) 城市外部环境①的生态脆弱性

生态环境脆弱性是生态环境的重要属性(王瑞燕,赵庚星,等,2008),是生态系统在特定时空尺度上相对于外界干扰而具有的敏感反应和恢复状态,它是生态系统的固有属性在干扰作用下的表现(王让会,樊自立,1998)。生态环境脆弱性除受自然环境条件的控制外,人类活动也是影响其变化的重要因素,人类不合理的建设方式将会加剧生态环境的脆弱程度。

西南山地是我国生态环境最脆弱的地区之一,区域自然、人文、经济、地理条件复杂,随着西南山地区域城镇化建设的加快,各种自然灾害以及人为因素的影响,使得山区生态环境不断恶化,特别是水资源短缺、水土流失、土地荒漠化等生态环境问题逐步加剧。初步归纳的人为因素主要有以下几点:

第一,粗放的农林利用加速区域生态系统破坏。粗放的耕地开垦方式,对区域生态环境的破坏更为突出,带来一系列如水土流失等生态环境问题,已经严重影响到区域生态系统的自身安全与稳定(图2.4)。

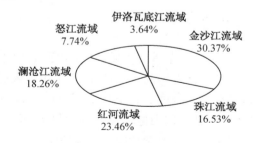

图 2.4　云南省六大流域水土流失面积比重图

资料来源:杨庆媛,汪军,等.云南省金沙江流域生态环境建设的问题与对策研究——长江上游生态屏障建设重点地区调查报告之一[J].西南师范大学学报(自然科学版),2003(3):487-491.

① 城市外部环境的概念参见本书第4章。

以西南地区金沙江流域为例,由于粗放开垦、林木衰减,水土流失居西南国际诸河流域之首[①],根据全国第二次土壤侵蚀遥感调查资料:全省水土流失面积 14.13 万 km²,占土地总面积的 36.88%;而金沙江流域水土流失面积就有 4.29 万 km²,占流域总面积的 42.56%,占全省水土流失面积的 30.37%(图 2.5)。[②]

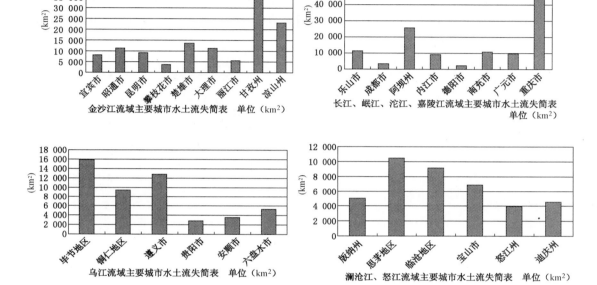

图 2.5　西南地区主要流域水土流失情况简表

资料来源:赵万民,李云燕,等.西南地区流域人居环境建设研究[M].南京:东南大学出版社,2011:161.

第二,河流梯级开发对区域生态环境的不良影响。河流的梯级开发在防洪与发电方面有着巨大的贡献,但是,梯级电站的建设并不只是具有改善流域生态安全度的积极的一面,它也造成了局部地域的生态环境劣化(赵万民,李云燕等,2010)。

河流梯级电站的修建将对河流周边的良田、耕地造成影响,其后续配套设施的建设如公路、移民建设等会占用或损毁周边耕地。如贵州省九个梯级电站全部完工后,将直接淹没耕地 66.95 km²,加上后续工程的影响,流域有效耕地面积减少数量将超过 100 km²。[③]

在河流上建坝,阻断了天然河道,导致河道的流态发生变化,进而引发整条河流上下游和河口的水文特征发生改变。

第三,混乱无序的工矿建设造成区域生态环境的恶化。丰富的矿产资源促进该地区工矿业的发展,加剧了矿产资源的开采与挖掘,也加速了区域生态环境的恶化。工矿建设往往需要进行大规模的开挖与填土,常导致矿区水土流失,水体污染,以及诱发地质灾害,生态的恢复难度极大。

①　戴丽.金沙江流域(云南段)水环境保护思路和实施重点[J].云南环境科学,2006,25(3):17-19.
②　国家环境保护总局.全国生态现状调查与评估-华东卷[M].北京:中国环境科学出版社,2006.
③　赵炜.乌江流域人居环境建设研究[D].重庆:重庆大学,2005.

第四,缺乏科学合理规划的城镇土地利用侵占基本良田湿地。西南地区城镇数量较多,大多依托河流、山体、农田而建,不合理的城镇土地利用侵占了河流与农田,破坏整体生态系统,影响河湖水系生态系统的自我调节能力,造成城市环境恶化。

2)城市空间形态的多维集约性

西南山地城市与平原城市的最大区别在于山地城市空间结构的多维性,山地城市起伏多变的地貌特征,决定了其环境组成因子呈立体分布的三维特性(王琦,邢忠,代伟国,2006)(图2.6)。山地城市空间的三维性是山地城市产生立体景观的必要条件,同样也使得山地城镇规划建设涉及的科技问题较之平原地区复杂得多。复杂的空间条件也使得城市防灾减灾工作面临巨大的挑战。

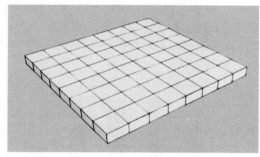 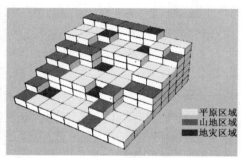

平原城市用地示意　　　　　　　山地城市用地示意

平原区域
山地区域
地灾区域

图2.6　山地城市用地的限制性

资料来源:根据相关资料整理绘制.

同样,西南山地城市空间正是由于用地的复杂性,所以城市空间建设呈现出集约性。因山地城市地形复杂,地质灾害较多,用地受到环境的分割,不可能有平原城市一样的大片用地,所以,山地城市建设往往呈现出大分散小集中的布局形态,即城市整体形态受到地形环境限制是分散的,但在可建设范围内则是紧凑集中建设。

西南山地城市空间形态呈现出多维集约性。原因有三:其一,西南地区是我国山地集中区域,地形地貌的复杂是城市出现三维空间形态的基础条件;其二,西南地区城市化的加速发展使城市规模迅速扩大,城市功能集中,城市中心的集聚效益、规模效益得到充分发挥,地价高涨,必然使城市空间向空中拓展,而社会组织网络的空间复合化,亦推动了城市空间的集约化发展(左进,2010);其三,西南山地城市自然环境和山水格局的复杂性(图2.7),制约了城市空间不能向水平方向拓展,城市建设不能简单套

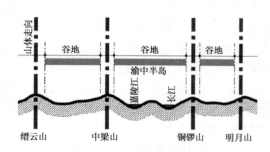

图2.7　重庆城市山水格局用地示意

资料来源:王纪武.地域文化视野的城市空间形态研究[D].重庆:重庆大学,2005:208.

用平原城市的建设模式,而必须使城市在有限的建设空间中复合化、集约化的发展,否则必然会导致山地人居环境的建设性破坏和城市灾害的发生(王纪武,2005)。因此,多维集约的城市空间组织成为了西南山地城市发展的必然选择。

在复杂的山地地形条件限制下,城市交通系统的组织、建筑与地形的结合、城市空间的组织以及城市景观的建设受到很大的束缚。这就需要从地区的自然环境条件出发,因地制宜,平面布局不应太过规则或图案化,而应采取自由式,随地形组织城市平面空间。道路系统则不能片面强调平、直,依山就势、半填半挖,既减少土石方工程量、节约工程造价,又可形成多样的城市道路景观。如重庆市总体规划中就明确提出其道路型式为"分层网格自由式"的概念,所谓"分层"即为不同等级、层面的交通方式,而"网格自由式"即为方格网加自由式,布线形式则采用树枝尽端式、蛇形式、环形等,以满足交通的需要(刘琼,卢涛,2002)。由于现代多种交通工具的发展,如高铁、轻轨、地铁、小汽车、公共汽车等,在山地城市集约的土地利用与多维的空间组织下,各种交通方式在不同空间层面转换,形成山地立体换乘的交通系统。同时,步行系统也结合地形构成平行或垂直于等高线布置,与车行系统交织相融。

同时,在竖向设计上采取错层、跌落、爬坡、附岩等各种手法,呈现高低参差、起伏错落,充分利用山岩与建筑相互烘托,通过因地制宜的竖向布局来建立城市自身与山体之间的衔接关系,化解地形高差对城市交通的限制,保证城市公共空间的连续性与有机性,增强城市景观的丰富性与趣味性,从而使竖向上山地城市空间拓展与自然环境相适应(图2.8)。

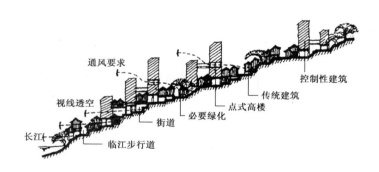

图 2.8　重庆多维集约化城市空间构想示意

资料来源:赵万民.三峡工程与人居环境建设[M].北京:中国建筑工业出版社,1999:183.

3)城市空间形态的多样性

城市形态与地形的密切关系决定了西南山地城市形态的多样性。西南山地城市地形地貌复杂多变,山脉蜿蜒、河谷纵横,分布着长江、嘉陵江、乌江等诸多大小河流,沿河分布了数以百计的城市,城市用地往往被山体、江河、沟谷所分割,高差起伏较大,城市的布局结构在很大程度上受到自然环境条件的制约,不可能像在平原城市地区那样采取集中成片的布局形式,而必须结合地形、因地制宜地进行规划布局。西南山地城市由于自然环境条件的特殊性,其布局结构与一般平原城市有较大不同,它不是集中连片式的布局结构,而是有机分散、分片集中的布局形态(左进,2010)。如表2.1所示,山地地形的多样性使得城市空间形态在每个地形类型上都是呈现集中发展趋势,但整体地形都是由多个相同或不同的这类地形组合而成,所以地形又会呈现出多样性,那么,在该地形上进行城市建设,城市空间必然呈现出多样性。

表 2.1　山地聚居地形形态及其特征

山地地形类型	特 征	地形形态示意	城市形态发展趋势
坝地型	丘陵、山区相对于平原而言的沿谷地分布的小面积起伏和缓、地面平均坡度较小、相对高差较小的平坝		集中发展趋势
台地型	周边被沟谷切割，边坡呈陡崖或阶梯状，顶面起伏和缓的高地，如重庆市内有冲积台地、侵蚀台地和喀斯特台地，绝大多数分布在长江以北地区		多台地地形形成大分散小集中发展趋势
沟壑丘陵型	沟壑和丘陵之间较大尺度的地形综合体，由坡度较缓的正地形和其间的沟谷组成。城市平面形式受外围较大的梁、沟限制，也受用地内部中、高丘和沟壑的限制，重庆主城及市郊为这种类型的典型		分散发展趋势
高地型	小范围内高于周围地形的山顶、高平台、宽阔的山脊、平坦的分水岭等或多个这类地形的综合体，此种聚居地形需在大范围内仍然受山脉围护，才能形成高地中的小气候		集中发展趋势
盆地型	外围为高丘、山脉围合或大部分围合地形，它是与高地对应的负向凹地，外部轮廓为围合的山体		集中发展趋势
谷地型	山谷、山岭和峡谷之间的交接地带，其平坦度和四周围合程度均次于盆地型，多为狭长型或树枝状，如川西滇西北一带的高山峡谷地区		集中发展趋势
河谷型	江河水体区域的半围合地形形式，城市拓展的空间形态不仅受江河沿岸的半围合山体限制，也受河流水体的限制或分隔，如重庆三峡库区一带		分散发展趋势
半岛型	二面或三面为水体包围的山脉、长丘地形，地形环境边界受水面限制。川渝发源较早、规模较大的城市多属于这种类型		集中发展趋势
坡地型	上述所有地形可能同时或部分为坡地地形，有的上承山丘下濒水面，有的前为沟谷后为陡丘，外围受水域、陡坡或丘沟限制，如贵州、云南的丘陵和中山地带分布广泛的山寨聚落		分散发展趋势

资料来源：根据周敏.古典西南山地城市生态空间结构历史研究[D].重庆：重庆大学，2012：78 整理绘制.

2.2　西南山地城市的主要灾害分析

2.2.1　灾害类型

西南山地区域处于亚热带季风气候区，地质、地貌等自然环境复杂，容易引发洪涝灾害和地质灾害等，同时，在经济社会发展过程中，由于城乡发展不平衡，重大经济社会活动大都集中于人口密集、地形特殊的主城区，存在诸多诱发突发灾害事件的因素。地质灾害、地震、洪涝灾害、气象灾害、环境灾害、城市火灾及其次生灾害等破坏性较大，同时，这些也是主要的灾害类型（黄光宇，2006；左进，2010；李云燕，2013）。

1）地质灾害

地质灾害是指地球岩石圈地壳表层，在大气圈、水圈和生物圈相互作用和影响下，地质环境或地质体,由于自然地质作用和(或)人为地质作用,给人类生命、物质财富造成损失或使生态环境遭受破坏的灾害事件,统称地质灾害事件(胡海涛,周平根,1997;许强,2009)。山地所处的地质构造和地貌环境非常复杂,加之不断增加的人类工程活动,其地质灾害发生较为频繁和严重,如汶川地震后由于暴雨引发的地质灾害事件的损失就较为严重(唐川,2010)。在我国西南山地区域地质灾害主要表现为:崩塌、滑坡和泥石流。据统计,该三类灾害占山地灾害总量的80%以上(史小龙,李辉,张福,2013)。

这三类地质灾害在山地呈现出点多面广、规模以中小型为主,危害较大;在坡度大于25°顺层斜坡的局部地段,地质灾害较为集中分布,雨季欠稳定。以重庆为例,其地质灾害在空间上呈现为条带性、垂直分带性和集中性等特点,在时间上呈现同发行、滞后性和随机性。据统计,截至2010年底,重庆市所检测到的山地地质灾害隐患多达9 000多处,其中滑坡接近7 000处,泥石流100多处,地面塌陷500处。每年多造成的损失多达5个亿,接近所有自然灾害的四分之一(廖云平,李德万,陈思,2011)。

从山地城市地质灾害防治工作方面看已经取得一定成绩,一是地质灾害调查工作取得重要进展,就全国来讲,国土资源部在地质灾害易发区完成了700个县(市)的地质灾害调查与区划工作,基本查清了这些地区的地质灾害发育分布规律,为防灾工作奠定了一定的基础;二是地质灾害监测网初步建立;三是库区滑坡崩塌专业监测网基本建成并运行;四是地质灾害气象预报预警全面展开;五是应急预案体系得到初步健全和完善,《国家突发地质灾害应急预案》于2005年5月14日由国务院发布,各省(区、市)和大部分地质灾害易发区的市、县均发布实施了突发地质灾害应急预案,国家、省、市、县的突发地质灾害应急预案体系初步形成;六是地质灾害防治工作进入了法制轨道。国务院于2003年颁布了《地质灾害防治条例》。目前,全国已有29个省(区、市)颁布了与地质灾害防治有关的地方性法规或规章。地质灾害防治工作进入了规范化、法制化的轨道。①

在地质灾害防治方法方面,已经建立起了避让、生物、工程、监测预警措施为一体的综合治理手段(刘传正,1994;占辽芳,廖野翔,彭颖霞,等,2011;韦方强,谢洪,钟敦伦,2002;李云燕,2010)。避让措施,是指对于治理难度较大,治理后作用不明显的地质灾害,采取避让措施,设立警示牌;生物措施,是指对于存在潜在地质灾害的某些地段,只要不是人为的破坏,一般不会引发灾害,则可通过植树、种草等生物措施,进一步稳定该区域;工程措施,是指对于地质灾害已发或即将发生区域采取如打桩固定、挡墙、削坡、表面喷浆等的处理措施;监测预警措施,是指对稳定性差、危险性较大的灾害点及潜在灾害点,特别是重要地质灾害隐患点,必须进行定期监测,布设群测群防点,提前发现灾害发生的迹象。

总体来说,山地城市地质灾害防治已建立起了较完善的防治体系。但对于山地城市地质灾害点多面广的特点来说,还存在治理投入过大,治理后效果不好的状况。在城市财力有限的条件下很多地质灾害还是以消极的避让为主,这就使得山地城市用地受到地质灾害用地的分隔而更加零碎化,城市用地发展受到限制。

2) 地震灾害

地震灾害主要指因地震活动造成人员伤亡、财产损失和社会功能的破坏。地震灾害发生具有突发性比较强的特点,没有明显的预兆,以至来不及逃避,造成大规模的人员伤亡和

---

① 参见:2008年《全国地质灾害防治"十一五"规划》。

财产损失。特别是西南地区城市因建设密度较高,人口密度较大,建筑物集中且高楼居多,一旦遭遇地震灾害,损失要严重得多。据世界主要地震资料统计,由于房屋倒塌和生命线工程的破坏造成人员伤亡和财产损失占全部地震损失的95%。1976年唐山地震、1985年墨西哥地震、1988年苏联亚美尼亚地震为世界近代地震灾害史上地震直接产生破坏的突出例子。另外,由于西南地区地形地貌复杂,使得城市生命线工程跨越大、覆盖面广、工程环节多、结构形式复杂,整个系统抵御外来作用的薄弱环节相对也多,故其易遭受灾害破坏(毕兴锁,马东辉等,2005)。这也是引起地震灾害损失较重的原因之一。同时,复杂地形条件也使得灾后救援不能及时到位,加重人员伤亡的可能性。汶川地震时,由于多数城镇对外联系道路遭受地震破坏,延长了救援队伍的到达时间。

3)洪涝灾害

据不完全统计,全世界每年自然灾害死亡人数的75%、财产损失的40%为洪水所造成(金磊,1997)。这也是人们一向"谈洪色变",视洪水如猛兽的原因之一。洪涝灾害是我国目前面临的最主要的自然灾害,其每年造成的经济损失已占国民经济总产值的3.5%左右(冯平,崔广涛,钟昀,2001)。洪涝灾害是城市主要的灾害之一,它力度强,破坏广,凡经洪水过处便被造成极大的损失,不仅破坏房屋、道路,还会阻碍整个城市的经济发展。近年来,城市洪涝灾害发生频率越来越高,危害也越来越大。

西南地区复杂的自然地形条件,气候类型多样,且有着丰富的水网条件,长江及其支流流域、怒江流域、金沙江流域是主要的水系(图2.9)。这种地势具有较大的高差,使降水能向低地势汇聚,形成支流众多、水量丰富的不对称树枝状向心水系网,当各支流流域连降暴

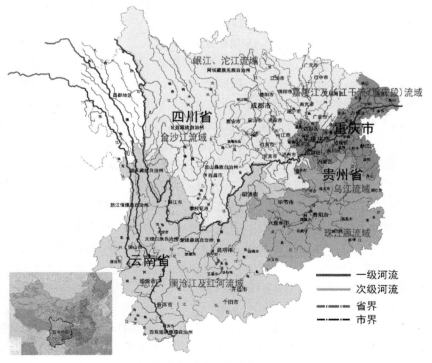

图2.9 西南地区水系图

资料来源:根据相关资料整理绘制.

雨时,洪峰同时向下游移动,到达江河交汇处相遇引起洪灾。所以,西南地区滨河城市容易遭受洪水的侵袭。同时,这种地势也使得境内水流具有较大的势能差,活动能力较强,这也是洪涝灾害为什么破坏性大的主要缘故之一。

此外,川岭山地、云贵高原等主要城市一般都是临水而建,更加重了发生洪灾的可能性。且由于西南地区经济社会发展相对落后,城市防洪基础设施偏少、设防水平较低以及人的水患意识不强。据重庆市规划局相关资料显示,重庆市主城区已建的防洪护岸工程,大部分未能达标,不能形成完整的防洪体系,目前都市区十年一遇的洪水位以下仍有居民住房和生产用房 100 万 m² 左右,20 年一遇洪水位以下有房屋面积 170 万 m² 左右,不能满足经济社会和三峡工程对城市防洪的要求。因此,这些都大大增加了洪灾发生的几率,加重了洪灾造成的损失(图 2.10)。

四川广安老城区
资料来源:重庆晚报. 重庆洪水退去全面清淤,汽车叠落家具晒街[EB/OL].
http://news. enorth. com. cn/system/2010/07/23/004874168. shtml,2010-07-23.

重庆酉阳
资料来源:新华网重庆频道. 实拍重庆酉阳暴雨现场[EB/OL].
http://www. cq. xinhuanet. com/2010/2010－07/09/content_20299240. htm,2010-07-09.

图 2.10 四川、重庆 2010 年洪灾现场

资料来源:转引自左进. 山地城市设计防灾控制理论与策略研究——以西南地区为例[D]. 重庆:重庆大学,2011:61.

4)环境灾害

人类在开发、利用和改造自然,与自然环境相互作用的过程中,超越了自然环境承载力和自然环境所具有的自我调节能力,违背了自然环境的发展规律,致使自然环境的系统结构与功能遭到毁灭性破坏,以至于部分或全部失去服务人类的功能,导致环境污染、生态和环境破坏,甚至对人类生命财产构成严重威胁,并因此反作用于人类,造成人类生命财产严重损失的自然社会现象,它具有自然和社会的双重属性(张丽萍,张妙仙,2008)。环境灾害的形成是人、社会环境、自然环境综合作用的产物,人—社会环境—自然环境构成了环境灾害的孕育、发生、发展的环境系统(图 2.11)。

可见,环境灾害主要强调是人与环境的作用关系。西南地区城市环境灾害相当严重,人为因素较重,特别是大气污染、水质污染、固体废弃物污染、噪声、光污染、电磁辐射等等,

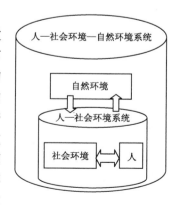

图 2.11 人—社会环境—自然环境系统结构图

资料来源:张丽萍、张妙仙. 环境灾害学[M]. 北京:科学出版社,2008:19.

严重威胁着居民的健康和生命财产安全。如 2004 年 4 月 16 日,位于重庆市江北区的重庆天原化工总厂由于人为操作失误,发生氯气泄漏,导致必须紧急疏散周边区域居民。

5)城市火灾

火灾的发生与社会生产、生活密切相关。发达国家的经验表明,火灾发生的次数和火灾造成的经济损失大体上与一个国家的经济活动活跃程度和经济总量的增加呈正相关关系。中国正处在经济快速增长的时期,引发火灾的因素增多,而火灾造成的经济损失和人民生命财产的损失也呈上升趋势。城市经济发展水平越高,火灾损失越大(周天,2007)。城市化进程的变化体现了城市化的"人口聚集"能力,而"人口聚集"的趋势从消防的角度来看已成为火灾的潜在隐患,由城市人口与火灾损失比例存在一定的拟合关系(李树等,2006)(图2.12,图2.13)。

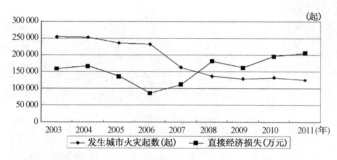

图 2.12　全国城市火灾与损失情况对比

资料来源:根据国家统计局数据绘制.

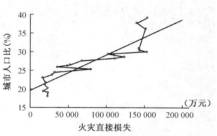

图 2.13　城市人口比与火灾直接损失的关系

资料来源:李树,吕昭河,唐朝纲,等.城市化进程对火灾的影响关系分析[J].消防科学与技术,2006,25(3):396-398.

火灾西南地区城市随着城镇化的加速,经济火灾已成为威胁当前西南山地城市发展的重要灾患。据公安部消防局公布的全国分地区火灾统计情况数据显示,西南三省一市的火灾损失情况呈现增长趋势(表2.2)。

表 2.2　2009—2011 年间西南三省一市火灾与直接经济损失统计

时间	2009 年				2010 年				2011 年			
地区	重庆	四川	贵州	云南	重庆	四川	贵州	云南	重庆	四川	贵州	云南
发生城市火灾起数(起)	6 017	5 682	912	2 175	5 040	6 204	1 661	2 069	3 777	5 591	1 170	1 350
直接经济损失(万元)	3 764	7 243	3 615	5 805	13 689	11 197	4 566	7 363	4 345	10 193	6 625	7 365

资料来源:根据国家统计局数据绘制.

2.2.2　灾害特征

1)灾害范围分布较广

我国幅员广大,地形复杂,是一个丘陵、盆地、高原、高山较多的国家,尤其在西南地区具有两大高原、一大盆地,即青藏高原、云贵高原和四川盆地,地形主要以山区、丘陵为主。西南山地地跨我国第一、二地形阶梯,地形高低悬殊,河谷深切,地貌类型多样,地层岩性复杂,褶皱断裂发育,新构造运动活动强烈,地震活动频繁,加之暴雨和人类工程活动,使其成为我国遭受崩塌、滑坡、泥石流等山地灾害最为严重的地区之一。据统计,西南山区崩塌、滑坡、泥石流等突发性山地灾害占全国的 30%～40%,呈现出点多、面广、规模大、成灾快、暴发频率高、延续时间长等特点。据不完全统计,具有一定规模,并可能造成危害的崩塌、滑坡等山地灾害约数万处,泥石流沟千余条,危及数百座县级以上城镇、数千个乡、镇、工厂和矿山的安全(孙清元,郑万模,倪化勇,2007)。[①] 从空间分布上看,由于受地形地貌、地层岩性、地质构造、降雨及人类工程活动等的影响,西南地区山地灾害主要集中在大的江河及其支流、大的构造带和活动断裂带上以及人类工程活动频繁区内。具体分布在以下 6 个区带:四川盆地盆缘褶皱山地、川西南山地、川西高原高山峡谷区、德钦—泸水—永胜—宁蒗一带、水富—大关—巧家—东川一带、藏东高山峡谷区(孙清元,郑万模,倪化勇,2007);从崩滑流等山地灾害暴发的时间分布来看,西南地区山地灾害多集中在雨季发生。

2)山地灾害灾情复杂

由于内外力的共同作用,西南地区山地灾害每年都造成数十人到数百人的死亡或失踪,数十到数百亿元的经济财产损失。但从西南地区山地灾害灾情分布来看,死亡和失踪人数与经济财产损失两个灾情指标并没有呈现出一致性规律,即高(或低)经济损失并不完全意味着相应高(或低)死亡和失踪人口;同样,高(或低)人口死亡和失踪也并没有完全意味着相应高(或低)经济损失。因此,当用不同的灾情指标对山地灾害进行评估时,评估的结果可能不同。如就 2000 年而言,如果采用经济损失作为当年山地灾害灾情评估指标时,则 2000 年西南地区山地灾害导致的经济损失达到 18.9 亿元,应属历年之最;而如果采用死亡和失踪人数作为灾情评估指标时,则 2000 年因山地灾害而导致的死亡和失踪人数仅 190 人左右,相对其他年份较小;2006 年经济损失 2.9 亿元,然而死亡和失踪人数却是 287 人左右。可见,由于采用的灾情指标不同,很难对不同年份山地灾害灾情进行比较。而采用一个既能反映死亡和失踪人口,又能反映经济损失的综合指标对山地灾害进行评估是解决这个问题的有效途径。

3)多灾种叠加损失严重

多灾种(multi-hazard)叠加通常是指在一个特定地区和特定时段,多种致灾因子并存或并发的情况。史培军教授曾将这种致灾因子并存与并发归纳为"灾害群聚与群发现象"。其中群发与环境演变敏感区有关,例如在海陆过渡带、我国北方农牧交错带以及城乡过渡带,灾害发生的种类与次数偏多;群聚既与环境演变敏感区有关,也与一些地区的孕灾环境有关,如我国川滇一带,地震频发,又由于处在山区和侵蚀切割明显的高原,常常引发崩塌、滑坡与泥石流及堰塞湖等次生灾害;而且还由于降水较多,与山区地势相遇,常常还导致泥石流、滑坡等频繁发生;又由于这一地区处在云贵高原西侧,地势较高,还常常引致雨雪冰冻灾害等。而 2008 年汶川地震及其引致的滑坡造成北川县城部分被毁,且又由于 9 月份的泥石流进一步造成破坏,3 种致灾因素在空间上的叠加,使北川县城几乎全部被毁。对于"多灾种叠加风险"的评估,可以通过利用"投入产出"分析的办法,将各种致灾因子都视为对形成"灾情"的一种投入,而将造成的各种灾害损失都视为由于各种致灾因子形成"灾情"的一种产出。这是因为由于一些损失通常可能是由多种致灾因子叠加造成的,难以将其分开计算(史培军,2009)。2005 年美国卡特里娜飓风后,就有学者利用"投入产出"模型评价其造成

---

① 孙清元,郑万模,倪化勇.我国西南地区山地灾害灾情年际综合评估[J].沉积与特提斯地质,2007(3):105-107.

的直接和间接经济损失(Hallegattes，2008)。

4) 灾害链现象突出

"灾害链(disaster chains)风险"与"多灾种叠加风险"不同,其一是灾害链之间一般存在着因果关系,而多灾种叠加通常不存在着因果关系;其二是灾害链涉及的各种致灾因子在空间范围上有所不同,而多灾种叠加通常指发生在一个给定的地区;其三是灾害链影响的承灾体在时间和空间上都有所不同,而多灾种叠加所影响的承灾体在一个给定地区是一样的(史培军,2009)。如 5·12 四川汶川地震不仅造成了特大地震灾害,同时还诱发了大量的次生山地灾害,表现出典型的灾害链形式。据航空和卫星影像和应急调查,国土资源部门已排查出崩塌、滑坡、泥石流、堰塞湖等灾害隐患点 2 万余处,威胁人口120 万人,主要分布在四川、甘肃和陕西接壤的 90 个县内,其中四川占 70%,甘肃占25%,陕西占 5%(崔鹏,韦方强,陈晓清,等,2008)。崩塌、滑坡不仅阻塞了救援道路,严重延缓了救援进度,还形成了 30 多个堰塞湖。由于大量崩塌、滑坡直接为泥石流活动提供了丰富的松散固体物质,并且地震造成大量坡体失稳和岩体破坏,使泥石流活跃期将维持20～30 年,特别是近 5 年泥石流将十分活跃,危害灾区人民生命财产安全,特别是城镇、村庄、道路、水利水电工程和农田等(崔鹏,韦方强等,2008)。据震后山地灾害危险性区划可知,山地灾害极高易发区面积约 8 000 km²(原有高易发区的 30%地方变成了极高易发区),高易发区 2.2 万 km²,合计占灾区面积的 40%多,从而导致区域危险度升高,受灾害的风险性升级(邓伟,2009)。

2.2.3 发展趋势分析

(1) 灾害破坏程度加剧:我国在高速的城镇化进程下,人口继续向城镇集中,使得城镇人口密度剧增,每单位面积城镇用地上的人类财富量比以往任何时候都高,在这种情况下,城市灾害一旦发生,其造成的损失将不可估量。不管是自然灾害还是人为灾害,其对城镇的危害程度都会变得愈来愈严重,而且造成的损失也将变得愈来愈大(表 2.3、图2.14、图 2.15),特别是西南山地区域,这种危害更加明显,据统计,西南地区崩塌、滑坡、泥石流等突发性山地灾害占全国的 30%～40%,呈现出点多、面广、规模大、成灾快、暴发频率高、延续时间长等特点(孙清元,郑万模,倪化勇,2007)。从表 2.3 和图 2.14 可以看出,灾害起数呈现平稳状态,甚至有下降的趋势,但从次均经济损失来看,呈增长趋势。尤其是次均灾害损失有明显的增长趋势。统计分析可以说明,由于人类逐渐认识到灾害的威胁,对其有一定的防灾意识,灾害的起数逐渐减少,但是灾害的破坏程度则越来越大。

表 2.3 重庆市地质灾害情况(2004—2012 年)

指 标	2004 年	2005 年	2006 年	2007 年	2008 年	2009 年	2010 年	2011 年	2012 年
发生地质灾害起数(起)	2 679	1 802	590	338	3 336	539	908	450	133
直接经济损失(万元)	36 421	54 719	6 717.8	4 880.5	41 289	53 088	18 783	3 273	6 400
次均费用(万元)	13.6	30.4	11.4	14.4	12.4	98.5	20.7	7.3	48.1

资料来源:根据国家统计局资料绘制.

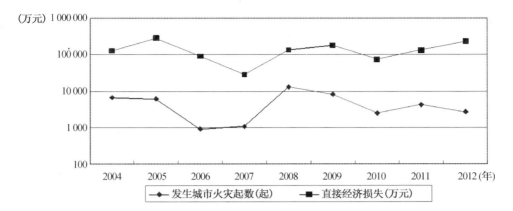

图 2.14　2004—2012 年西南地区山地灾害损失情况

资料来源:根据国家统计局数据绘制.

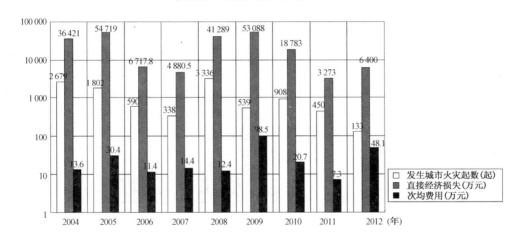

图 2.15　重庆地质灾害发展变化图(2004—2012 年)

资料来源:根据国家统计局资料绘制.

(2) 人为灾害趋势显现:山地城镇中人为灾害在不断增加,地质灾害等传统自然灾害发生的人为诱因也越来越强,如人类修建公路、铁路、劈山开矿等经济活动及滥垦滥伐,会诱发滑坡、泥石流、山体坍塌等地质灾害。人类修建的大型水库往往诱发地震,全世界已报道过的水库诱发地震就达 100 多例,与相同震级的自然地震相比,烈度明显偏强(张保军等,2009)。

人类工程活动作为影响地壳表层地质环境演化规律和演化速率的一种地质营力,其作用强度极大地增强,甚至超过了自然地质营力的作用强度。据世界范围不完全统计,人类每年消耗约 500 亿 t 的矿产资源,超过大洋中脊每年新生成的岩石圈物质约 300 亿 t 的数量,更超过河流每年搬运物质约 165 亿 t 的数量(张倬元,1994)。目前,我国水电站、铁路、公路和大型煤矿等大型工程建设较多,其开挖和堆填土石方量之大,对地质环境造成严重的破坏。不仅如此,大规模的人类工程活动还经常引发各种人为地质灾害。据统计,约有 50%的地质灾害的发生与人类活动有关(马宗晋,高庆华,1992)。美国人尼尔森等指出,加利福尼亚州康错考斯塔郡将近 80%的滑坡与人类活动有关;布立格兹等认为,宾夕法尼亚州阿利享郡的滑坡90%由人类活动引起(张咸恭,黄鼎成,韩文峰等,1992)。广而言之,直接或间接由人类的工程活动所引发的灾害在逐渐增加。

(3)环境污染引发灾害:随着人口增长,经济发展,人类赖以生存的环境逐渐被破坏,环境条件恶化严重,并直接或间接引发灾害的发生,或加剧灾情,增加成灾的频率,并引发新的灾种类型。人类活动使环境不断恶化,主要表现在一方面使环境的承载力变得脆弱,自我调整能力转趋薄弱,另一方面使人类自身抗灾的能力亦日益下降,再一方面大部分人类破坏环境的过程本身就是自然灾害形成的过程。在众多重要因素的影响下,自然灾害层出不穷。

2.3 西南山地城市灾害的空间作用特征

综合上述灾害类型和特点,我们可以看出,虽然不同类型的灾害有着不同的破坏特征,但是,总体上可以归结为灾害直接导致人员伤亡以及灾害导致城市空间破坏而间接导致人员伤亡。有研究表明,城市灾害中的主要人员伤亡来自其引发的城市空间破坏而间接导致的人员伤亡(也可以说是次生灾害引发的人员伤亡),如各类灾害引起的建筑物破坏而导致人员伤亡就是一个主要的伤亡因素,如图所示(图2.16),西南地区灾害的主要类型在发生时,首先都能直接造成人员伤亡。其次,是造成空间的破坏,从更广泛的意义上讲可以包括污染生态环境、破坏城市的生存空间、破坏城市实体建筑空间、破坏城市道路空间、破坏城市基础设施、挤压城市发展空间等等,这些方面的破坏就能间接引起人员的伤亡。所以,灾害的破坏力和造成的损害程度与城市空间的关系十分密切。

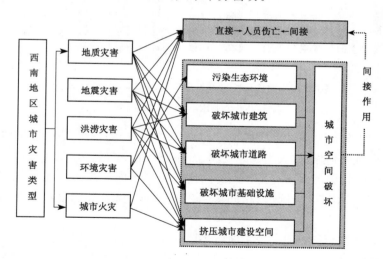

图 2.16 城市灾害破坏空间示意图

资料来源:作者自绘.

灾害引发人员伤亡是一个"灾害—空间"的循环连锁链(图2.17)。灾害发生是否引起次生灾害,与城市空间是否适灾有很大关系,城市空间适灾能力[①]弱的城市,一旦发生灾害

---

① 城市空间适灾能力,是本书提出的一个概念,是指城市空间"承载灾害"的能力大小,这将在后面章节详细论述。

则必然导致城市空间被严重破坏,引发次生灾害,造成人员伤亡。相反,城市空间适灾能力好的城市,在很大程度上可以降低城市次生灾害的发生几率,减少城市空间的破坏,减轻或避免人员伤亡。这在前面的综述中已经论述,如我国古代城市建设中对于防火山墙、防火巷的运用是防治火灾扩展的最好例证。更进一步来说,城市空间适灾能力好的城市甚至可以直接促进避免或减少灾害的发生几率,从源头上避免灾害的发生。

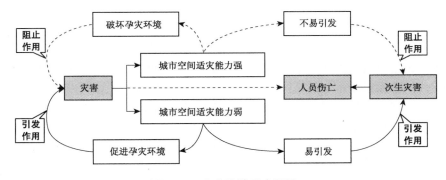

图 2.17 灾害连锁反应图示

资料来源:作者自绘.

2.4 小结

本章是研究的基础,分析总结了对西南山地城市环境空间特点,以及灾害类型、灾害特征,并以此为基础,从灾害过程与城市空间的关系进行了深入探讨,认为各类灾害的危害在于灾害过程作用于空间产生的空间破坏性。

3 西南山地城市空间适灾理念建构

西南山地区域城市较平原城市在空间上有很大的不同,城市遭受灾害的威胁也较平原城市大,且在我国山地是主要的地形形态,约占全国陆地面积的 2/3,以西南山地地区城市空间为研究对象,探讨城市空间适灾具有重要意义。本书第 2 章对西南山地城市灾害过程作用于空间的机制有了一定认识,各类型灾害作用于城市空间的过程都是破坏城市空间,从这点出发,要有效解决城市灾害问题,研究提高城市空间应对灾害的能力,就显得很有必要。本章以此为基础提出城市空间适灾概念,以期建立空间要素与灾害过程的相对应关系,为城市灾害防治工作提供更有针对性的在思路方法。

3.1 城市空间适灾的概念

如前面章节所述,西南山地城市灾害对空间的破坏作用是导致人员财产损失的重要因素,所以,本章建立了从城市空间角度研究应对灾害的方法和理论思路,为了使该概念的提出具有理论支撑,本章中对其存在的哲学基础、空间适灾的特性及基础条件等进行了探讨,以期建立一个较为清晰、有针对性的概念。

3.1.1 城市空间适灾的哲学基础

灾害是一种客观实在,是自然界里一种客观表象(蔡畅宇,2008)。灾害是相对人而言的,它是针对人及其生活的环境而定义的。如果只有"灾",没有构成"害"则形不成灾害,只有当"灾"对人类社会造成破坏,造成损失时才构成灾害。当然,很多种"灾"是我们人类社会目前科技水平所无法抗拒的,既然无法阻止"灾"的发生,那么要解决灾害问题,就得从"害"入手,尽量让"灾"产生的"害"降到最低或不发生,这也是"适灾"的理念所倡导的。

深究灾害的成因,一是自然自身;二是人为活动,但归根结底多数灾害还是人类活动造成的,最直接的表现就是人与自然的对立冲突,即人类对环境的改造实践违背自然规律、人类对环境的过度索取、人类对环境改造缺乏科学依据。

人的实践行为违背自然规律,这是重要的因素。人是自然界的一部分,人与自然的关系原本是和谐共处的,自然界是人类生存发展的基础空间。但随着人类社会的进步,人在自然界的实践活动不断扩大,人利用自然创造生产资料的能力逐渐提高。自瓦特的蒸汽机掀起工业革命以后,工业技术逐渐被人类掌握并广泛应用,工业活动和生产规模不断扩大,人类对自然的干预能力显著增强,人与自然的矛盾随之增大。在人类进入现代文明以后,这种矛盾并没有减弱,反而逐渐加大,人类改造自然的愿望更加强烈。以森林砍伐为例,据联合国估计,全球每年有近 1 300 万 hm²(约合 3 200 万英亩)的森林被砍伐,相当于希腊或尼加拉瓜的国土面积。①

人类对环境过渡的索取,也是造成灾害频发的原因之一。人类对资源无度开采开挖,使自然界人类生存的家园发生着毁灭性变化,几年来频发的雾霾天气、沙尘暴、地面塌陷事故等都是由于人类对生态环境的破坏,如大量的森林采伐,使地球绿色植被明显减少,必然影响局部天气,引起生态系统的干旱少雨,同时降低植物对灰尘的吸附和净化作用,出现雾霾等恶劣天气;大量地下水的提取,造成地面承压力降低,出现地面塌陷。恩格斯在描述当时英国工业发源地曼彻斯特市污染状况时指出:"到处都是死水洼,高高地堆积在这些死水洼之间的一堆堆的垃圾、废弃物和令人作呕的脏东西不断地发散出臭味来污染四周的空气,而空气中由于工厂的烟囱冒着黑烟,弥漫于城市上空,使大气浑浊。"②

人类对环境的改造缺乏科学性是根本原因,人类无法突破科学发展的限制,在生产、生活实践中往往对要改造的对象缺乏科学的认识,而盲目的采取对策进行改造,结果事与愿违,反受到自然规律的惩罚。

3.1.2 城市空间的适灾特性

人类对于空间的认识源于空间所呈现出来的功能作用,老子《道德经》"埏埴以为器,当其无,有器之用。凿户牖以为室,当其无,有室之用"就说明了当时对于空间的理解是从其体现的功能作用开始的。当然可以辩证地看理解,"有"和"无"是相依存的,没有"有"和"无"的共同作用,就能发挥"器"和"室"的功能。延伸到城市空间,也是一样的道理,城市空间中建筑实体空间和环境虚体空间同样是共同相依存的,当建筑空间概念由内部空间扩展到外部空间就构成了城市空间。这只能说是直观感性的认识。城市空间概念的内涵最早源自于地理学的空间理解,他们认为城市空间就是城市占有的地域。城市空间概念在进一步的发展中综合了地理学空间元素和心理学直觉等概念衍生出的"场所"概念。总之,对于空间的概念从单纯的物质上面演绎到与人的内在联系。联系到人就使事情变得复杂,正如黄亚平(2002)所说"城市空间是一个跨科学的研究对象,由于各个学科的研究角度不同,难以形成一个共同的概念框架"。尽管如此,还是有学者从城市规划角度理解空间概念,黄亚平在其研究中指出"城市空间是广义空间的一种具体形式,与城市活动及其内涵密切相关。如果说,空间(时间)是一切外在事物得以存在的前提,同样,城市空间也是承托与容纳城市活动的载体和容器,城市空间表现为城市地域范围内,一切城市要素(物质的和非物质的)的分布及其相互作用,并随时间动态发展的系统或集合"。张勇强(2003)在其博士论文中也对城市空间进行了定义,他认为"城市空间(Urban Space)是指宏观层次上作为整体性观念的城市空间,特指城市占有的地域(包括三度空间),城市空间反映了城市系统中各种各样的相互关系和物质构成,并使各系统在一定地域范围内得到了统一"。可见看出,城市空间是一定地域范围内,所有物质要素的集合,包括实体空间和虚体空间及其相互作用的关系,可以看成是一个整体。本书研究的城市空间正是建立在这个认识的基础上,认为城市空间是一定地

---

① 资料来源:新华网,英国媒体:全球每年砍伐森林 1 300 万 hm².
② 摘自中央马恩著作编译局. 马克思恩格斯全集[M]. 北京:人民出版社,1995.

域范围内,所有物质要素的集合,包括实体空间和虚体空间及其相互作用的关系,具有物质属性、生态属性,是一个整体。这种认识可以把城市作为一个有机体,与所依托的环境存在着相互作用,空间各要素分布格局及其间相互作用使得城市整体空间形态呈现动态变化,影响城市的承载能力的变化。这种承载能力的变化则直接表现为城市是否会存在潜在的灾害威胁,承载力大则城市空间发生灾害的几率较小,反之发生灾害的几率较大。

3.1.3 城市空间适灾的主动作用

预防或防御灾害的基本途径是:防止或减少灾害发生;防御灾害破坏,减轻灾害损失。从总体上看,完全防止灾害或避免灾害损失是不可能的,但采取防灾措施[①],可以在一定程度上减少灾害活动,减轻灾害损失。因此,防灾是减灾的重要环节,不同灾害的形成机理不一,其防御措施也不同,但是对于空间的作用是基本一致的。

山地人居环境建设的灾害防御强调从整体上解决山地灾害问题,从灾害的发生阶段、发展阶段和衰减阶段进行规划干预,使城市能在一定程度上具有承载灾害的能力,使城市具有主动防御灾害的机能。

"防"也是"适"的一部分,灾前的适应主要就是防御。防是显性的,形而下的,是被动的;适是隐性的,是形而上的,是主动的。只有建立适灾的意识,才能主动协调承灾体与致灾因子之间的"对抗"关系。

不是所有的灾害都需要去防,或者说不是所有灾害都是能防的,比如地震灾害,就目前人类发展阶段的科学技术水平是防不了的,也是避免不了的,但是我们还是需要去面对,这就需要我们建立城市空间"适应"地震灾害的防灾思路,如我们祖先创造的木结构建筑柔性体系,可以很好地适应地震灾害,以至于建筑物不会倒塌而伤害人员,还有如目前研究较多的通过城市公共空间的布局来减轻地震灾害造成的危害,等等。"适应"不是回避,不是妥协,是主动根据灾害发生发展规律、特征,采取与之对应避免破坏的方式。大禹治水不同于其父鲧治水,而采用"疏而不堵"的方式,彻底解决水患,是其认识到水患是堵不住的,只有采用疏导的方式才能解决,这可以说是我国最早采用适灾方法解决城市灾害的案例。

3.1.4 城市空间适灾的基础条件

1) 城市空间发展的自组织机制

就如本书对城市空间的定义所示,城市空间可以简单地理解为在一定地域范围内,由城市实体空间(建筑物和构筑物)和虚体空间(城市环境)以及他们之间的相互作用关系所构成。可见,这里提到的相互作用关系不仅指的是实体空间和虚体空间的耦合关系,还包括形成这种关系的社会、经济、政治、文化因素的影响。显然,这就使得城市空间的演化变得复

---

① 防灾内容主要包括:①影响或改造孕灾环境,减少灾害活动,特别是避免或减少人为灾害以及人为自然灾害活动;②认识灾害分布情况和活动规律,在制定规划、工程选址和重要经济活动计划时,尽可能使城镇、工程设施避开灾害高危险区,使重要经济活动避开灾害活动期;③加强灾害监测工作,提高灾害预测、预报水平,制定减灾预案,在灾害发生前,有计划地撤离疏散人员和重要财产,避免或减少人员伤亡和财产损失;④建设防灾工程,防止或减轻灾害活动,保护受灾对象,避免或减轻灾害破坏损失;⑤加强防灾宣传教育,增强防灾意识,普及防灾知识,提高民众和社会防灾能力。

杂。顾朝林等（2000）在其研究中指出城市是一个复杂的适应性系统（complex adaptive system），这种适应性系统的重要特征在于它的开放性。从这点也可以说明城市空间具有自组织机制。程开明、陈宇峰（程开明，陈宇峰，2006；程开明，2009）对有关城市自组织性的文献进行了系统研究，归纳总结了城市整体系统及城市人口、交通、环境和经济等子系统所具有的分形，耗散结构等自组织特征，提出城市空间扩散和聚集表现出自组织特性，城市空间演化过程具有明显的自组织机制。由于城市的自组织发展的特性，具有自身的秩序和组织规律，这种秩序和规律自发影响城市空间规模大小、区域选择、功能性质，如张勇强（张勇强，2003）所描述的，他就像一种隐藏的自发力机制作用于城市空间发展的过程中。这种城市空间内在的作用力，已经被许多学者通过对城市空间发展历史、发展特征总结发现，可以归纳为城市空间发展的自组织制约机制，是指空间受可达性、土地资源等制约，城市空间规模效应在距离轴上的差异影响，而自发地形成城市功能的分区。在区域空间演化中也同样存在这样的影响过程，这就是城市空间发展自组织机制作用的结果（图3.1）。

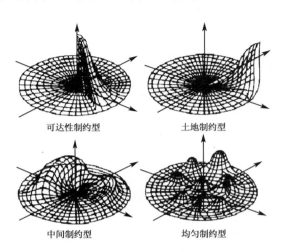

可达性制约型　　　　土地制约型

中间制约型　　　　均匀制约型

图3.1　城市空间发展自组织制约机制

资料来源：顾朝林，甄峰，张京祥.集聚与扩散：城市空间结构新论［M］.南京：东南大学出版社，2000：6.

　　这种作用机制可以看成是针对每个城市个体的，但形成的结果却是整体的，就如蜜蜂建蜂巢，单个蜜蜂的行为是随机的，但是整体出来的效果确实是完美的正六边巢穴。从一定意义上讲人类建设城市也是如此，城市个体的建设都是随机的，都是在其各自追求利益最大化的要求下进行的，建设的行为受到各种因素，包括法律法规、个人认识水平、经济能力等等因素的影响，不断与周边环境相互影响。在项目选址、建设规模、功能性质以及色彩风格等方面与现有的城市各方面条件，不断地发生着往复碰撞和自我调适，经过一个反复漫长的自我调适过程，渐渐形成具有相当合理性的城市空间。

　　2）空间自组织机制的相关解释

　　城市空间显然是具有自组织机制，但它是怎么运行，我们目前还不能知晓。本章借助城市空间所承载的经济、社会、生态等系统在城市空间中的运行规律，探讨这些规律对城市自组织机制的影响和相互作用，以此加强我们对于城市空间自组织规律的认识。

　　（1）城市空间自组织机制的经济学解释

　　土地经济学理论认为，在市场经济前提下的供需关系决定市场价格，进一步影响资源的分配，在城市中土地的供需关系决定了土地价格，并影响土地资源的配置，致使空间按着供需方向发展（图3.2）。经济规模效应理论认为，经济活动的客观规律之一是规模效应，由于城市中各种功能合理发展都需要在一定规模的前提下，各种相同功能用地有倾向地集聚，从而使城市用地出现一种集中的趋势，形成城市空间结构（图3.3）。经济活动的投入—产出分析理论认为，从经济上"理性决策"出发。一切经济活动都是为了取得高额的投资回报进

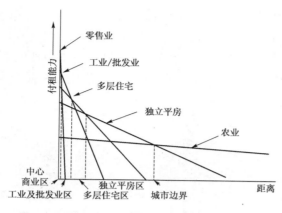

图 3.2　W. Alonsd 的级差地租—空间竞争理论

资料来源:顾朝林,甄峰,张京祥.集聚与扩散:城市空间结构新论[M].南京:东南大学出版社,2000:14.

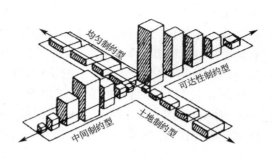

图 3.3　规模效应的城市空间发展图谱

资料来源:段进.城市空间发展论[M].南京:江苏科学技术出版社,2006:100.

行的,低投入高产出是经济活动的基本原则。反映在选择用地时,无论是考虑工厂选址、商业中心,或是建造商品住房,对土地成本和交通成本的分析,都成为决策的重要依据。经济基础决定论认为,一切经济活动都需要一定的经济基础作支撑。城市空间的扩展作为一种大规模的经济活动,很大程度受到经济基础的制约,无论是城区的新区扩展或是旧区空间结构的重组,都受制于城市的经济实力。

（2）城市空间自组织机制的社会学的解释

以阶级和种族两大社会关系来解释城市空间结构的形成和变化,是社会学讨论空间结构的主流。社会学理论认为,由于社会阶层属性不同,使居民有"分—合"两种力量。不同阶层,不同族裔的人群之间有分化的倾向。而相同社会属性的群体则有集聚的倾向(段进,2006)(图 3.4)。而城市空间的构筑建立在居民对相近的文化价值的认同上,具有相近文化价值观的组群住在一起。推选出反映自己价值观的政治代表管理城市,并按这些价值观建造、改造城市。其结果是城市

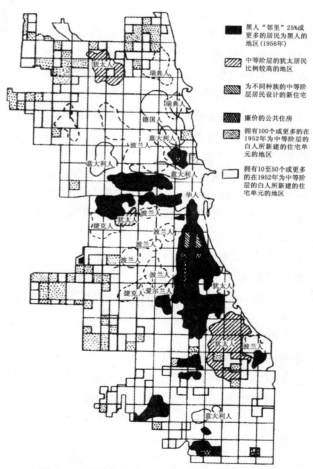

图 3.4　美国芝加哥的种族聚集(1957 年)

资料来源:转引自段进.城市空间发展论[M].南京:江苏科学技术出版社,2006:61;[加]戴维·理.城市社会空间空间结构[M].王兴中,译.西安:西安地图出版社,1992.

内部空间的同质化程度上升,从不同程度的异质空间向同质化空间过渡的过程就是迁居的过程,也就是城市空间内部重组的过程。一组内部同质化程度相当高的异质空间组合在一起,就构成了城市空间(张庭伟,2001)。

（3）城市空间自组织机制的生态学的解释

芝加哥学派将自然生态学的基本理论体系运用于城市。社区的研究认为,人与人之间相互依赖与相互竞争是城市空间形成—发展—变化的决定性因素,并将导致城市空间使用变化的现实条件归入生态过程,其中包括了10个过程:吸收(absorption);合并(annexation);集中(centralization);集聚(concentration);分散(decentralization);离散(dispersion);隔离(segregation);专门化(specialization);侵入(invasion);接替(succession)。这10个过程通过人与人之间的相互作用关系得到了全面阐释,并解释了城市空间演进过程的机制问题(孙施文,1997)。①

3）城市空间发展的他组织机制

城市是人类聚居的主要空间,城市的发展离不开人,在城市空间发展演化中,人类免不了根据自己的主观能动性对城市空间进行改造,以达到自己的意愿。这在我国古代城市建设中采用的"礼法""祖制""规矩"等无不是人类的主观干预。这相对于自组织性,便是"他组织性",是指系统按照外部作用,实现由无序到有序,由低级到高级有序的演进。

人类对于城市的干预是一定的,因为人类需要改造成适合自己生存发展的空间,尤其进入现代以来,随着科学技术水平的提高,人们改造自然的能力增强,有意识的干预或引导对城市空间发展产生了更大的影响,近年来出现的长三角经济圈、成渝经济圈、西部大开发计划、高新技术园区、保税港区等都是通过政策干预形成的一定城市空间。

城市规划更是他组织机制的典型代表(石崧,2007),作为人类干预和组织城市空间发展的直接外部手段,是对城市空间发展的特定干预,特别是一些新城、新区建设,基本是在总体规划、城市设计、详细规划、建筑设计、环境设计等他组织机制的指导、控制下形成和发展的。

4）关于自组织和他组织

可以说,在一定时期内他组织机制是城市空间发展的显性机制,而自组织机制则是一直影响城市空间的隐性机制。如果说他组织机制是作用于城市空间的发展机制,那么自组织机制则是城市空间演进的本源机制(图3.5)。

城市空间发展兼具自组织与他组织的特性,城市空间自组织的自然生长与他组织的人为规划控制,两种机制相互作用,引导城市空间的发展。当自组织力与他组织力同向时,加速城市空间的良性发展;当自组织力和他组织力相背离时,则阻碍或延缓

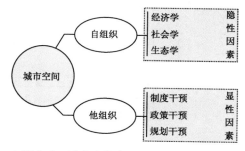

图3.5　城市空间自组织与他组织关系
资料来源:作者自绘.

城市空间良性发展;当城市空间发展自组织力和他组织力处于可耦合状态时,通过对他组织力的不断调试和修正,促使城市空间稳步良性发展(张勇强,2003)。不管哪种情况,在城市空间适灾的过程中,都是通过规划进行"他组织"干预的,影响城市空间的"自组织"规律,使得城市

①　参见:孙施文. 城市规划哲学[M]. 北京:中国建筑工业出版社,1997:59-60.

3　西南山地城市空间适灾理念建构

空间朝着可适应灾害的角度发展,只不过在这三种情况下,规划干预的力度大小不同而已。

3.1.5　空间适灾的内涵解释

城市空间适灾的概念是我国"天人合一"哲学思想在城市防灾实践的运用。大禹治水,就当时的技术水平和人力物力而言,仅仅依靠筑坝是不能解决水患的。大禹采用了"治水须顺水性,水性就下,导之入海。高处就凿通,低处就疏导"的治水思想,改变了"堵"的办法,对洪水进行疏导,以适应灾害环境的办法来达到减少甚至避免灾害的损失,这所体现的就是一种适灾的思想。又如在东汉时期,我国地震频发,我们祖先就发明了适于防震的木结构建筑技术,可以很好地适应地震灾害,以至于使建筑物不会倒塌而伤害人员,其中反映出"以柔克刚"的设计思想,也是工程适灾设计思想的重要内容(郑力鹏,1995)。我国古代城市建设中,从规划选址到建筑设计,城市空间都表现出很强的灾害适应性,反映出一种适灾的思想。这些实践与思想所体现的,就是"天人关系论"中"天人合一"的哲学思想,既强调改造自然以"减灾",又强调顺应自然以"适灾",这正是当今处理人类行为与自然环境关系所应有的基本思想。综上分析,本章提出的城市空间适灾概念,是指城市空间对于灾害的"适应"和"承受"能力,表现为城市空间具有弹性,可通过改造空间以避免某些灾害发生,也可通过强化空间以承受灾害发生而使灾害的损失减到最低甚至避免损失,城市空间具有较好的抗灾能力,甚至可以支持城市在灾时及时救援与灾后迅速恢复重建,可理解为城市"不怕灾"(图3.6,图3.7)。

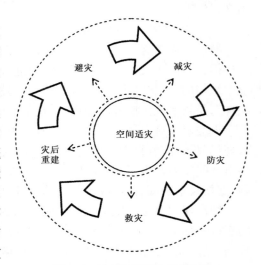

图3.6　城市空间适灾示意图

资料来源:作者自绘.

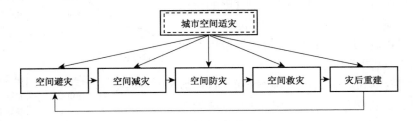

图3.7　城市空间适灾内容

资料来源:作者自绘.

根据以上对城市空间的自组织机制的研究分析,我们看到的是一个错综复杂的作用力。在这些力中,有的力来自于城市经济发展,有的力则来自于社会进步,更有的从生态、文化视角寻求城市空间发展的内在作用力等,各种理论学派从各自不同的角度试图阐述城市空间的发展和城市空间结构的形成与演化机制,这在一定层面上反映了城市空间发展自适应的现实特征,但都未能完全体现城市空间发展的本质特征。

　　城市空间发展的作用力来自各个方面,而且是多目标、多层次的,但是从城市规划角度,"城市空间"是城市的本体。相关的经济空间、社会空间、生态空间等都是附加在"实体空间"之上存在的。因而,本研究试图将城市本体空间发展的内生作用机制作为城市空间发展变化的主动力来看待,因而,从某种意义上讲城市空间发展具有一种隐含的自组织力,当然这种力和经济的力、社会的力、生态的力共同作用的,只不过城市空间自组织力起着主导作用。

　　城市空间发展兼具自组织与他组织的特性,城市空间自组织的自然生长与他组织的人为规划控制,两种机制相互作用,共同作用引导或限制城市空间的发展。如前所述,城市空间自组织机制包括了以城市空间发展内生力为主,经济、社会、生态系统组织机制的作用;城市空间他组织机制则包含了城市规划干预、政策干预、其他人为干预等多要素的影响。这两种机制共同作用形成了城市空间发展机制,并影响空间的选址、规模大小、功能性质等,以致于最终决定城市空间的适灾性能(图3.8)。

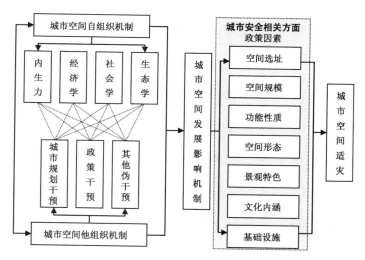

图3.8　城市空间适灾的内涵机制

资料来源:作者自绘.

　　空间适灾的内涵可以理解为城市空间承受灾害的能力。其最大能承受灾害威胁的阈值,可称为适灾力。如可以比喻为人与病的关系:体质差,容易生病,体质好,不易生病;同样环境下有的人要生病,有的人不会生病,说明生病与人的个体差异有较大关系。同样,在同样灾害威胁下,有的城市不会造成破坏,有的则被严重破坏。这就需要我们研究城市空间抵御灾害的机制,本书从构成山地城市空间的要素(包括山地城市选址、城市空间结构、公共空间分布、城市基础设施、城市对外联系等等)承受灾害力作用的能力进行研究,分别探讨他们对于灾害的抵御程度。总体上,这些要素可以归纳为城市外部空间、城市内部空间、城市空间形态三个方面。其中城市外部空间主要研究其外部空间环境的可疏散性、可容纳性和生态性;城市内部空间主要研究城市空间构成的适灾要素,包括用地功能、道路系统、公共空间、基础设施等;空间形态则是研究城市空间形态的类型与特征与灾害的关系。本书通过研究城市空间构成的各要素特征及其适灾机制,来探讨城市空间的适灾性(图3.9)。

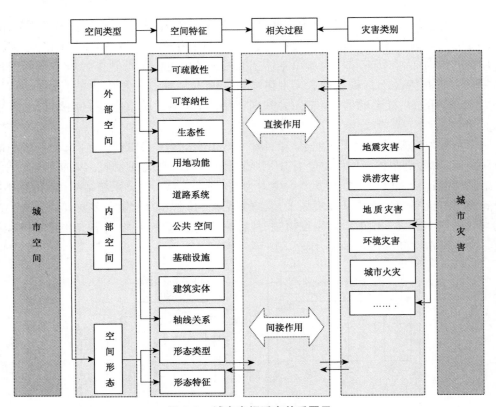

图 3.9　城市空间适灾关系图示

资料来源：作者自绘.

3.2　城市空间适灾与城市承载力的关系辨析

　　城市空间适灾是一个新的概念，要充分认识这个概念，需要对其相近概念进行一定的辨析。特别是理解城市承载力的概念有助于理解城市空间适灾的概念。二者在表达城市（空间）"承受"某种外来"压力"的概念时是一致的，都是表达城市（空间）所能提供保障城市（空间）不受破坏，正常运行所需的支撑力。下面就二者的概念进行详细分析。

　　1）城市"承载力"解析

　　承载力就是生态学上反映生物与其生存环境之间承压关系的指标，是衡量自然环境容纳生物生存能力或自然界承受生物生存压力弹性限度的科学概念（Abernethyvd，2001；Cohen J. E.，1995；Young C. C.，1998）；是指生态系统的自我维持、自我调节能力，资源与环境子系统的供容能力，及其可维育的社会经济活动强度和具有一定生活水平的人口数量（高吉喜，2001）。承载力概念形象化地将生物与自然之间的最基本关系具体化，将自然比喻为承压载体，而将生物比作施压体，当承压载体超过其所承受的限度时，会造成承压载体承受能力的下降。根据物理学的原理，物体的弹性力有一定的限度，在弹性形变限度内，当外力作用去除后物体会基本恢复到原来的形状。但当外力作用超过弹性限度时，物体会发生永久变形，即使去除外力作用也不会恢复到原来的形状。张林波通过一个物理学实验简单明了地展示了这个原理,以一个支撑在弹簧上的容器为例,当容器中注入液体时,随着液体的注入,容器对弹簧的施压越来越大,导致弹簧产生形变,弹簧的长度会逐渐变短,产生与容器压力相同的弹性力支撑容器,当去除容器内液体时,弹簧回复原来的形状;当容器内注入过多的液体时,其产生的压力超过弹簧的承受范围,弹簧就会产生范性形变,即使去除容器内的液体,弹簧也不会恢复到原来的形状,甚至由于弹簧的外形、内部结构都会发生改变,导致容器倾斜,从而使容器无法再注入液体(张林波,2009)(图 3.10)。

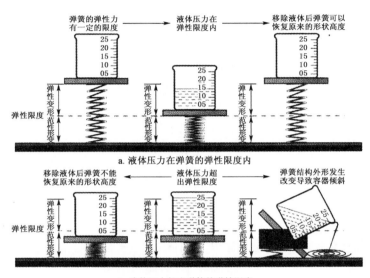

图 3.10　承载力类比概念模型

资料来源:张林波. 城市生态承载力理论与方法研究:以深圳为例[M]. 北京:中国环境科学出版社,2009:35.

这就是说承载力(也可以理解为生态承载力)是生态系统物质组成、结构形式、能量传递方式的综合反映,是载体所承受的一个压力阈值,在这个压力阈值范围内,载体是不会受到破坏,可以自行恢复的。

2)二者概念的差别

通过前面的讨论,基本对城市空间适灾有了一个初步认识,但有必要对城市空间适灾和城市承载力进行对比说明,因其有一定相关联性。

目前对城市承载力(Urban Carrying Capacity,UCC)的理解各有千秋,也存在着一定的分歧和不足,没有一个统一的定位。Kozlowski J. M. (1990)提出,在现实生活中任何生态环境都存在着一定的极限值,超过该阈值将导致环境失衡,产生严重并且不可挽救的后果。[①] Oh K. (2002)等人基于 Kozlowski J. M. 提出的城市承载力环境阈值假设,将城市承载力定义为:在城市发展过程中,平衡环境系统所能承受的经济活动兴旺、人口日益增多、土地利用提高、物质发展壮大、社会活动频繁的水平,在此状态下,城市整体环境向着良性方向

① Kozlowski J M. Sustainable development in professional planning: a potential contribution of the EIA and UET concepts [J]. Landscape and Urban Planning,1990,19(4),307-332.

发展,环境系统实现可持续发展。[1] 在罗亚蒙(2006)看来,战略意义上的城市承载力和城市功能共同构成了城市承载力。战略意义上的城市承载力是最基本的方面,需要首先进行研究,它决定了城市的构建规模,主要体现为以土地资源、水资源、现有能源、交通环境为主的城市地理环境资源承载力;城市功能从城市发展动力着手,决定了城市的发展规模(牛建宏,2006)。陈淮(2006)在"中国城市创新经济发展高层论坛"上指出城市承载力主要指一个城市的资源禀赋、生态环境、基础设施和公共服务对城市人口、经济、社会、生活的承载能力。[2] 李东序(2006)认为城镇承载力是一个比较新的概念,超越了以往的约束,比完善城市功能更加全面、更加直接,上了一个新的台阶。从宏观角度上分析,水土资源、地质结构、资源拥有、环境容量等构成了物质含义上的战略环境资源承载能力,城市吸纳力、影响力、涵盖力、辐射力和带动力等组建了非物质含义的城市功能承载能力;从微观角度分析,从城市的资源享赋、生态环境、经济发展、基础设施和社会服务等层次探讨城市人口、经济及社会的最大容量。[3] 叶裕民(2007)认为城市承载力应突破原资源环境承载力的局限,考虑经济、社会等条件,是资源环境、经济、社会的有机融合,应从城市的资源享赋、生态环境、经济建设、基础设施、就业安排这五个方面入手,对城市承载力进行分析,认为是对城市人口、经济、社会的支撑。[4] 李东序和赵富强(2008)认为是某一区域在特定的时间范围内,从多方面角度出发,综合考虑经济、生态、资源、社会条件,城市所能承载行为主体活动的规模和强度的最大值。[5] 对城市承载力进行具体研究的还有 Kyushik Oh 等(2005)总结了 Godschalk,Parker,Axler,Onishi 等人的观点,通过结合社会经济方面的评价指标体系,对城市承载力的概念进行全面解释,完善其基本概念,使城市承载力的概念得到了升华,推动了城市承载力研究的发展。王凡(2010)在分析前人研究的基础上提出,城市承载力以人居环境日益提高为出发点,依照经济发展、地理位置、自然环境、资源享赋、基础设施、政府管理等要求,城市所能提供的最大发展规模和强度。若其超过该阈值,将产生不可扭转的后果。虽然,学界对城市承载力概念的界定、因素的分析、范围的划分、指标的介入存在不同看法,但究其本质是一致的,都是从城市对内外部环境变化的最大承受能力进行分析,包括资源承载力、环境承载力、经济承载力和社会承载力,通过阈值描述城市发展制约的程度。

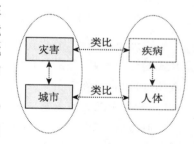

图3.11 类比分析

城市空间适灾研究是从城市本身物质载体"城市空间"的层面探讨城市空间对于灾害的承受能力、相互关系和作用规律的。可以比喻为通过研究人体结构与病理关系,强健人体机能,使得人能最大限度抵御"病魔"威胁(图3.11)。

3) 二者研究对象的差异

城市承载力(Urban Carrying Capacity)的研究对象是城市,包含经济、环境、社会、文化

① Oh K,Jeong Y,Lee D, et al. An integrated framework for the assessment of urban carrying capacity[J]. J Korea Plan Assoc,2002,37(5),7-26.
② 陈淮. 中国应加快提高城市综合承载力[N]. 第一财经日报,2006-05-26.
③ 李东序. 提高城镇综合承载能力[N]. 中国建设报,2006-05-15.
④ 叶裕民. 叶裕民解读"城市综合承载能力"[J]. 前线,2007(04):26-28.
⑤ 李东序,赵富强. 城市综合承载力结构模型与耦合机制研究[J]. 城市发展研究,2008(06):37-42.

等各方面的内容,是一个综合性质的对象,涉及社会经济发展方方面面的事情,涉及多学科的研究领域。

城市空间适灾的研究对象是城市空间本身,从城市规划学科本源研究城市空间构成与空间适灾之间的关系、规律、演变趋势等,探讨城市空间如何建设才是安全可靠的。

4)二者构成要素的不同

城市承载力的构成要素包括城市、生态、经济、社会、文化、经济等与城市相关的要素。

城市空间适灾的构成要素包括区域、城市、建筑、环境、人等与城市空间构成紧密联系的要素。

5)二者的联系

二者都是研究承载体对外界压力的最大承受能力;二者研究对象都与城市相关;二者研究构成要素都与人相关。

3.3 山地城市空间适灾研究的思路

目前,我国西南山地区域正在处于快速城市化这一整体社会发展背景下,有着西部大开发、新农村建设和城乡统筹等一系列政策性的倾斜优势,西南山地区域在这样一种环境形势下,对于社会经济发展、城市建设进步是一个良机,是改变西南山地城市落后状态的一条途径。

正是由于这些机遇,也使得山地人居环境建设面临着巨大的挑战。城市发展需要大量的城市建设,而在西南山地区域,由于地形地貌的限制,可供建设的区域较少,大量的建设往往都向地形复杂的山上发展。山地本身是一个复杂的巨系统,我们对山地的认识和研究尚处在启蒙阶段,更何况在山地上搞建设。但由于社会经济发展的推动力,在我们尚未揭开山地之谜的同时,就已经有大量的建筑在山地上建设。这导致了一系列问题,包括社会的、文化的、生态的和环境的等等。而最重要的也是最基本的,是威胁城市居民生命安全的灾害问题。山地环境的复杂性决定了山地灾害的复杂性。只有把山地灾害的特征、规律研究透彻,从理论高度指导山地城市的建设,避免或减少山地灾害的发生,使人的基本需求——安全得到保障,才能谈得上山地人居环境的建设。

山地城市空间适灾的研究必然要从空间本身的构成、发展及变化规律进行研究,探讨城市空间与灾害的内在关系。山地城市有着城市和山地的属性,在山地自然环境的工程复杂性与特殊性下,其城市空间的形成、发展及变化规律有着特殊的过程,探讨在山地环境下城市空间与外部环境的相互关系、城市空间在山地环境下的形态及特征以及城市空间构成的特征要素是本研究的重点。

山地城市空间适灾的研究,需要充分认清楚构成城市空间的要素在灾害的发生发展衰减阶段所起的作用,才能从整体上认识城市空间本身对于灾害各个阶段所起的作用。所以,对于构成城市空间各要素的研究是至关重要的一步。研究发现城市空间与灾害息息相关的不仅是城市内部空间要素,还与城市所处的大环境相关,即城市外部环境;还与城市空间构成形态相关。可以说,城市空间适灾的研究内涵就是要研究城市外部环境和城市内部空间的适灾作用,以及城市空间形态的适灾效果。对于城市外部环境适灾作用的研究可以落实到城市外部环境的分析,又因外部环境对于灾害的影响是整体性的,对外部环境的研究主要从总体上进行适灾的特征描述、规律发现和作用机制研究;对于城市内部空间适灾作用的研究,在于发现城市内部空间构成要素影响灾害的作用机制,因城市空间的复杂性,需深入到构成空间的基础要素进行分析;对于空间形态的适灾效果的研究,从空间构成形态进行研究即可(图3.12)。

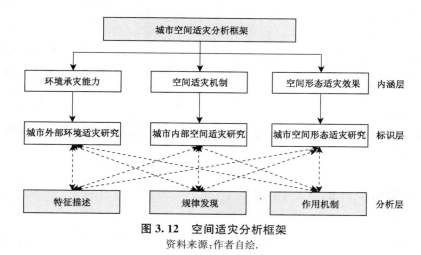

图 3.12　空间适灾分析框架
资料来源:作者自绘.

3.3.1　城市外部环境适灾分析

城市外部空间是城市存在的外部条件,外部环境质量的优劣,直接关系到城市空间质量的优劣,影响城市的发展。城市选址时对于外部环境的考虑,总结起来无非就是城市和外部环境的关系,即外部环境能够承载城市发展所需的物质能量,城市发展不会破坏外部环境的正常功能等。归纳起来外部环境的适灾能力主要表现有三点:首先是外部环境的容纳能力。外部环境广阔的区域可以稀释、缓解城市产生的有害物质,比如毒气泄漏或空气污染等。其次,外部环境的生态能力。外部环境可缓解城市污染,主要体现为外部环境的大量生态植物的自净能力。第三,外部环境可控制城市无序蔓延,引导城市安全发展。外部环境的整体性,比如整片森林、农田、公园等等,可以避免城市继续往该方向拓展,阻止城市无序蔓延,引导城市合理发展。

山地城市空间具有与外部环境相关性强的特点,由于山地地形的复杂性,城市建设方式有别于平原城市,山地城市布局方式灵活多变,城市空间布局与地形地貌的关系非常紧密,环境特点决定城市特点。所以,研究山地城市外部环境对于城市空间的影响就显得非常重要。山地城市外部环境适灾的研究首要的是充分认识其存在特征和作用机制,以及对于外部环境的界定、外部环境与城市的关系、作用、联系等。在认识这些的基础上抓住主要矛盾,从外部环境的整体性、可容纳性和生态性进行分析探讨其适灾的内涵。

3.3.2　城市(内部)空间适灾分析

城市(内部)空间是一系列空间要素按一定规律形成的结构,是城市形成、发展的物质载体。城市空间组织模式本质上取决于城市物质空间环境与在该环境中的人的社会、经济、文化活动的相互作用,城市空间包括物质、社会、生态、认知和感知等多重属性。对于城市空间要素的研究与分析也是包含了不同的角度,本研究则从城市物质空间角度对西南山地城市空间的适灾要素展开剖析,探讨影响城市灾害形成的各空间要素。

3.3.3　城市空间适灾形态分析

好的城市空间形态,本质上是城市与环境相适应过程中达到平衡的一种状态,即城市不对环境造成破坏,环境也不对城市进行"灾害报复",这种状态表现在城市安全建设上空间具有防灾、避难、救灾等作用。也可以形象地理解为城市与环境之间博弈形成的一种平衡状态。西南山地城市空间形态在一定程度上是具有防灾减灾的作用的,本章从相关学者的城市空间形态研究进行梳理,分析了其空间形态在适灾方面作用机制,并深入分析其根本原因,即形成这些城市形态的动力、阻力和安全等因素。研究最后结合西南山地城市的特点,归纳出西南山地城市的空间适灾形态,试图明确什么样的空间形态是安全的,什么样的空间形态是不安全的,为本章构建空间适灾模型提供要素因子。

3.3.4　城市空间适灾的规划干预

本文建立了空间适灾概念模型作为灾害研究与空间研究的转换与联系,从灾害研究原理研究转向空间方法,最终落实到空间层面。山地是人类聚居空间体系中的一个重要组成部分,由于其环境复杂、交通条件闭塞、建设活动艰巨和经济发展滞后、文化多元等情况,决定了山地人居环境建设的复杂性和特殊性。尤其是在我国西南山地区域,其在空间维度上有着与平原城市人居环境诸多要素所不同的特点。西南山地区域人居环境是包括山地及其周边生态环境的综合系统,其品质高低依赖于山地环境中各实体要素功能的整体协调。所以对山地人居环境建设,必须基于整体性的思维加以系统优化。

研究城市空间适灾的目的是为了提高城市空间应对灾害的能力,也可以理解为建立"不怕灾"的城市空间。这种适灾体现在灾害发生前、发生时、发生后的三个阶段,是一个动态的过程,而且是可调整的过程。因某些灾害的不确定性和不可预测性,以灾害发生前、发生时、发生后三个阶段进行规划干预具有可操作性和现实性。所以本书以一个概念模型作为逻辑转换,把研究前部分以城市空间研究为主体(空间切片),与后部分以灾害三个时段的规划干预研究(灾害切片)结合起来。前部分也是概念模型的指标体系研究建构部分(图3.13)。

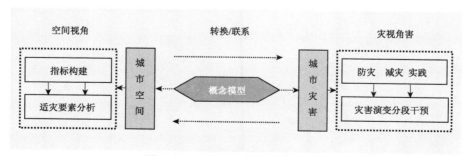

图 3.13　空间与灾害研究联系逻辑
资料来源:作者自绘.

3.4　小结

　　本章在前面一章的研究基础上提出了西南山地城市空间适灾的理念，并分析了该理念建立的科学性和逻辑性，研究对城市空间适灾理念建立的基础条件进行了分析，并把与之类似的城市承载力概念进行了对比分析，最后引出西南山地城市空间适灾研究的思路——应从宏观外部环境、中观空间形态和微观城市空间要素三个层面进行逐层深入研究。

4 西南山地城市外部环境适灾研究

城市与其所处的外部环境有较强的关联性,由于山地城市地形的复杂,城市建设方式有别于平原城市,山地城市布局方式灵活多变,城市空间布局与地形地貌的耦合关系非常紧密,整体环境特点基本决定了城市特点。同样,外部环境与城市安全也息息相关,外部环境的质量能直接影响城市环境质量,甚至能影响城市灾害的发生。研究城市外部环境对于城市空间安全的影响,探讨外部环境对于灾害的影响作用和机制,对于从区域层面探索城市空间防灾减灾有着积极意义。

4.1 城市空间与外部环境的关系解析

4.1.1 外部空间的范围界定

1975 年,洛斯乌姆(L. H. Russwunm)在研究城市地区与乡村地区时发现,城市与乡村腹地之间存在一个连续的统一体(图 4.1)。在这个研究基础上,国内外学者相继展开关于城市外围地区的研究,也对城市外围地区有了认识。国内常见的概念认为[①]:城市外部空间是以现状建成区的边界为内缘线,以城市直接辐射和影响的地域边界为内缘线,其空间范围不仅涵盖城乡结合部,而且还包括城市以飞地形式向外扩展的城市工业区、卫星城、各类开发区等城市功能区以及周围乡村的交接地带,是城市和乡村区域相互影响、非农活动与农业活动多种因素相互作用、具有不稳定性结构和非均质性、且内部同时存在层次差异性的城乡交集空间(黄亚平,2002;田敏敏,2008);也有的理解为"城市—乡村过渡地带"(周捷,2007)。本书所涉及的城市外部环境范围,是为了方便讨论城市空间适灾的问题,所以,本文研究的城市外部环境范围,在综合前面认识的基础上,考虑到外围环境对城市空间的作用是一个整体性的作用,其范围应该是一个具有内在联系性的自然生态区域,

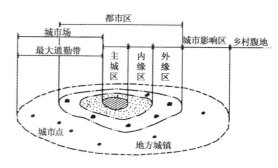

图 4.1 洛斯乌姆区域结构的形式图

资料来源:转引自顾朝林,等.中国大城市边缘区研究[M].北京:科学出版社,1995:10.

---

① 参见:杨培峰.城乡空间生态规划理论与方法研究[M].北京:科学出版社,2005:103-104.

包括自然生态环境,也包括城镇建设点在内。因城镇建设点与自然生态环境之间相互作用,所以周边城镇建设点应包括在内。对于多中心城市,则各组团间的生态空间也包含在内(如图 4.2)。

城市外部环境的概念比较符合我国城乡关系的历史和现状。城市外部环境很直观地表述了这一地域处于"城市"影响范围之内,这既在一定程度上符合了人们普遍的城乡观念,在学术上又明确了这一地域的直接作用与反作用对象是城市,对开展此领域的研究颇有益处,也有利于理论与实践的结合。

吴良镛院士认为"城乡交接地带的一大特点就是过渡性,城市是不断发展的,今天的交接带可能成为明天的城区,今天的乡村可能成为明天的交接带,不断以不同的方式向外推移"[①](吴良镛,1996),由于城市边缘区与乡村之间是动态的变化过程,城市区域在城市化带动下不断"侵蚀"乡村用地,城市外部环境就有可能逐步转变成城市空间。

城市外部环境与城市有着密切的联系,从宏观空间上看,两者空间上是一体的,是人为进行的定义和分隔;从空间发展上看,城市空间与外部空间会自动转换,随着城市的发展,外部空间会逐步转变成城市空间;在土地利用上则表现为由城市向乡村过渡的混合土地利用地带,是城市外延的发展用地,体现了城市与农村之间的连续变化过程(图 4.3)。

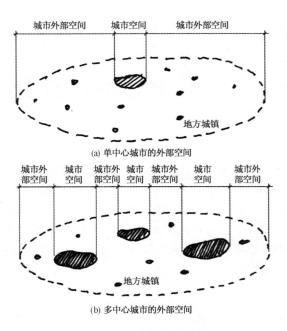

(a) 单中心城市的外部空间

(b) 多中心城市的外部空间

图 4.2　城市外部空间示意

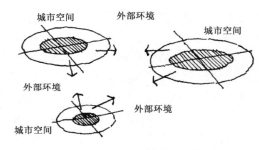

图 4.3　多中心城市内外空间关系

资料来源:根据相关资料整理绘制.

综上所述,城市外部环境是指在空间形态上,与城市建成形成一定的环抱关系区域,包括自然环境和地方城镇空间环境;在生态功能上,涉及与城市有直接联系的范围区域,是城市的生态建设基底。

4.1.2　城市外部环境与相关概念的区别与联系

城市外部环境是一个规划学科的范围概念,为了便于统一认识,研究对其与相关概念进行辨析,希望能对城市外部环境的概念有更深入的了解,也更有利于展开对于外部环境适灾

---

① 引自吴良镛.吴良镛城市研究论文集——迎接新世纪的来临(1986—1995 年)[M].北京:中国建筑工业出版社,1996:40.

的研究。

1）郊区（suburban）与城市外部环境

从地理学空间角度，郊区是指包围城市而又毗邻城市的环状地带。其范围在城市行政界限以内、城市建成区周围的田园景观地带以及为城区服务的农副业经济区。从行政区划的角度，郊区是直接受城市领导和管辖的行政区域，临近城区，只是土地利用特征和人口构成与城区有别。城市规划所说的郊区是指在城市发展控制区内，除去城市规划区和建成区以外，满足近期城市建设和布局需要的区域。由此可见，郊区是城市辖区范围内，受城区经济、社会和城市生态效应的影响的区域，与城区经济发展、生活方式和生态系统密切联系的城市建成区以外一定范围内的区域。[①]

2）城市边缘区与城市外部环境

R. J. 普里沃（R. J. Pryor，1968）认为城市边缘区是"一种在土地利用、社会和人口特征等方面发生变化的地带，它位于连片建成区和郊区以及具有几乎完全没有非农业住宅、非农业用地和非农业土地利用的纯农业腹地之间的土地利用转换地区"。也可以说是郊区的一部分，是城市郊区化和农村城市化的"缓冲"地区。其包含城市核心区向外的扩散和郊区农村向城市功能转化两个方面的推动力。将这一城乡互相犬牙交错的地域定义为城市边缘区，城市边缘区较多从城乡景观环境特征和相互作用强度上得以界定，没有直观明确的界限。

3）城乡结合部与城市外部环境

城乡结合部是指兼具城市和乡村的土地利用性质的城市与乡村地区的过渡地带，这些地区具有某些城市化特征的乡村地带，分布于城市建成区周围的郊区土地，其范围大小没有严格的界定，一般与城市规模和城市人口、经济发展呈相关关系。

4）城市外部环境的认识

城市外部空间是指在空间形态上，与城市建成形成一定的环抱关系的区域，包括自然环境和地方城镇空间环境；在生态功能上，与城市有直接联系的范围区域，是城市的生态建设基底。这和上面几个概念的差别在于城市外部空间强调外部生态性对于城市的积极作用。

4.2 外部环境的适灾特性分析

1）外部环境的容纳能力，可以缓解城市的一系列问题

根据以上的认识，城市外部环境作为城市空间扩展的地域，从功能上就承担着缓解城市空间一系列问题的"责任"。[②] 如广阔的地域和充足的环境容纳能力可以作为城市灾时中心区人员疏散的集散地，一旦城市发生灾害，使得城市中心的开敞空间也无法使用时，城市外部环境就能作为疏散人员的通道。假如城市发生毒气泄漏或空气污染，市区的防灾空间定

---

① 参见：中国古籍《周礼·地官·载师》，大意讲郊区至城市外围地区，是一个相对城区的地里概念。早在西周时期就已有"邑外为郊，离城五十里为近郊，百里为远郊"和"以宅田、土田、贾田任近郊之地"，"以官田、牛田、赏田任远郊之地"的记载。

② 外部环境与城市空间是不可分割来看的，它们应是一个整体，本文中用责任一词寓意两则之间的密切关系。

然不能作为躲避灾害的场所,必须要疏散到城市外部安全区域,外部广阔的环境对于应对这些类型的灾害比较有利;当然城市外部环境充足的容纳能力,还在其他方面缓解城市中心区出现的问题,间接地为城市空间防灾减灾提供支持,如外部空间环境相对便宜的房租地价和优惠的经济政策有利于安排外来经济成分和多种类型的开发区,把不得不建设的工矿企业安排在外部环境空间附近,直接利用外部环境的降解能力;在外部环境空间内建设的绕城高速路、快速干道以及四通八达的对外交通可以有效地解决城区内部交通拥挤的问题;外部环境良好的自然条件、便宜的房价可以吸引一部分人口居住,降低城市中心区的高密度(图4.4)。

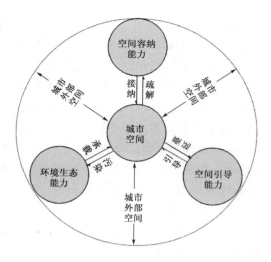

图 4.4　城市空间与外部环境相互作用示意

2)外部环境的生态能力,可缓解城市污染

城市外部环境可以吸收并净化城市生产和生活中向自然界排放的各种污染物。但当超过了城市外部自然环境的自净能力时,多余的污染物就会遗留在自然环境中,并导致自然环境各种因素的性质和功能发生变异,生态平衡遭到破坏,甚至给城市的生产和生活带来危害。可以说城市在生产、生活过程中所产生的各种垃圾废物,一旦严重污染了城市本身及其周围地区的生态环境,就会产生连锁反应,城市内部、外部环境都要遭到影响。目前对于城市产生的垃圾废物,通常的解决方式是利用外部空间环境的自净能力来消化这些垃圾废物。可以说城市外部环境在一定程度上是城市安全发展的保障,但这种环境的调节能力具有一个"门槛效应",突破其环境容纳能力后,其调节容纳能力便会大大降低,整个城市地区的环境状况就会进一步恶化。然而现实情况是我们很多城市已经突破了这个"门槛"才开始意识到城市外部空间的承载能力有限,大自然的报复随即而来。

3)外部环境的合理建设,可控制城市无序蔓延,引导安全城市发展模式

城市外部空间的合理控制反过来是能控制城市无序蔓延。现代城市无序蔓延问题,一方面在于城市经济社会的发展,另一方面则在于城市外部环境有可拓展的可能。如果能做到对外部环境的严格控制,城市拓展就不能逾越这个界限,则能有效限制城市无序蔓延。比如规划之初就应把外部环境划为强制性控制区域,如规划成公园绿地,并通过四线控制图进行控制,以法律形式固定下来。城市即便必须要拓展空间也就只能跳过该区域进行发展,这样就能引导城市建立合理的城市空间拓展模式,引导城市安全健康发展。

4.3　西南山地城市外部环境的特殊性

因山地生态脆弱性、复杂性,西南山地城市与外部环境的关系一直是城市规划学者们不断探索的重点。研究讨论城市外部环境侧重于其生态性、整体性、可容纳性对于城市安全发

展的支撑作用,所以城市与外部环境的关系,可以看成是城市建设实体与生态环境之间的关系。从这个层面讲,西南山地城市与外部环境的关系可概括为避、克、和三种形式。

1)避

避是在城市建设选址时,规避有潜在灾害的外部空间区域,避开生态环境脆弱区域,保证城市建设基底的安全。而现今,我国处在城镇化加速发展时期,农村人口不断进入城市,不断需要有新城建设来满足持续的人口城镇增长。但某些新城选址和城市建设在缺乏相应科学研究的情况下进行建设,甚至出现了新城选址位于洪水淹没地带,由于城市选址在河流水系发育区域,不得不对水体进行填占,导致环境恶化和洪涝灾害;由于选址在是地形地势较高区域,城市建设不得不破坏地貌,造成滑坡、泥石流等地质灾害。总之,新城或新城区选址不当,会形成诸多城市灾害隐患问题。

然而,这些问题本来可以避免的,我国古城选址积累了丰富经验,可以给我们很多启示。我国是人类文明的发源地之一,具有悠久的城市建设历史和丰富的城市选址经验,这些经验可以总结为"避",因古代科技力量无法克服自然的威胁,只能采取避。例如早在新石器时代,人们就已经积累了一些避灾选择的认识:居住地点基本上都选择在临河流沿岸的台地或阶地上;河流凹向的地形部位;或依山傍水、背风向阳之地;或大河下游平原上;或沿海岸边的高阜冈丘上。此时人们对环境的选择大多数是有意识的选择,具备了一定程度的避灾思想(曹润敏,曹峰,2004)(图 4.5)。

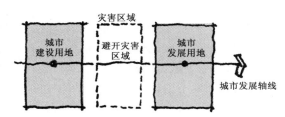

图 4.5 城市发展避开灾害区域

例如,发现的"北京人"(距今约 20 万~70 万年)遗址位于北京城区西南大约 50 km 处,从地理上说,正好处于山区和平原衔接的地方。西北依连绵的高山,东北为起伏的小山丘,南及东南为缓缓南倾的华北大平原,在西北侧山麓的龙骨山前有一相对独立的小山丘,其上有龙骨洞,这便是原始人类聚居的环境。山丘相对高度约 70 m,濒临贝儿河(图 4.6),可以从这个选址图看出,"北京人"既没有选择贝尔河东面广阔的平原,也未选择紧邻贝尔河,我们可猜想其选址用意,广阔平原定然土地肥沃,容易四面受到攻击,不利于躲避,紧邻贝尔河可以获得更多的水资源,但水患必然严重威胁聚落的安全。对于避水患的思想,后来《管子·乘马》中就有论述:"凡立国都,非于大山之下,必于广川之上,高毋近旱而水用足,下毋近水而沟防省。"《度地篇》中的"故圣人之处国者,必于不倾之地,而择地形之肥饶者,乡山,左右经水若泽,内为落渠之泻,因大川而注焉。乃以其天材、地之所生,利养其人,以育六畜。天下之人,皆归其德而惠其义"。考虑用水之利(如洪水、航

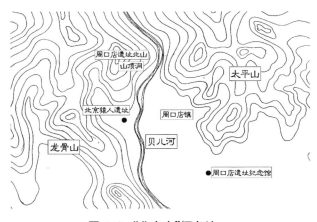

图 4.6 "北京人"栖息地

资料来源:根据相关资料整理绘制

运、灌溉、军事防御等),而避水之害,体现了中国古人在选址上的智慧。

总体来讲,山地城市地形地貌复杂,地质环境比较脆弱,也是地质灾害的多发区域。随着山地城镇地质灾害危害性的日益显现,建设安全的山地城镇,促进可持续发展,已成为山地城镇建设不可回避的内容。避即是避开地质灾害及其影响的相关区域,在城市选址时要充分考虑灾害的影响范围和严重性,城市选址前必须对灾害危险性进行评估,根据危险性大小作为判别选址的依据,从而保障选址的安全性,从本质上杜绝部分灾害的潜在威胁。

2)克

克不是强调城市选址用地征服自然,克服灾害,而是指建立在技术支撑的前提下,对于外部环境潜在灾害区域,通过一定技术手段,在一定使用强度下可以限制灾害的发生。

随着我国社会经济的快速发展,城镇发展的骤然性和城镇化发展的跨越性,使得建设用地正日趋紧缺,目前不得不在地质灾害易发区或存在灾害的区域寻找适宜的建设用地,以最大限度地发挥山地城市寸土寸金的作用。这些区域往往存在各种潜在的灾害威胁,但由于城镇用地的局限性,如若完全弃之不用,这不符合社会的发展要求,也无法适应由于城镇扩张而带来的土地需求。所以,在山地城市建设时要对存在地质灾害地块的可利用度进行判别,到底哪些能利用,能利用到什么程度? 需要根据影响其使用的灾害类型和特征来综合考虑(图 4.7)。首先是灾害的危害程度,根据一般判断,灾害威胁程度越大的区域越不宜作为建设用地使用;其次是存在灾害地块在城市的地理位置或与城市发展的关系,若该地块所在位置严重影响了城市用地的拓展,则可通过相应灾害治理予以使用,若与城市发展相关性不大,则可避开而不用;第三是考虑该地块的利用代价与取得效益的平衡关系,从整体考虑某片地块使用需要付出的代价与取得效益之间的平衡,灾害的治理成本与地块利用后所产生的经济效益、社会效益、生态效益等等方面的综合平衡(图 4.8)。

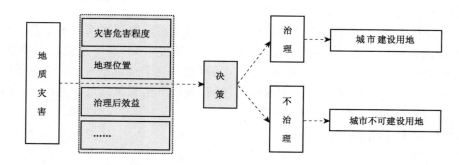

图 4.7　灾害治理判断过程

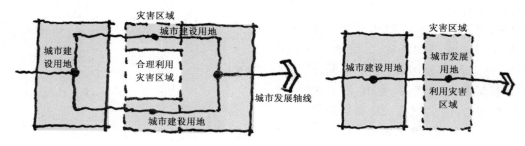

图 4.8　城市发展利用灾害区域

　　重庆洪崖洞历史街区改造就是一个城市建设"克"服灾害较为成功的案例。该区域是地质灾害易发区域,按照一般的认识,这里需要拆了不能再建,然而不论从经济上还是城市历史文化、山地特色上来说,该处是重庆的特色之一。通过论证,该处的灾害是在可以治理的范围内,可在一定程度上把灾害区域合理改造成有效利用的城市空间。所以,在充分利用灾害治理的基础上,再加工程加固危岩的同时,结合自然地形高差,采取分层筑台以及吊脚楼等山地建筑处理手法,使建筑与场地有机结合;配合建筑院落空间的错落层次,用形式多样的梯道、台阶将院落空间有机地联系成为一个整体序列(图4.9)。

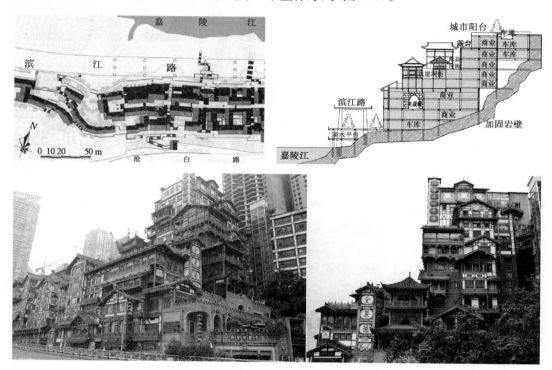

左上为平面图,右上为剖面图,左下、右下为现场照片

图4.9　洪崖改造图

资料来源:左上图、右上图来自重庆市渝中区规划局;左下图、右下图为作者自摄.

　　另一个是重庆城区道路建设"克"服边坡灾害的案例。由于重庆市边坡岸线的处理地段较多,边坡岸线是灾害多发地段,根据城市安全的需求必然要求对边坡岸线的治理。但对于山地城市来说,其经济相对落后,对于治理边坡岸线又需投入较多的财政资金,而且也不能产生经济效益,这对于大多数山地城市来说是一个重要的经济负担。如果灾害治理结合城市道路建设一体化进行,则可避免这个问题,当然这需要以论证灾害的可治理性为前提。重庆道路工程在建造时将原江岸的天然不稳定基底一并整治,沿江高架桥的基础可以深入不稳定的基地,起到加固作用,并能够拓展岸线,获取更多的城市发展用地,它不仅具有防洪防地质灾害功能,同时兼有沿岸道路功能,提高了沿江用地的多重功能,配置了良好的基础设施、城市绿地,充分发挥沿岸土地的综合效益,使得城市建设与环境和谐相处(图4.10)。

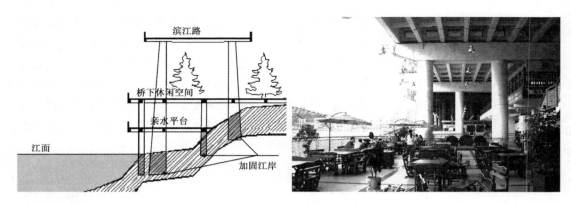

左图为高架桥剖面,右图为桥下空间效果

图 4.10　桥下空间利用模式

资料来源:彭维燕. 重庆城镇地质灾害治理与土地利用一体化初探[D]. 重庆:重庆大学,2007:98.

3) 和

"和"是一种思想方法,其主要思想是建立城市空间与环境的和谐共生关系。目前,城市灾害大部分是由于城市及其外部生态环境恶化引起的。城市生态环境恶化首先体现在大气污染上,全国许多城市经常烟雾弥漫,大量有害气体、粉尘等浮在城市上空。根据全国几个主要城市环境监测数据,我国绝大部分城市降尘都超过环境标准(图 4.11)。其次为水质污染,根据有关资料表明,新中国成立以来,我国城市污水排放量增长了 60 多倍,城市污水处理率不足5%,造成全国土域的 80%、城市地下水源的 45%受到不同程度的污染,这不仅影响到工农业发展,而且直接影响到人民群众的身体健康。再次,固体废物和垃圾排放量越来越大,而处置和回收利用率却很低,其堆放既浪费了宝贵的土地资源,又成为严重的二次污染源。另外,噪音污染已成为城市的一大公害,据环保部门的监测,重庆等大城市市区噪音强度都高于 80 dB,噪音已成为城市的一大公害,而且这种情况还有不断上升的趋势(吴人坚,陈立民,2001)。

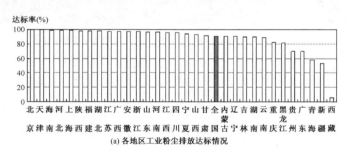

(a) 各地区工业粉尘排放达标情况

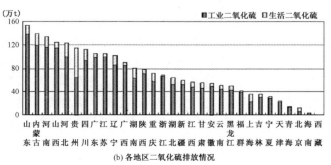

(b) 各地区二氧化硫排放情况

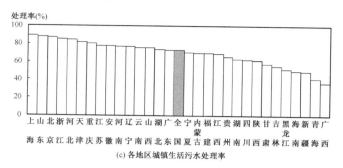

(c) 各地区城镇生活污水处理率

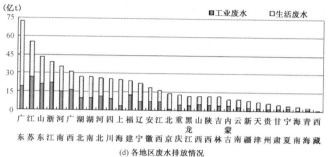

(d) 各地区废水排放情况

图4.11　全国主要城市污染物排放情况

资料来源：2011年环境统计年报.

　　一些山地城镇工业化建设的盲目性与粗放型经济的发展,使其产生的大气污染要比平原城市、海边城市严重得多(尤其是冬天)。这是由于地理条件的特殊性,使局部小气候发生变化。谷区昼间的向上谷风固然有利于大气污染物的扩散,但晚上来自山坡的下沉气流却起到相反作用,加之山区城镇地表阻力大、风速小,往往会在地表形成高浓度的大气污染。而且,像重庆那样的山地城市,环湖河川与湖泊使地表空气中水蒸气含量高,在大气中的粉尘微粒子作用下,极易形成多雾多雨天气,在逆温条件下,雾厚且不易消散,加上二氧化硫、氮氧化物等,就会形成酸雾与酸雨,危害城市人民的身体健康与财产。最近,北京等城市频繁出现雾霾天气、PM2.5污染等灾害正式由于城市及其外部环境恶化造成的,由于不同山区的地形条件不同,发生的概率与程度各有差异。

　　要从根本上解决城市灾害问题,对于外部空间环境的保护是必要的,只有外部环境的健康发展,才能为城市提供更多的生态功能支撑,反作用于城市环境,引导城市健康发展。

4.4　山地城市外部环境承载力的作用

4.4.1　外部环境的承载力机制

　　承载力概念首先出现在工程地质领域,其本意是指地基的强度对建筑物负重的能力,现已演变为对发展的限制程度进行描述的最常用概念之一。生态学最早将此概念转引到本学科领域内,表示某一生物区系内各种资源光、热、水、植物、被捕食者能维持某一生物种群的最大数量网。指当资源环境的有限性将在种群数量达到一定数量时对种群增长进行限制使其停止生长,这个种群发展的最高数量就被称为资源环境负载量或承载量。[①]

由于这一概念在理论上能用某种量化模型加以描述,因此很快就被用于人口学、资源学和环境科学领域,成为对其进行定量评价的重要指标,如资源承载力和环境承载力。由于自然资源与生态环境之间存在着相互制约和相互促进的紧密联系,例如自然资源的过度消耗与浪费,常常导致环境污染和生态破坏。近年来,随着区域可持续发展研究的深入,又提出了以资源环境为对象的区域承载力概念(表4.1)。

表4.1　区域承载力的相关研究

概念	来源	承载力研究分析
区域承载力	罗马俱乐部(1969)	利用系统动力学模型对世界范围内的资源(包括土地、水、粮食、矿产等)环境与人的关系进行评价,构建了著名的"世界模型",深入分析了人口增长、经济发展(工业化)同资源过度消耗、环境恶化和粮食生产的关系,并预测到21世纪中叶全球经济增长将达到极限。为避免世界经济社会出现严重衰退,提出了经济的"零增长"发展模式
	斯莱瑟与苏格兰皮特洛赫里资源利用研究所	提出ECCO(Enhancememt of Carrying Capacity Options)模型作为新的资源环境承载力的计算方法,该模型在"一切都是能量"的假设前提下,综合考虑人口—资源—环境发展之间的相互关系,以能量为折算标准,建立系统动力学模型,模拟在不同发展策略下,人口与资源环境承载力之间的弹性关系,从而确定以长远发展为目标的区域发展优选方案
区域承载力	毛汉英(2001,2003)	提出了区域承载力的概念:区域承载力指不同尺度区域在一定时期内,在确保资源合理开发利用和生态环境良性循环的条件下,资源环境能够承载的人口数量及相应的经济社会总量的能力。并对区域承载力定量化方法进行了一次大总结,用状态空间法测算了环渤海地区区域承载力,用系统动力学模型预测了1999—2015年区域承载力的动态变化趋势
	潘东旭等(2003)	在空间向量描述基础上,采用主成分分析方法研究了市域范围内的资源环境综合承载力现状、变化和原因
	王学军(1992)	在一定时间、一定空间内,由地理环境各组成要素(其中包括土地资源等),人类本身的数量、素质、分布、活动以及区际间的人员、物质、能景、信息交流所决定的,保持一定生活水准,并在不使环境质量产生不可逆恶化前提下,生产的物质及其他环境要素的状况所能容纳的最高人口限度。在研究方法上采用二级模糊综合评判方法.通过构建评估指标体系,并采用层次分析法求得指标的权重,从自然、社会、经济三个层面就中国分省区的地理环境承载力潜力进行了评判

资料来源:左晓舰. 西南地区流域开发与人居环境建设研究:流域资源环境评价和承载力研究[D]. 重庆:重庆大学,2008:35.

本章中的城市外部环境指的是城市外围一定范围内的以环境为主体的一定区域,相对而言是一个区域的概念。所以,城市外部环境对于城市的作用应从区域综合承载力的角度来研究。区域综合承载力是一个综合的概念,因本研究从城市空间角度讨论问题,区域综合承载力也被限定在环境、生态等物质要素方面,指外部环境承载城市发展中所能提供的环境容纳量、生态承载量、空间承载量等,这些量与城市的发展呈正相关关系,与城市安全直接相关。所以,城市外部环境承载力决定城市的安全。

4.4.2　外部环境承载力影响城市的发展规模

如前所述,城市外部环境的承载力包括环境容纳量、生态承载量、空间承载量等,可见外

[①] 参见:邓波,洪绂曾,龙瑞军.区域生态承载力量化方法研究述评[J].甘肃农业大学学报,2003 (3):281-289.

部环境的承载力受到环境容量、生态容量、空间容量的限制。城市作为一个生产、生活和消费实体，其社会活动通过劳动力、原材料等的输入，产出物资产品。但输入物只有部分参与生态循环，其余滞留在环境中形成污染。在城市发展的早期，经济活动、城市建设对自然环境的改变尚在城市自身承载程度之内，对环境的破坏不大，生态破坏不明显。但随着城市不断膨胀，规模愈来愈大。城市化在给人类社会带来文明进步的同时，也带来了一系列的环境问题。首先，城市人口数量骤增，已由 1800 年占世界总人口的 10％增至 1900 年 15％和 2000 年的 43％。[①] 20 世纪 50 年代以来，世界城市化迅速发展；城市规模越来越大，大城市和特大城市数量急剧增长。其次，不同历史时期和阶段的城市环境、经济和社会问题相互作用和叠加，干扰和破坏了生态系统中各要素之间的内在有机联系，一些城市的环境质量则迅速恶化，人口增长又往往超过城市基础设施的发展，城市化的负面影响越来越明显，环境污染问题阻碍了城市化的健康进程。

城市环境问题的实质是资源代谢在时间、空间尺度上的滞留和耗竭；系统耦合在结构、功能关系上的破碎；社会行为在经济和生态关系上的短见和调控机制上的缺损（王如松，2002）。[②] 如何调整城市这个复杂的城市系统，摒弃传统的城市化模式，使发展与环境保护相协调。进而实现城市的可持续发展，一直是各国政府和学者长期研究的课题。当城市环境承载力改变时，会引起城市系统结构和功能的变化，从而推动城市生态系统正向演替。只有当城市人类活动小于环境承载力时，城市生态系统才会向着结构复杂、能量最大利用、生产力最高、功能完善的方向演化，城市才有可能持续发展。

总体来说，城市要实现可持续发展，建设安全的城市，其发展规模要以环境承载力为依据，不能突破这个规模，外部环境占据了城市整体环境的绝大部分，所以其承载力影响城市发展规模。

4.4.3 外部环境承载力决定城市空间安全

环境是城市空间的载体，环境质量（环境能承载灾害的能力）的优劣，虽不能直接产生灾害，但是能间接影响城市空间的安全，事实已经证明处在环境质量较差区域的城市，往往承受较多的灾害威胁。譬如，在山地区域，由于整体环境处在复杂地理环境中，地质灾害较多，山地城市受较多地质灾害及其衍生灾害的威胁，从 2008 年的汶川地震到 2010 的青海玉树地震、舟曲泥石流灾害无不说明了环境对于城市安全的决定性作用。又如在平原地区城市，由于处在地形地貌的平坦区域，往往会受到风沙的袭击，北京、内蒙古等地区常常就是收到风沙的侵袭，同样沿海地区城市，则更容易受到台风海啸等灾害的袭击。所以，总体来说不同的环境条件潜在不同的灾害威胁，环境质量的优劣觉得城市承受灾害威胁的大小。

4.5 西南山地城市选址与城市安全

城市外部环境与城市的关系在城市选址建设之初就决定了，城市选择什么样的环境进

---

① 参见：罗勇. 城市可持续发展[M]. 北京：化学工业出版社，2007.
② 参见：王如松. 城市人居环境规划方法的生态转型[J]. 房地产世界，2002(10)：21-24.

行城市建设,就会面临什么样的外部环境特征,就会有什么样的外部作用。所以,有必要对城市选址中对于外部环境的考虑进行论述,纵观我国古代城市建设到当代城市建设的过程,科学的城市选址无不体现了安全意识、生态意识。

4.5.1　城市选址安全意识

我国具有悠久的城市建设历史和丰富的城市选址经验。自从人类学会聚居开始,人们就已经积累了一些选择环境的知识,居住地点基本上都选择在河流沿岸的台地或阶地上;或河流曲流的地形部位;或依山傍水,背风向阳之地;或大河下游平原的土墩上;或沿海岸边的高阜冈丘上。人们对环境的选择大多数是有意识的选择,具备了一定程度的环境选择思想。相反的有些城市选址未考虑潜在的灾害威胁,对城市周围环境状况未进行深入了解,一旦灾害发生就会造成不可估量的损失,如甘肃舟曲特大泥石流灾害,灾害破坏力之大,造成了1 463人遇难、302人失踪的惨况(图4.12)。[①]

图4.12　舟曲县核心区灾前灾后航拍对比图

资料来源:中国城市规划设计研究院.舟曲灾后重建规划[Z].2010.

---

①　2010年8月7日22时许,甘南藏族自治州舟曲县突降强降雨,县城北面的罗家峪、三眼峪泥石流下泄,由北向南冲向县城,造成沿河房屋被冲毁,泥石流阻断白龙江、形成堰塞湖。据中国舟曲灾区指挥部消息,截至21日,舟曲"8·8"特大泥石流灾害中遇难1 463人,失踪302人。根据专家分析:以前舟曲山上多是郁郁葱葱的大树,很少发生泥石流,由于乱砍滥伐和毁林开荒之风的盛行,舟曲周围的山体几乎全变成了光秃秃的荒山,加上民用木材和倒卖盗用,全县森林面积每年以10万 m² 的速度减少,植被破坏严重,生态环境遭到超限度破坏,水土流失极为严重,又遇突如其来的强暴雨,导致较严重的泥石流发生。

《管子》一书就提出了实现城市安全的城市选址和规划思想:"凡立国都,非于大山之下,必于广川之上。高毋近旱,而水用足,下毋近水,而沟防省。因天材,就地利,故城郭不必中规矩,道路不必中准绳。"这里不仅提出了城市选址的基本原则,而且强调了如何进行城市选址,才能实现城市的生态环境安全。

龙彬教授在其研究中对我国城市各个时期发展的城市选址建设提出了"顺、制、扬、和"的总结(图4.13),分别就城市的各个发展阶段城市的安全建设对于环境的影响进行考虑(龙彬,2001)[①]。

首先,"顺"为原始聚居的早期,由于生产力低下、知识极度贫乏,人对自然处于敬畏状态,多采用规避的态度,这个时期的城市选址及建设完全依赖于自然山地环境,对自然界的影响非常有限,这种方式对现代城市选址的借鉴作用在于,在城市面临不能克服的灾害威胁时,城市选址应该采用规避的策略,避免在有灾害威胁的区域进行建设。例如,从陕西临潼县的新石器时代聚落姜寨遗址可以看出,我们的祖先利用原始技术条件,巧妙经营,在村寨选址与布局、建筑朝向安排、公共空间设置以及防御设施营建等方面,建成了适合于当时社会结构的聚落环境,主动避免灾害的形成。周王朝及以后王朝的迁都和营建新邑,都要通过前期相地选址,勘察地理环境是否适合建城、是否安全,等等。

其次,由于社会的发展进步,人们对自然有了一定的认识,开始探索克服自然山水不利的因素,主要是灾害的威胁,逐步掌握了一些避免灾害的规律,增强了城市选址建设的目的性,即"制"。春秋战国时期就出现了管仲、墨翟、伍子胥等关于朴素防灾的学说,重点论述关于城市防治水患等灾害的思想。该时期的思想主要是在对自然有一定认识的基础上,对于一些能克服的灾害,通过城市选址和建设完全可以控制,突破以前完全规避灾害的做法,在城市防灾思想上有了进一步的发展。

第三,在"扬、和"阶段人们对自然的认识进一步加强,对于灾害的认识也进一步加强,从以前的洪水猛兽、不可亲近的认识,转变为灾害在一定程度上可以治理,通过城市空间的合理布局能避免灾害的发生,并能取得很好的城市环境(龙彬,2001)。

吴庆洲教授专门对我国古代城市空间中的水患灾害进行研究,提出从我国古代城市选址避灾的4点思考[②]:

(1)建设用地选址要避免易遭受洪水侵袭之地。他指出"从1981年四川大洪灾到1998年全国各地大水灾,均发现有若干新城市及新城区向低洼处选址发展,以致受洪水袭击,损失惨重。四川射洪县城从地势较高的金华镇下迁到地势低洼的太和镇;金堂县城迁于三河交汇低洼的赵镇;安徽金寨新县城选址于水库下游1 km处,头顶一盆水"。(吴庆州,2000)这些案例直观地反映了城市选址与灾害之间的联系。

(2)应避免城市及附近水体被大量填占,造成环境恶化和洪涝灾害。他认为城市发展

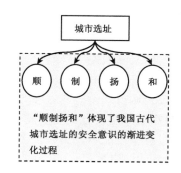

图4.13　城市安全选址思想变化

资料来源:根据龙彬.中国古代山水城市营建思想研究[M].南昌:江西科学技术出版社,2001资料整理绘制.

① 参见:龙彬.中国古代山水城市营建思想研究[M].南昌:江西科学技术出版社,2001:84-90.
② 参见:吴庆州.中国古城选址与建设的历史经验与借鉴(下)[J].城市规划,2000(10):34-41.

建设破坏了城市的水系,使得城市小气候不再宜人。通常的暴雨就能使城市街道成河,内涝成灾。特别是成都的建设,"逐年来填塞了 1 000 多口水塘和一些沟渠,使调节环境和城市小气候的水体消失,环境恶化,尤其是填掉了建于唐代的城内排洪干渠金水河,加重了洪涝之灾"(吴庆州,2000)。

(3)城市建设应避免破坏地形地貌,造成崩塌、滑坡、泥石流等地质灾害。研究表明深挖、高切坡等建设方式容易发生滑坡、崩塌灾害,特别是在坡脚减载、坡顶加荷、强烈爆破施工等过程中可能引发灾害发生。依山而建的城市易发生滑坡、泥石流等灾害。三峡库区约 600 km 的两岸城市,多受滑坡侵扰。万州区沿江约 16 km 的范围内,1 000 万~5 000 万 m³ 的滑坡有 3 处,5 000 万 m³ 以上的滑坡崩塌有 4 处,滑坡崩塌总量达 311 亿 m³。[1] 攀枝花从建市至 1998 年,约 20 多年间,共发生滑坡 50 多处,经济损失数千万元。1986 年 7 月,华蓥市连降暴雨,形成山洪、土溜、滑塌、水土流失、滑坡和泥石流,直接损失 1 000 多万元。[2]

(4)新城建设选址应有科学选址方法,避开潜在地质灾害隐患区域。城市选址首先要对于用地适应性进行科学分析,避免地质灾害易发和高发区域。古代伍子胥相土尝水、郭璞称土之轻重,就是在城市选址前进行判断是否适合作为城市建设用地。

四川省北川老县城在 1952 年决定进行县城建设时,就错误地将历史上曾经发生过多次灾害的曲山镇作为县城建设用地,使得县城在汶川地震时遭受巨大损失。2008 年灾后新县城的选址建设在吸取多方面的经验,通过多方案比较后,推荐安昌东南方案作为北川新县城选址。该选址地处河谷平坝至盆地的过渡地段,工程地质条件好;地处北川、安县联系绵阳市区的主要通道上,可发展用地规模较大,受现状制约小,文化特色塑造空间大;安昌河横贯,周围被低山环绕,自然景观独特,综合条件最优(表 4.2)。

表 4.2　北川新县城选址要素综合比较与结论

要素评价		方案一 安昌东南	方案二 擂鼓镇	方案三 永安镇	方案四 桑枣镇
首要条件	地质条件与安全性	优	差	中	中
其他影响	区位条件	优	中	中	差
	用地条件	优	差	良	中
	市政基础设施条件	良	中	中	差
	社会服务设施	差	中	中	中
	行政区划影响	中	优	良	差
	羌族文化塑造与展示	优	优	中	中
	环境景观条件	优	优	中	差
综合评价		优	差	中	差

资料来源:中国城市规划设计研究院.北川羌族自治县新县城灾后重建总体规划[Z].2009.

4.5.2　城市选址的生态意识

在城市选址中,另一个重要考量因素是生态意识,简单地说就是考虑城市基底的生态脆

---

　　① 参见:中国科学院三峡滑坡课题组.三峡工程库区滑坡对水库环境影响的研究[J]//长江三峡工程对生态与环境影响及其对策研究论文集[C].北京:科学出版社,1987.

　　② 参见:刁承泰.四川城市自然灾害与地貌环境的关系[J].灾害学,1989(3):55-59.

弱性、生态承载力。这在我国古代城市选址中有较多的考虑：选择适中的地理位置，即择中原则；考虑可持续发展的因素，即"度地卜食，体国经野"的原则；考虑自然景观及生态因素，提出"国必依山川"的原则。

中国古代城市选址多强调因地制宜，选择优越的自然地理位置，顺应自然、倡导人与自然和谐相处即"人和"的理念；同时，象天法地、天人合一追求的是"天时"的思想，这些充分说明古代城市选址遵从着我国天时、地利、人和的自然哲学思想。归根到底，在城市选址中处理好人与自然的关系，就能实现城市和环境的安全，这里的安全包含两方面的意思：其一，不因建城活动而破坏环境，影响生态环境的安全；其二，环境不会对未来城市带来自然灾害和安全方面的威胁。

中国古代城市选址中，在处理人与自然关系上是一种"线性"和"一维"的关系，所谓一维性关系是指一般只考虑人居环境如何依存于当地的自然环境包括地理（质）条件、水文条件、气候条件等，其出发点是依托自然求得一个较为有利的栖息环境。而现在由于人们对自然的过渡干预，则变成了"非线性（复杂性）"和"多维"的关系（曹润敏，曹峰，2004）。除了考虑有利于生存发展的因素，还要考虑未来发展的需要，要有足够资源，还要有利于城市的生态安全，有利于城市防灾、防洪等因素。

李约瑟在谈及中国建筑的精神时说："再没有其他地方表现得像中国人那样热心于体现他们伟大的设想'人不能离开自然'的原则。"正式表达了中国在城市建设中对于生态环境的重视。[①]

总的来说，在城市选址建设中建立生态的意识对于城市安全是有益的。在山地城市选址建设中，因生态的脆弱性和复杂性，生态保护意识尤其重要。

4.5.3　生态理念下的城市选址思考

生态学本是研究生物特性、生物与生物之间、生物与环境之间关系的一门科学。而生物既是环境的产物，又是环境的改造者（常玮，郑开雄，2008）。自工业革命开始，人类在不断创造辉煌物质财富的同时，加大了对自然的索取，环境安全问题日益突出，逐步威胁到人类社会的生存与发展，生态理念作为治理环境问题的新理念，在城市规划领域开始成为研究的热点。

以生态理念作为城市选址的指导，可以充分认识自然环境对于城市发展的支撑与制约作用，建立可持续发展的城市发展观。可持续发展是指既满足现代人的需求又不损害后代人满足需求的能力。换句话说，就是指经济、社会、资源和环境保护协调发展，它们是一个密不可分的系统，既要达到发展经济的目的，又要保护好人类赖以生存的大气、淡水、海洋、土地和森林等自然资源和环境，使子孙后代能够永续发展和安居乐业。[②] 现在城市大多已认识到环境的重要性，城市发展在不超越自然生态自我修复能力的前提下，协调城市建设、旅游开发与生态环境的关系，达到城市发展与自然和谐共生、共融、共长。

城市的防灾减灾最重要的因素首先是避灾。在城市建设中选择安全合适的建设地址，合理布局，尽量避开危害源，预防潜在威胁。在城市建设用地选择时做好用地适应性评价工

①　参见：曹润敏，曹峰. 中国古代城市选址中的生态安全意识[J]. 规划师，2004(10)：86-89.
②　参见：世界环境与发展委员会. 我们共同的未来[M]. 王之佳，柯金良，等，译. 长春：吉林人民出版社，1997.

作,综合考虑地形环境、地质灾害易发程度、气象条件、各种安全因素,使城市建设用地尽量避开潜在灾害区域和生态敏感地带,选择地质灾害不易发区以及不被地质灾害易发区影响的区域,实现城市总体布局的合理化。此外,选择合适的建筑结构类型以及适宜抗震的建筑造型也是考虑的关键因素之一。

城市是适宜人类聚居的地方,它作为承载人类文明发展的最高表现、最终的目标,永远是为人类创造更美好的居住环境,这就需要有科学合理的城市规划与设计(常玮,郑开雄,2008)。在"汶川大地震"、"青海玉树地震"、"芦山地震"等灾后的重建过程中,规划选址建设更加尊重生态自然环境和当地传统文化,不仅满足了当前的需要,更满足了长远的发展。

4.6　西南山地自然环境条件与城市安全

西南山地自然环境条件影响城市安全表现在山地生态环境脆弱性与复杂性使得城市建设基底容易遭到破坏;山区道路系统联系的薄弱性使得城市救灾疏散成为安全的重大问题。西南地区是我国经济发展相对落后的区域,同时也是长江流域重要的生态腹地,这一地区的经济社会可持续发展和生态环境变迁,对西部大开发有着重要的战略意义,进一步还能影响到华中和华东地区自然环境和社会经济的发展。

4.6.1　山地生态环境脆弱性与复杂性

对于生态环境脆弱带的表述,虽然很多专家都持有不同的论述,但也都表明:生态环境脆弱带的本身并不等同于生态环境质量最差的地区,也不等同于自然生产力最低的地区,只是在生态环境改变的速率上,在抵抗外部干扰的能力上,在生态系统的稳定性上表现出明确的脆弱性(牛文元,1989)。也可以理解成指某一地区生态系统或环境在受到干扰时容易从一种状态转变为另一种状态,而且一经改变很难恢复初始状态的能力(Kochunov B. L.,1993)。

由于受地理位置和气候的影响,西南地区自然环境较好,但生态环境十分脆弱。长期以来,人们环境保护意识淡薄,在环境保护方面缺乏自律。随着人口的不断膨胀,为了生产和生活的需要,乱砍滥伐、过度开垦、超载放牧等诸多人为因素,导致西南地区森林面积大幅度减少,使本已十分脆弱的生态环境雪上加霜,整个西南地区的生态环境实际上已处于崩溃的边缘,超过了生态安全的警戒线。随着西南地区城镇化速度的加快,人口的增加,西南地区的环境退化的十分突出,今后随着建设规模的扩大,环境问题得更加严重。造成西南山地生态环境脆弱的原因在于:

(1) 地质环境条件的脆弱性。由于地质构造运动活跃,在第四纪冰川作用以及其他外营力的影响下,形成西南地区地表破碎化。另外,西南地区多为喀斯特地貌区,岩石在雨水的冲击下,极易破坏。由于地表岩石和土壤松散,若遇暴雨冲刷,极易引起大规模的泥石流。在地貌不稳定性与地表脆弱性和各种恶劣灾害的相互影响下,西南生态环境进入了一个恶性循环中。据相关研究和实践表明,西南地区日趋严重的水土流失与森林面积减少有着密切的关系,植被的大量砍伐是造成目前这一地区生态环境恶化的主要原因。50年代末,长江上游的森林覆盖率约为 30%～40% 之间,经过几十年的破坏一度降低为不足 10%,沿江两岸的局部地段仅 5%～7%。利用遥感和地理信息系统等手段获得的最新数据表明,长江流域森林覆盖率尚不足 8%(王建力,魏虹,2001)。

(2)人类活动干扰性。人为干扰的加强已被认为是驱动种群、群落和生态系统退化的主要动力之一(包维楷,陈庆恒等,1995)。可以说,人类活动则是生态环境系统恶化的驱动力。城市人口的急剧增加,人类活动产生的能量交换大于环境的承受能力,该区有限的环境承载容量难以满足人们基本的生活需求,所以垦殖率不断升高,加剧水土流失。毁林开荒,陡坡种植的现象已成为普遍现象,耕地不断向山丘坡地扩展。除毁林开荒外,严重的干扰类型还有农村用火砍伐,烧制木炭等。这些传统生产方式致使整体环境退化,泥石流、滑坡、洪灾等自然灾害加重,直接影响城市的发展和城市的安全。

(3)不合理利用的土地资源开发利用。西南地区土地类型多样,但是盲目利用和开发限制了土地资源的有效利用。传统粗放的粮食生产和种植模式,广种薄收思想限制了土地资源的高效利用,不但没有解决当地群众贫困问题,更加剧了生态破坏,导致该地区水土流失日趋严重,土壤退化。

赵珂等人则在此认识的基础上,开展了对于西南地区生态脆弱性进行具体量化评价的研究,其以西南地区云贵两省生态脆弱状况的 14 个指标(见表 4.3)作为生态脆弱性评价指标体系,根据评价结果,从云贵两省 25 个地区在不同脆弱度等级中分布的比例来看,处于严重脆弱水平的有一个地区,占总地区数的 4%;处于比较脆弱的有 9 个地区,占 36%;一般脆弱的有 10 个地区,占 40%;轻微脆弱的有 5 个地区,占 20%。中间两部分合计为 19 个地

表 4.3　生态状况指标表

名称	单位	指标变化与脆弱度关系	
		指标	脆弱度
1950～2000 年 5 级以上地震次数熔岩塌陷次数	次	↗	↗
水土流失模数	t/(km²·a)	↗	↗
年积温(≥10℃)	℃	↗	↗
年均气温	℃	↗	↗
年均降水量	mm	↗	↘
干燥度		↗	↗
地表起伏度		↗	↗
森林覆盖率	%	↗	↘
人均耕地面积	亩/人	↗	↘
GDP	元/人	↗	↘
农民人均纯收入	元/人	↗	↘
恩格尔系数		↗	↗
期望寿命	岁	↗	↘
文盲率	%	↗	↗

资料来源:赵珂,饶懿,王丽丽,等. 西南地区生态脆弱性评价研究——以云南、贵州为例[J]. 地质灾害与环境保护,2004,2(15):38-42.

区,占76%,这说明在云贵两省大多数地区的现状处在比较脆弱或一般脆弱水平,总的来说它们多数处在生态环境脆弱的状态(赵珂,饶懿,王丽丽,等,2004)。生态环境的脆弱性势必增加潜在灾害的威胁。

4.6.2 山区道路系统联系的薄弱性

随着城市规模的持续扩张和城市人口密度的不断增长,山地城市的传统公共交通方式已不能满足正常的城市出行,需要借助现代交通技术往多元化发展,如轻轨、地铁、缆车、索道等方式,这些形式最终会为城市带来更加便利的公共交通环境,然而山地城市间或组团间的联系还是显得薄弱。如忠县"岛城"和开县"环湖城"是颇为典型的道路串珠型,各组团间联系道路一般仅为1～2条,组团间联系较弱(图4.14)。

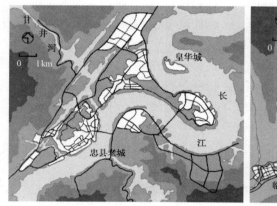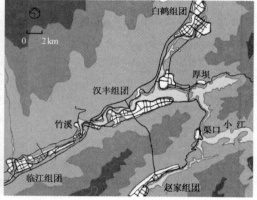

注:各组团间联系道路一般仅为1～2条,组团间联系较弱

图4.14 忠县"岛城"和开县"环湖城"是颇为典型的道路串珠型

资料来源:黄勇.三峡库区人居环境建设的社会学问题研究[M].南京:东南大学出版社,2010:115.

同时,路线设计也是影响道路通常的一个重要因素,在地形、地质条件复杂的城市山地区域选择出合理的线路是增强城市间联系度的主要方式。由于山地城市地形地势变化较大,很难有顺畅的道路直接进行联系,因此经常采用穿山隧道、盘山道、之字形线路等等。如为了克服山地高差环境,道路走向多沿坡地或山体蜿蜒盘旋而上。因此科学合理的山地路线选择可以使降低工程造价、降低施工难度,保障交通行车安全,同时有利于保障当地的生态平衡。

山地城市交通组织也与山地城市空间布局密切相关,而山地城市空间布局大多不同于平原城市,较多地体现为分散组团状态,各城市间的联系靠的是为数不多的道路进行连接,没有形成网络,这是山地城市的特色,但这也是存在组团间交通联系薄弱的一个问题,假如某个组团发生灾害,联系组团间的道路将承载非常大的疏散压力,或会出现瓶颈,影响灾时疏散与救援。明显的例子就是,汶川地震发生时,由于汶川县等城市对外联系的道路也遭到灾害破坏,救灾人员和救灾物资无法及时运送到灾区,同样,受灾人员也无法及时脱离灾区,面临缺衣少食,甚至次生灾害的威胁(图4.15)。

 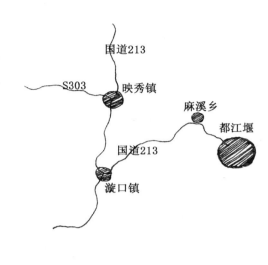

注：汶川地震时，该路（国道 213，都江堰联系映秀镇的唯一一条路）一度被堵，使得映秀对外联系中断

图 4.15　四川汶川县映秀镇对外联系交通

资料来源：根据相关资料整理绘制.

4.7　西南山地城市外部空间环境适灾特性分析

4.7.1　城市外部空间环境与城市的整体性

　　吴良镛院士在其《人居环境科学导论》一书中明确提出"人居环境研究整体性的追求：不同层次的实体与普遍联系的特征"，并指出人居环境规划设计的指导原则是"每一个具体地段的规划设计（无论面积大小），要在上一层次即更大空间范围内，选择某些关键的因素，作为前提，予以认真考虑"。（吴良镛，2002）这也是人居环境科学研究区域层面的内容，在研究城市问题时，需要把城市外部环境联系考虑，外部环境与城市是一体的，相互影响。《商君书·徕民篇》说："地方百里者，山陵处什一，薮泽处什一，溪谷流水处什一，都邑蹊道处什一，恶田处什二，良田处什四，以此食作夫五万，其山陵、薮泽、溪谷可以给其材，都邑、蹊道足以处其民，先王制土分民之律也。"[①]这段话其实就是古代先民可持续发展与生态环境的理念，蕴含了古代先人的智慧，城市建设不能就城市论城市，应考虑外部环境，外部环境与城市是一个整体，并影响城市的建设。又如《淮南子·齐俗训》说："水处者渔，山处者木，谷处者

---

　　① 大意是一个方圆百里的地方，需要使山地、沼泽、河湖、城镇道路各占地 1/10，荒地占 2/10，良田 4/10，就可以容纳 5 万居民。

牧,陆处者农,地宜其事……"强调城市与外部环境的关系,城市建设应充分利用外部自然资源。《周礼·考工记》"体国经野"的营国制度,实际上是以城镇为中心,并包括城市外部空间环境的总体规划制度。《国语·周语》:"古之长民者,不堕山,不崇薮,不防川,不窦泽。"说的就是城市建设应注重保护外部环境,不毁坏山林,不填埋沼泽,不阻碍川流,不决开湖泊,城市和外部环境是一个整体,破坏了外部环境,则城市也将受到影响。

古代思想家都把自然和城市建设联系起来思考,足见我们祖先的城市建设智慧,扩大开来说就是讲人与环境的协调关系,老子在《道德经》里面提出了人应该顺应自然规律的思想,城市发展应该充分认识它所处的自然环境,否则不合时宜的发展,将会遭到大自然的报复。他以水为例来说明其思想,水的性质是向下流的,看起来水很随和,但是,正因为它的随和,它才极其有力量,根本不应该抵抗它,否则会自食恶果。这在我们当前城市中反映的较为贴切,华东地区几年就会发一次大水,北京等大城市连续出现雾霾天气,西南地区常年发生地质灾害。这也是这些年我们城市发展中忽略了城市与其外部环境是一个整体的特性,常常以"人定胜天"作为发展指导思想,毫无顾忌地破坏环境(城市内部和外部环境)。

西南山地区域是我国山地环境最复杂的区域之一,在山地上进行城市建设,城市选址建设就不得不考虑外部空间环境,因城市往往和外部环境相互交错,很难直接区分内外环境,特别是多中心城市,组团间的生态绿地也是城市外部环境,所以外部环境与城市的关系,会影响到城市是否能安全健康发展。所以,对于山地城市来说,城市与其外部环境空间往往是一个整体系统。

城市与其外部空间环境整体规划改变了传统的就城市论城市和以城市为中心的城乡分割的规划观念,把城市功能、产业特点、基础设施、乡村生态环境、总体承载力作为区域整体来进行统一规划,从城乡全局来协调与解决城乡一体化发展问题。

以重庆云阳县总体规划为例,在城市规划之初,就确定城市规划范围包括双江镇、黄石镇、西霞乡、人和镇、莲花乡和九龙乡等,以及梅峰水库、小江南水北调取水口等重要基础设施保护控制区域,总面积 256 km²,远大于城市建设区范围(图 4.16)。规划以建立云阳生态城市骨架为总体思想,从生态保护与城市互动的角度进行规划与建设,注重城市发展生态性。强调"自然环境"与"人文环境"的相互协调:运用生态设计的手法,将自然地景

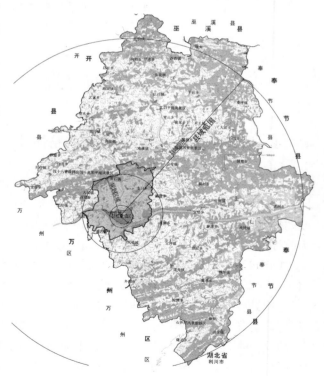

注:从内到外依次是主城区、规划范围、县域范围

图 4.16　城市总体规划范围

资料来源:作者根据相关资料整理绘制.

和人文史迹充分融入规划设计中,最大限度地保留原有的自然生态系统,使龙脊岭成为云阳城市的历史、人文生态走廊和城市轮廓天际线,并能维持其原有的自然生态环境(图4.17)。

规划在总体思路的指导下,把城市绿地与外部绿化空间联成一体。并考虑把绿地引入城市建设区,利用自然地形,引入自然山体绿脉,通过道路绿化的串联,将城市广场、城市公园及街头绿地组织连续的绿地系统,与环状式的道路系统、建筑空间共同组成动静相宜、软硬相衬的网络交织状生态环境。在城区段设计以龙脊山绿地为整体景观发展轴线,搭建多通廊的"树叶状"的绿地系统,贯穿城市(图4.18)。

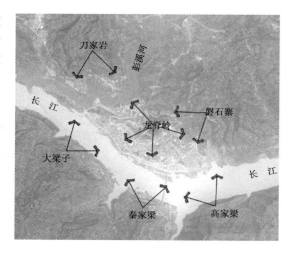

注:城市总体设计时充分考虑外部环境

图 4.17　外部环境与城市形态

资料来源:根据谷歌地图整理绘制.

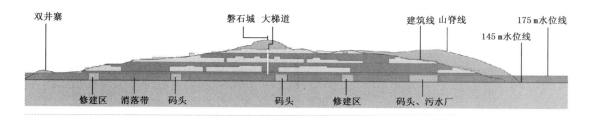

注:云阳城市与山体融为一体,很难分辨城市与外部空间的界限

图 4.18　城市立面意向图

资料来源:重庆大学城市规划与设计研究院.云阳城市总体规划 2005—2020[Z]. 2006.

4.7.2 城市外部空间环境的可容纳性

根据分析,西南山地城市外部空间环境的可容纳性特指两方面的内容,一是指外部空间的环境容量,二是外部空间可以提供可供避难的空间。

1) 外部空间的环境容量

环境容量是指在人类和自然环境不致受害的情况下,或者具体来说是在保证不超出环境目标值的前提下,区域环境能够容纳的污染物最大允许排放量(张丽萍,张妙仙,2008)。外部空间环境容量与其地理位置、环境质量[1]、污染物的性质有关。环境容量也可以解释为环境的自净能力,指的是自然环境可以通过大气、水流的扩散、氧化以及微生物的分解作用,将污染物化为无害物的能力。如河流水系,在何种物理化学因素的作用下,进入河水中的污染物浓度可迅速降低,保持在安全标准以下,环境的自净作用越强,环境容量就越大。另外,河流本身的特性也很重要,不同的河流的自净能力也不一样。

研究环境的容量具有重要意义,环境的自净能力可允许城市排放一定量的污染物,超出这个限度环境就将遭到污染,造成不可逆的损害,所以,可对城市发展过程进行一定的干预,控制城市排放的污染物。还可以对于污染物的特性进行研究,可以很明确不同的环境区域能降解、转化不同类型的污染物,所以,环境容量研究可以指导城市发展过程中对于产业的选择,根据产业排放的污染物的不同可以确定其是否适合。通过环境容量研究,指导城市发展,可以把城市控制在安全、可持续发展的范围内。

2) 外部空间可以提供可供避难的空间

从城市安全的角度考虑,城市在某些特定灾害发生时,如毒气泄露、辐射泄漏等易于扩散的灾害,城市内开敞空间一般不能作为避难场所,大量的人口也无法立即疏散到其他城市,就需要居民疏散到更远的城市外部空间,这是就需要外部空间提供必要的避难场地空间,因城市外部空间往往以郊野公园、生态公园、森林等为主,能抵挡住此类灾害的危害,方便进一步转移。2004年4月15日晚,位于重庆主城区人口密集区域的重庆天原化工总厂发生氯气泄漏爆炸事故,9人死亡失踪,15万人紧急往城市周边环境撤离,沙坪坝区的主要居民主要撤离到歌乐山森林公园。[2]

4.7.3 城市外部空间环境的生态性

城市外部空间环境具有良好的生态性,绿地植物在形成、具备一定量后,能发挥群体的更大的生态效益。可见,完善的城市绿化空间环境是城市生态基底的重要组成部分,是城市与自然共存的必要条件。城市外部空间中的绿化环境具有若干生态功能,包括净化城市环境、增加生物多样性、改善空气质量、净化水体等,其所产生的生态效益是显而易见的。

---

[1]　环境质量是环境科学中一个重要的概念,普遍认为是指环境的优劣程度,对人群的生存及社会的发展的适宜程度。

[2]　2004年4月15日,重庆天原化工总厂的工人在操作中发现,2号氯冷凝器的列管出现穿孔,有氯气泄漏,厂里随即进行紧急处置。到16日凌晨2点左右,这一冷凝器发生局部的三氯化氮爆炸,黄绿色的氯气冲天而起,氯气随即弥漫。

1) 改善小气候,缓解城市"热岛效应"

城市外部空间生态环境是维持和改善城市大气碳循环和氧平衡的主要途径。通过城市边缘区的绿色生态空间中的河道、水系、楔型绿地把城市外围大片绿地和城市地区有机联系起来,使城市绿地与区域生态网络联系,把城市外部空间凉爽空气引入城市,缓解市区内部热岛效应,增加湿度,起到良好的降温效果。很多研究都证明了由于城市下垫面的不同,而使热岛温度有较大差别(图4.19)。因为在城中心有天府广场等大片绿,而在天府广场周边建筑密度都比较高,所以形成了环状的"热岛"分布图。但总体来说,城市外围温度较城市市区低。为了降低热岛效应,规划中应把一定数量的绿色空间,通过一定宽度的绿化开敞空间及江河、湖泊等和外部的绿色空间相连,形成连通的绿色廊道、楔型绿地,从而有效地缓解城市热岛效应。

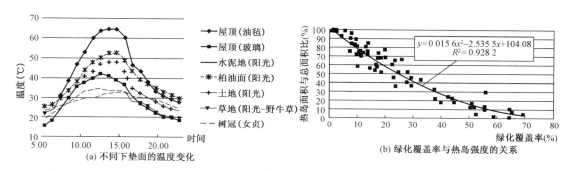

图4.19 城市热岛效应与环境的关系

资料来源:李延明,张济和,古润泽.北京城市绿化与热岛效应的关系研究[J].中国园林,2004(1):72-75.

2) 改善水体,涵蓄水资源,减少环境污染引发灾害

城市环境是人工设施较密集的区域,城市大量建设,地表普遍硬化,城市化使城市植被覆盖率下降,涵养水源能力差,地表径流变化增大,地表水不易下渗补给地下水。地表径流量增大和地下水得不到补给,一般雨季城市径流量增大,可能造成城市洪水;旱季城市径流量明显减少,加剧城市缺水。同时,城市生产生活的大量地下取水,使地下水位逐渐下降,导致地面抗压能力降低,出现塌陷等危害(图4.20)。

城市外部空间环境的存在,具有较大的调节能力,可以缓解调蓄城区河湖水系的涨幅,又可以作为地下水的补充来源,对于山地丘陵地区城市,绿地植物更具有明显的水土保持作用。

2011年9月5日凌晨1时左右,德阳市区岷江西路(市二医院附近)路面发生塌陷,形成一个7.1 m长、4.6 m宽、3 m深的坑体。一辆出租车经过该处时,造成司机乘客双双受伤。

图4.20 城市塌陷灾害

资料来源:四川新闻网.德阳市区一路面发生塌陷形成7.1 m长3 m深坑体[EB/OL]. http://scnews. newssc. org/system/2011/09/06/013295655. shtml.

植物还具有净化污水的能力。利用水生植物净化污水是一种成本低廉,节约能源、效益较高的简便易行方法。经试验证明,多种水生植物对氮、磷和各种重金属以及酚、氰、农药等有机物都有吸收、积累、分解和转化的能力。其中,水葫芦、水花生、水葱、浮萍、紫背萍、弧尾藻、宽叶香蒲、水浮莲等都能有效地吸收、积累、分解废水中的营养盐类和多种有机污染物。在最适宜的生长条件下,一公顷水葫芦能将800人排放的氮、磷元素当天吸收掉。在自然界中的多种水生植物,对水中的重金属元素也有去除作用。另外,水生植物还能净化废水中的多种有机污染物。[①] 因此,作为城市外部空间的绿化空间,可以很好地改善水体,涵蓄地下水资源。

3) 森林植被可以防治地质灾害

西南地区城市地质灾害多发区,其中城市边缘区域是灾害的高发区。城市外部空间的生态性体现环境对于灾害的影响作用,其中作为外部环境中的主要元素——森林,在防地质灾害方面的作用可作为一个重点进行讨论。森林植被对地质灾害(主要是崩塌、滑坡和泥石流)的防治机制包括以下几个方面(吴增志,2004):

(1) 绿地植物对降水的截流,可以降低足以达到诱发崩塌、滑坡、泥石流发生的降水频率,自然可有效降低这类灾害的发生频率。绿地植物通过截流、死地被物吸收等作用,可使达到地面的降水强度降低近一个等级。诱发崩塌、滑坡、泥石流灾害发生是需要一定的降水量,或者说是具有临界阈值的。

(2) 绿地植被根系的固结、束缚作用有利于降低崩塌、滑坡、泥石流灾害的发生几率。由于绿地植被由乔木、灌木、草木等各类植物构成,其根系从土壤表层到近母岩层形成了网状结构系统,可以把土壤、石块紧紧地固结在一起,从而有效降低了崩塌、滑坡发生的频率,特别是在山地城市沟谷两岸的陡坡上和坡度较陡的坡面上较为明显。植被的根系可以扎入深层母岩的裂隙内,把表层岩层和土体与深层的母岩或岩层联结为一体,使具有断层和节理切割而不稳定的岩层或土体的稳定性得到加强,由不稳定变为稳定,从而防治和减少崩塌和滑坡的发生(费文君,2010)。

对于植物根的抗滑动力或者说抗剪强度和拉力强度,日本学者远藤先生的调查表明,小竹子的地下茎抗拉力可达 $2\,000\ \text{N/cm}^2$(吴增志,2004)。所以,连接不同土层间的根系越多,抗滑动力也越强;根系越粗壮,抗滑动力的作用也越强。图 4.21 是林木伐根和幼林根系抵抗滑动力的经年变化。由此图可以看出,成熟林采伐后其伐根的抵抗力随着根的腐朽逐渐降低,而新植幼林根系的抵抗力则随着林龄的增加而增大。在 10~15 年之间伐根根系和新植人工林龄在 20 年以上时,防治崩塌、滑坡的作用逐渐增强。而难波宣士等人的研究表明(难波宣士,川口武雄,

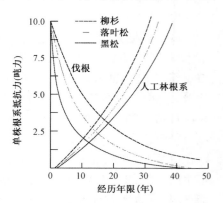

图 4.21 林木伐根和幼林根系抵抗滑动力的经年变化

资料来源:吴增志. 森林植被防灾学[M]. 北京:科学出版社,2004:152.

---

① 参见:《中国环境报》2001-5-11:第四版.

1965），林木龄达到 15 年时，崩塌、滑坡发生的面积概率和发生次数开始逐渐降低，在林龄达到 55 年时，崩塌面积降到 1％以下，每平方公里的发生次数降到了 3 次左右。为了更好的阐明林木根系抵抗土层滑动防治崩塌和滑坡的机理，在大政正隆（1978）主编的《森林学》一书中，难波宣士用公式来分析研究崩塌、滑坡发生的力学过程。他认为 F·S≥1.0 时，土层就保持稳定，而当 F·S＜1.0 时，就会发生崩塌和滑坡。这个公式较好地揭示了森林植被防治崩塌、滑坡的机理。

$$F·S = 抗滑动力的力矩 / 要发生滑动力的力矩$$

据研究无论在任何地形、地质、土壤条件下，蓄积量多的绿地植被能明显减少崩塌、滑坡。森林植被因素和坡度大小因素一样，对阻止崩塌、滑坡的发生起着同等重要的作用。但森林防治作用只限于自地表到 2 m 左右深度以内，而对更深层次上发生的地表层移动则无明显效果。因为森林植被根系生物量的分布是随着土层深度的增加而减少的。根系抗滑动力自然也随着深度增加而降低，但一般情况下更深层次的土体移动不会像表层崩塌、滑坡那样造成严重危害。森林植被防治崩塌、滑坡的效率是比较高的。难波宣士经过对 1 270 km² 林地和 121 km² 的无林地调查表明，有林地平均每平方公里内崩塌 8.1 处，崩塌面积 1.23 hm²，崩塌土沙量为 22.8×10³ m³；无林地平均每平方公里内崩塌 18.1 处，崩塌面积 2.38 hm²，崩塌土沙量 29.9×10³ m³。有林地在崩塌次数和面积上只有无林地的 50％左右（难波宣士，川口武雄，1965）。说明森林植被在防治崩塌、滑坡和泥石流形成上的效果是很显著的。

（3）森林植被可以阻止崩塌、滑坡灾害的扩展，阻止泥石流灾害的形成。崩塌、滑坡的发生在开始阶段往往能量较小，较容易控制，一旦遭受森林植被的阻止，便会降低冲击力，甚至阻止灾害的继续发生。即使不能阻止灾害的发生，也会大大降低灾害的危害。

泥石流是由崩塌、滑坡、洪水共同形成的，如果只有崩塌、滑坡而无洪水，泥石流不能形成；如果只有洪水而无崩塌、滑坡提供泥沙石土，泥石流也不能形成。因此，绿地植被防治泥石流的机制，必须从这三个方面考虑。绿地，特别是森林植被对降水具有截流和再分配作用，森林植被土壤渗水率高，储水量大，可以减少地面径流，增加地内径流。地内径流和地面径流相比较，具有径路复杂，流速慢等特点。这就使绿地植被具有了水源涵养作用，一次降水数日流不尽，一季降水，四季水长流。这样就可防止山洪暴发，泥石流形成，同时可发挥对河水流量的调洪补枯作用。所谓调洪补枯，是说在雨季林区流出的水量不会太大，在旱季流出的水量不会太少，具有调节雨季旱季流量差的作用。

森林植被防止地质灾害发生，是因为森林植被能防止山洪暴发的作用（吉良龙夫，只木良也，1992）。从日本的历木县选择栎树、山毛榉为主要的天然阔叶林和落叶松人工林、落叶松采伐迹地的调查表明，在月降水量为 576 mm 的情况下，无论是阔叶还是针叶林，地表径流量只有降水量的 0.007％（吴增志，2004）。森林植被防止洪水、调洪补枯的机制在于绿地植被区域地上径流少，地下径流多。地下径流流径曲折迂回，流速缓慢，增加了降水在山坡上的滞留时间，这就为地下滞水层增补水分提供了更多的可能性。绿地植被可防治崩塌、滑坡，又可以防治洪水灾害，所以说绿地具有防止泥石流的作用。

4.8　小结

本章节中,研究针对城市外部环境对于城市防灾减灾方面的作用机制,从城市外部环境适灾基础的各个方面进行分析,包括城市空间与外部环境的关系解析,外部环境与城市空间适灾的关系,山地城市与外部环境的内在联系,外部环境承载力作用,西南山地城市选址与城市安全,西南山地自然环境条件与城市安全,等等方面,研究得出了对西南山地城市外部环境适灾特征的三个认识:

一是城市外部环境空间与城市是一个整体,外部环境空间的质量直接反映出城市空间对于灾害的承载能力和适应能力,城市外部环境的破坏也必将影响到整个城市的防灾效果,所以,城市外部环境空间与城市作为一个整体来说就很重要。

二是城市外部空间环境具有一定的可容纳性,这种可容纳性包含了两方面的内容,即空间的环境容量和空间可提供避难的场所,这两方面的内容是和城市的防灾减灾有着密切联系的,很显然有着较大环境容量和可提供较多避难场所的外部环境更有利于城市防灾减灾作用的发挥。

三是城市外部环境的生态性,城市外部环境的主要构成是绿化和植被,生态作用是其自身所具有的基本功能,具有良好外部生态环境的城市,其城市面对的灾害发生几率要小。

5 西南山地城市（内部）空间适灾研究

城市空间是一系列空间要素按一定规律形成的结构，是城市形成、发展的物质载体。城市空间组织模式本质上取决于城市物质空间环境与在该环境中的人的社会、经济、文化活动的相互作用，城市空间包括物质、社会、生态、认知和感知等多重属性（黄亚平，2002）。对于城市空间要素的研究与分析也包含了不同的角度，本研究则从城市物质空间角度对西南山地城市空间的适灾特性展开剖析，探讨影响城市灾害形成的各个空间要素。首先，对现有城市空间分析理论中关于空间要素构成研究进行总结梳理，归纳城市空间构成要素类型和城市空间对于城市灾害的影响方式和作用机制，并提取出城市空间影响城市灾害的最核心空间构成要素。其次，结合西南山地区域城市空间的地域特征，建立山地城市空间要素构成的基本原则，限定山地城市空间构成要素选取的方法。通过这两部分的研究，可最终确定西南山地城市空间对于灾害有直接影响的空间构成要素。

5.1 一般城市空间要素构成及其适灾内涵

城市空间要素的分析理论较多，以不同的理解方式可以有多种认识，从物质空间角度对城市空间要素研究的主要有凯文·林奇（Kevin Lynch）、诺伯格·舒尔茨（Norberg Schulz）、罗伯特·克里尔（Robert Krier）、哈米德·雪瓦尼（Hamid Shirvani）等人。这些城市分析理论虽重在进行城市空间的分析，但在一定程度上也具有空间适灾的内涵（表5.1）。

表 5.1　从城市实体空间角度研究空间要素的主要人物

人物	空间分析理论特征	空间要素的适灾内涵
凯文·林奇	凯文·林奇根据对城市意向中物质形态研究的内容，将城市空间构成归纳为五要素，即道路、边界、区域、节点和标志物	城市五要素是城市构成的主要空间要素，各个要素具有影响城市空间品质的相关性，继而影响城市空间适灾的作用
诺伯格·舒尔茨	诺伯格·舒尔茨认为城市空间由场所、方向、区域三要素组成	场所、路径、区域分别对应了节点、道路与区域，其空间适灾内涵与上同
罗伯特·克里尔	罗伯特·克里尔在1997年讨论了城市空间的形态和现象，将城市空间理解为街道和广场两种要素	街道和广场分别对应了道路、节点，其空间适灾内涵与上同
哈米德·雪瓦尼	提出了城市空间构成的八种主要要素及其相互关系：土地利用、建筑形式与体量、交通与停车、开放空间、人行步道、支持活动、标志、历史保护	八要素与凯文·林奇的五要素有一定重合，其在空间上的意义是一致的，其进一步提出从土地利用、交通与停车、历史保护方面认识城市空间，扩大的认识城市空间的范围，更有利于充分发掘空间本身的意义，其从物质空间角度思考问题的方式，是空间适灾研究的切入点
国内其他学者	城市空间要素的构成研究	从物质层面进行了空间要素的划分，其适灾意义与上述分析一致

资料来源：根据相关资料整理绘制.

凯文·林奇的城市意象五要素、诺伯格·舒尔茨的提出的空间三要素和罗伯特·克里尔的空间两要素从本质上有一定的重合,以下分别就以凯文·林奇的五个城市空间要素讨论关于空间适灾的内涵。

首先是城市道路,舒尔茨说的是"路线"、克里尔提的是"街道"。这里凯文·林奇是指观察者们或频繁、或偶然、或有潜在可能沿之运动的轨迹,可以是街道、步道、运输线、河道或铁路,这在对城市的认识中,可以被认为是一个线性的概念,是引导观察者认识城市的一个途径网络,但是在城市发生灾害时,这也是引导观察者很好地避难的一个途径。当然,道路系统的优劣能直接给人判断出城市空间质量的优劣,继而判断出城市空间的承灾能力如何。

其次是边界,凯文·林奇认为边界是一种线性要素,是城市两个片断之间的界线:如海滨边界、铁道断口、城市发展的边缘、墙体等等。边界体现出城市空间与外部环境的衔接关系,表现在城市形态与城市地形之间的切合关系,好的城市形态具有与环境相互协调的关系,这种关系在本质上能提高城市空间的质量,提高城市的适灾能力。

第三是区域,这与舒尔茨提出的区域概念是一致的,林奇认为区域是描述城市大尺度片区的组成单元,是以某个鲜明特征统一的片区,易于被人们所感知和认同。可以说,合理的城市功能分区更能给人以"区域"的认识,这在城市功能分区上提出了要求,功能明确且协调的区域往往有合理的道路、公共空间等城市空间要素,则城市空间的适灾能力往往较强,引发城市灾害的几率较低。

第四是节点,舒尔茨提的是"场所",克里尔提的是"广场",三个名词在空间上表达的意义是一致的,节点就是空间中某个特定的标识点。凯文·林奇指出节点是城市中观察者所能进入的重要战略点,是他旅途中抵达与出发的聚焦点。它们主要是一些联结枢纽、运输线上的停靠点、道路岔口或会合点,以及从一种结构向另一种结构转换的关键环节。毫无疑问,节点使人能直接感受出城市空间品质高低,好的节点设计需要综合城市功能分区、建筑设计、道路规划、景观设计等等内容,而这些城市空间要素对城市适灾是直接相关的。

最后是地标,地标是另一类型的参照点,观察者或可身处外部观察,或可进入其中。它们通常是一些简单明确的实物:建筑、雕塑、标识牌、商店或山峰等。它们的作用是突显一些具有明显引导性和指示性的单独元素。地标的凸显性说明了它的引导性,对于当城市空间发生灾害时,地标结合道路系统就具有强力的引导作用。

舒尔茨的空间三要素,是初期组织化的图示表达,罗伯特·克里尔的研究则主要是基于欧洲传统城市空间,在传统的欧洲城市空间中,广场实空间占有十分重要的位置,但罗伯特·克里尔的研究主要是由城市广场空间展开,缺乏对于城市整体空间的认知。

哈米德·雪瓦尼是一位比较务实的研究者,他并没有进行系统的城市空间理论的建构,而是专注于城市空间最基本的构成要素,他提出了城市空间构成的八种主要要素及其相互关系:土地利用、建筑形式与体量、交通与停车、开放空间、人行步道、支持活动、标志、历史保护。他提出的要素并没有完全从物质空间本身出发,却夹杂着社会学的东西,理论的系统性较差。不过,他提出了从物质空间角度思考问题的方式,这对于城市空间适灾研究是有一定支撑作用的。

在国内也有学者进行了城市空间的相关研究,其中齐康院士在其《城市建筑》一书中按照形态特征归纳为轴、核、架、群和界面5个要素。这5种要素互相渗透,互相演变,包含了自然要素和人工要素。"架"是城市的道路系统,它是城市形态的功能骨架。"核"是城市市民心理中心,在功能上具有"起源地"和"策源地"的作用,也可意味着公共中心等。"轴"可以归纳为城市的形式轴和伸展轴。形式轴是自上而下的人工组织,它决定了城市的内部结构秩序;伸展轴是自下而上的自然生长,它构成了城市不同阶段的形态演化特征。"群"是城市特定地段内的建筑形体空间组织及其相关要素的合集。"界面"是城市空间与实体的交接面(齐康,2001;陈泳,2006)。[①] 也有学者(朱文一,2010)运用符号学理论与方法,将城市空间定义为某种符号,并把城市空间划分为 6 要素:郊野公园、城市大街、城市广场、城市的"院"、城市街道、城市公园(图 5.1)。这 6 种符号空间构成要素是空间知觉和人类文化相互交织、相互作用的体现,并分别对这 6 要素用 6 种空间类型表示:游牧空间、路径空间、广场空间、领域空间、街道空间、理想空间。朱文一试图运用空间符号学理论与方法,建构一套城市空间分析框架,将城市空间符号化,也可以理解为将空间分成 6 大要素,是构成物质城市的基础。从城市防灾角度考虑,某些空间如街道、公园等的划分存在一定的意义。

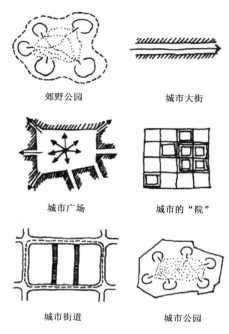

郊野公园　城市大街

城市广场　城市的"院"

城市街道　城市公园

图 5.1　城市符号空间的构成要素图示

资料来源:朱文一. 空间·符号·城市:一种城市设计理论[M]. 第二版. 北京:中国建筑工业出版社,2010.

5.2　西南山地城市空间适灾要素提取

5.2.1　提取原则

城市空间构成要素众多,不同的分类方式、不同的切入点有着不同的认识。对于西南山地城市适灾的空间要素的选取,应具有直接相关性、空间性、山地特殊性、易于操作性、灾害相关性等原则(图 5.2)。

　　1)相关性原则

城市空间适灾要素提取首要的是要选择与灾害发生时直接相关的承灾体,这些要素也是与灾害对城市造成危害大小直接相关的。如道路系统,在灾害发生时道路是救援、疏散的直接通道,

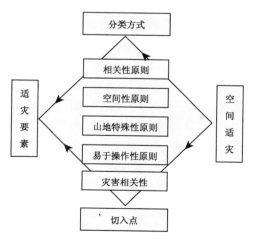

图 5.2　空间适灾原则图示

是生命线系统之一,道路状况的好坏,直接影响城市空间适应灾害的能力。山地地区交通多呈自由布局,交通的可达性及方向性不及平原地区,其复杂性远远超过平原地区,次生灾害也因此显得更为复杂。因此在灾害发生过程中,交通既可能是天然的疏散、隔离及避难场所,也可能成为救灾的障碍,需制定可行交通变更预案,才能确保对应各种紧急次生灾害。

2) 空间性原则

城市空间适灾要素提取要从构成城市的物质基础,即城市空间角度来考虑,因为本研究是针对城市空间本身的问题展开的研究,避免谈到其他如经济社会等问题上面。应从空间方面角度思考和认识问题,对空间的需求量多、供给量紧张的山地城市来说,多种功能空间相互重叠,错综复杂。功能的多元化决定了其空间的多元化,针对山地灾害多样性及多变性,从空间角度提取适灾要素是研究城市本身适灾性的基础。

3) 山地特殊性原则

城市空间适灾要素提取,重点考虑山地城市的特殊性原则,凸显山地城市面临的主要问题。提取的要素既要有普遍性也要有针对性,本研究中主要就是西南山地区域城市中空间适灾要素。比如,空间的多维性是山地的一个特点,其影响了各种功能区域的多维性,这点很重要。

4) 易于操作性原则

在空间适灾性要素提取时还要兼顾易于操作性的原则,易于操作性在这里指的就是对于要素判断要适合作为分析的对象。

5.2.2 要素类型划分

根据以上原则,本次研究确定6大系统要素,分别是用地功能布局要素、道路系统要素、公共空间要素、建筑环境要素、基础设施要素和轴线要素。这6大要素是城市构成的关键要素,也是影响城市安全性与否的关键要素。

(1) 用地功能布局是城市空间适灾的功能系统。用地布局的合理与否直接关系到城市灾害发生的几率,同时用地的规模控制也是影响空间安全性的主要因素。

(2) 道路系统是城市空间适灾的骨架系统,是构成城市的骨架,其在灾害发生时道路是救援、疏散的直接通道和灾害隔离分隔带,是生命线系统之一。道路状况的好坏,直接影响城市空间适应灾害的能力。山地地区交通多呈自由布局,交通的可达性及方向性不及平原地区,其复杂性远远超过平原地区,次生灾害也因此显得更为复杂。因此在灾害发生过程中,交通既可能是天然的疏散、隔离及避难场所,也可能成为救灾的障碍,需制定可行交通变更预案,才能确保对应各种紧急次生灾害。

(3) 公共空间是城市空间适灾的调节系统,理论上公共空间的面积越多则城市建成面积就越少,其所面临的灾害威胁则越小,极端推演情况下不考虑城市效率、城市规模等于公共空间规模(现实情况不存在,可作为推演理论)(如图5.3),则城市全是公共空间,就无灾害可谈。所以可以得出,公共空

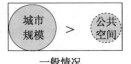

一般情况　　　　　　极端情况(不考虑效率)

图5.3　城市公共空间与城市规模的关系

间与城市灾害密切相关,当然城市不可能全是公共空间,那就没有效率可言了,要找到一个平衡点便是很关键的(图5.4)。

（4）建筑是城市空间的实体部分,是构成城市空间的核心,建筑空间的安全直接关系到人的安全。

（5）城市基础设施是城市的生命线工程,其防灾能力是城市整体防灾能力的重要指标,完善的城市基础设施系统是安全城市的重要标志。

（6）轴线是城市空间发展的引导线,在统领城市空间合理化建设,组织城市交通等其他功能上有着重要作用。

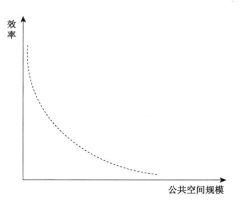

图5.4　公共空间规模与城市效率关系曲线

5.3　西南山地城市空间适灾要素系统分析

5.3.1　用地功能布局要素:城市空间适灾的功能系统

城市是人类活动最为集中的地域,城市环境具有最强烈的人为干预特征。城市是人口集中、社会、经济活动频繁、自然承受人类干预最强烈、自然环境变化最大的地方。各种自然要素都不同程度地受到人为活动的影响而产生变化。而土地自然是变化最大的。在土地资源日益短缺的今天,城市用地的开发强度不断增大,建筑密度和高度不断加大,单位面积上城市用地承载的建筑量远远超过以前(图5.5)。此外,由于城市的特殊地理位置、资源条件等优势强烈吸引着城市以外区域的各种活动向其聚集,并随之产生大量向心交通,致使城市的人口、交通、环境日益复杂化。

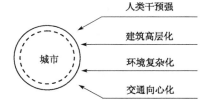

1）城市用地选择的适灾作用

城市的发展需要安全有利的地理位置和环境保障。首先,应从生态系统和谐的角度入手,注重维护城市内部存在的生态要素,建立城市内部与城市外围的自然生态环境之间的有机联系。从而科学合理地选择有利于防灾的城市用地,有效地减少灾害发生的几率。其次,从区域层面对城市的地理位置进行分析判断,新建城市应选择潜在灾害最少、最有利于防灾的区域发展,旧有的城市应根据城市和区域灾害特点,规避易于发生灾害的发展方向。第三,在城市建设初期进行土地利用的灾害适宜性分析评价,通过对城市建设用地水文、地质、气候和地形等自然条

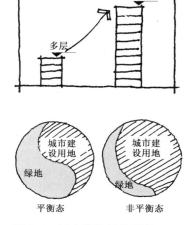

图5.5　城市发展相关要素

件的分析,对各类用地的灾害影响、防灾措施和适宜性建设要求进行综合评价,避开存在潜在灾害隐患的区域,合理布局城市内各功能区域。对已形成的城市区,通过详细的城市基础调研,充分了解城市潜在的灾害区域,对这些区域进行必要的改造和更新,以实现风险规避,确保城市能够起到应有的适灾作用。

重庆万州区[①]是典型的用地功能布局适灾的案例,万州区在地质构造跨川东褶皱带,大巴山断褶带及川、鄂、黔隆起褶皱带三个构造单元地交汇处。由于受破碎复杂的隔挡式地质褶皱和压冲为主的断层构造影响,加上地表水侵蚀切割,区内地块破碎,沟壑纵横,地形复杂,地貌多样。区境内山脉平行延伸,谷岭相间分布,地质发育受地质构造控制,山脊线构造线基本一致,多呈东北—西南走向。万州区境内海拔约在 106～1 750 m 之间,区内以山脉为主,西部山丘起伏,中间地势低下。中低山和丘陵占全区土地面积的90%以上,平坝很少。区境内地势以长江为界,长江以北为北高南低,长江以南为南高北低。区内龙宝和天城以丘陵为主,五桥以低山为主,地面起伏较大,地质较好,地表径流丰富(图 5.6)。可见历次用地增加都是在充分尊重山地条件下进行的,用地沿江河呈现出"点轴式"(赵

图 5.6　万州地形地势

万民,1997)[②]分布格局。首先,城市用地选址没有突破山脊水体连片发展,降低了城市密度,城市人口密度相应降低,则城市基础设施所承载的压力随之降低,城市运行管理得到合理控制。其次,该用地布局方式,增加了生态用地嵌入城市,增大了城市中的绿地面积,也增加了组团用地间的绿地间隙,城市承载灾害的能力得以加强,从图 5.7 中万州历史上用地变化图可以看出其组团式用地发展的趋势。

2) 城市规模控制和用地混合的适灾作用

城市产生的灾害风险随其规模、开发强度的增长会加倍扩大,由于城区规模和开发强度增大后,相应城市的人流量增大,道路交通出现拥挤堵塞、基础设施超负荷运转、生态环境恶化等城市问题,致使城市功能运行紊乱,易于引发灾害。同时,这种无序蔓延的规模和急剧增加的强度,使得城市自身存在着较强的脆弱性和易损性,其应对灾害的抵抗性大大减弱。

---

① 万州区辖 11 个街道办事处,29 个建制镇和 12 个乡,面积为 3 456.37 km²。2009 年末全区总人口 172.82 万人,人口密度 500 人/km²,2009 年,全区实现地区生产总值 386.45 亿元,同比增长 25.7%,人均地区生产总值 25 132 元,同比增长 24.7%,地方财政收入 18.05 亿元,同比增长 22.5%,全社会固定资产投资 272.40 亿元,同比增长 37.5%,社会消费品销售总额 106.35 亿元,同比增长 22.1%,外贸进出口总额 12 732 万美元,同比增长 27.8%,城镇居民人均可支配收入 14 918 元,同比增长 11.6%,三次产业比例由 2008 年的 9.0∶46.5∶44.5 调整为 7.7∶51.2∶41.1,第二产业的比重进一步提高。近年来万州经济出现了较快的发展,国内生产总值从 2003 年的 81.6 亿元增加至 2009 年的 386.45 亿元,6 年时间增长了近 473.6%。交通基础设施建设速度明显加快,随着机场的通航、达万铁路、宜万铁路、渝万、万开、万云高速的相继通车和三峡工程蓄水、通航条件的改善,万州对外交通条件有了质的飞跃,正逐步成为三峡库区、渝东北和成渝经济区的重要交通枢纽。

② 参见:赵万民.三峡库区城镇化与移民问题研究[J].城市规划,1997(4):4-7.

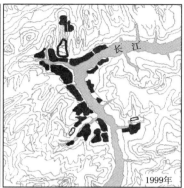

民国17~30年　　　　　　　1999年　　　　　　　2006年

图 5.7　万州城区用地变迁

资料来源：黄勇.三峡库区人居环境建设的社会学问题研究[D].重庆:重庆大学,2009:114.

因此,合理控制城市规模和开发强度不仅能够降低城市由于高密度状态所引发的各种灾害风险,从而有效地减少灾害发生几率,而且能增强对中心区灾害的可控性,有利于在灾害发生初期进行有效的控制,阻止灾害蔓延到更大范围(王峤,2013)。

以重庆为例,快速城镇集中,重庆城镇人口密度剧增,据统计局公布数据,2011 年,全市常住人口为 2 919 万人,每单位面积城镇用地上的人类财富量比以往任何时候都高(图 5.8),在这种情况下,城市灾害一旦发生,其造成的损失将不可估量。不管是自然灾害还是人为灾害,其对城镇的危害程度都会变得愈来愈严重,而且造成的损失也将变得愈来愈大(表5.2、图 5.9),特别是西南

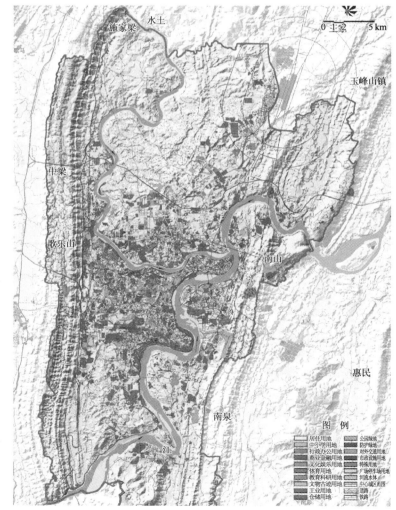

图 5.8　重庆 2005 年主城区建设现状图

山地区域,这种危害更加明显,据统计,西南地区崩塌、滑坡、泥石流等突发性山地灾害占全国的 30%～40%,呈现出点多、面广、规模大、成灾快、暴发频率高、延续时间长等特点(孙清元等,2007)。可以看出,灾害起数呈现平稳状态,甚至有下降的趋势,但从经济损失来看,则呈增长趋势。尤其是次均灾害损失有明显的增长趋势。统计分析可以说明,由于人类逐渐认识到灾害的威胁,对于有一定的防灾意识,灾害的起数逐渐减少,但是灾害的破坏程度则越来越大。

表 5.2　重庆市地质灾害情况(2003—2009 年)

指　标	2003 年	2004 年	2005 年	2006 年	2007 年	2008 年	2009 年
发生地质灾害起数(起)	2 679	1 802	590	338	3 336	539	892
直接经济损失(万元)	36 421	54 719	6 717.8	4 880.5	41 289	53 088	16 600
次均费用(万元)	13.6	30.4	11.4	14.4	12.4	98.5	18.6

资料来源:作者根据重庆 2003—2009 年统计年鉴绘制.

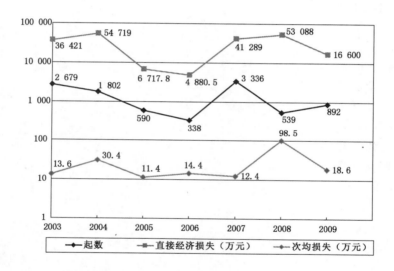

图 5.9　重庆地质灾害发展变化图(2003—2009 年)

资料来源:作者根据重庆 2003—2009 年统计年鉴绘制.

此外,城市各类用地的混合布局和综合发展,有利于产生多中心城市,使得每个中心都拥有与居民生活相配套的公共空间、绿地系统等。这些空间均匀地分配在各个居民区内,在方便居民使用的同时,更多的是增加了对硬质空间的软化作用,缓解高密度空间对于城市基础设施的压力。另外,在灾害发生时也能使居民就近疏散到这些公共空间,减少远距离疏散造成的二次伤害。

合理的土地利用分布,还可减少功能分区对地块的机械分割而形成的潮汐交通和远距离交通。避免单一功能的过分集聚,减少周期性的交通流对城市交通等问题产生的影响(图5.10)。

不同的用地类型,对其建筑功能的要求不同,建筑体量和风貌不同,建筑及其外部空间形态也不同,这种多样化的城市空间环境有利于提升城市活力,在灾害发生时形成不同承灾环境,有利于减缓或延缓灾害蔓延,形成多样性的防灾分区等。

西南山地城市用地复杂,城市用地形态多是组团形式,重庆较为典型。重庆作为典型的山地城市,长江、嘉陵江两江环抱渝中半岛,自然山水格局天然自成,重庆城市空间形态是在尊重、顺应自然山水环境特征条件下建设的,城市空间形态的布局具有朴素的生态意识。

重庆城市空间形态始于今长江、嘉陵江交汇处的朝天门和江北嘴一带,并在两江交汇一带形成了原始自然状态的以集中为主的城市布局形态(图5.11a)。

随着城市规模的扩大,重庆空间格局形成了近代重庆城市空间形态的雏形,"渝中半岛—江北—南岸"三足鼎立的空间格局(图5.11b)。

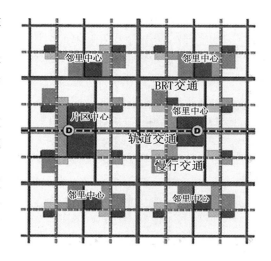

图 5.10　用地混合

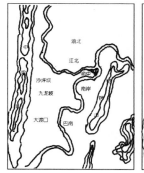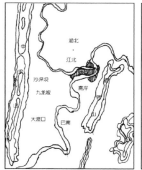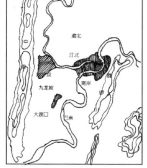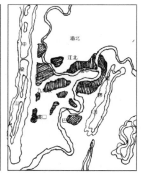

(a) 古代城市空间　　(b) 近代城市空间　　(c) 60年代城市空间　　(d) 1983年城市空间

图 5.11　重庆城市空间变化图

资料来源:根据相关资料绘制.

抗战时期,重庆作为"战时首都"和"永久陪都"①,人口和城市规模快速增长,对城市的生态环境造成极大压力,围绕战时迁建工作的进行,重新进行了人口与产业的规划调整,扩展了城市区域,城市建城区范围逐渐扩大到沙坪坝、大渡口等区域,并在两江半岛市区周围形成了若干星罗棋布的城市片区,形成了"大分散,小集中"的分散格局形态。

---

① 从1937年11月"中华民国"国民政府发布《国民政府移驻重庆宣言》到1946年5月5日发布《还都令》(还都南京)的八年半期间,重庆一直是中国的"战时首都"。此外,在国府于1940年9月6日定重庆为"陪都"至解放军于1949年11月30日解放重庆的九年多期间,重庆也是中国的陪都。太平洋战争爆发后,1942年1月21日,同盟国中国战区统帅部在重庆成立,负责指挥中国、越南、缅甸、马来西亚等国的同盟军作战。作战期间,苏、美、英、法等30多个国家在重庆设有大使馆,40多个国家和地区设有外事机构,并建立反法西斯战争的各种国际性组织和中外文化协会。随着国民党政府迁都重庆,沿海及长江中下游有245家工厂及大批商业、金融、文教、科研机构迁渝,加上战时需要兴建的大批工商企业及科教文卫单位,使重庆由一个地区性中等城市一跃成为中国大后方的政治、军事、经济、文化、信息中心。

1950—1970 年代初,城市用地发展按照"大分散、小集中"和"向西发展"的原则,初步形成了有机松散、分片集中的组团式结构形态(图 5.11c)。

改革开放至直辖前(1978—1994 年),重庆城市用地结构发展呈现逐步扩散的趋势。在相关规划建设理论的指导下,通过合理调整用地布局,加强基础设施配套建设,开辟城市公园绿地,逐步提高生态环境质量,初步形成"多组团"的城市用地结构。重庆主城区被划分为14 个相对独立又相互联系的片区,每个片区尽量集中紧凑的建设,形成能体现城市面貌的片区中心,每个片区的职能既不过分单一,又突出重点,突出用地功能的混合;各片区之间用江河、绿化、荒坡、农地、山脉隔离,并与中心区保持一定距离,使绿地楔入城市,改善了城市环境,形成"多中心、组团式"结构形态(图 5.11d)。

1994 年始,重庆城市用地结构在都市区范围保持"多中心、组团式"的布局结构,组团与组团之间以河流、绿化和山体相分隔,既相对独立,又彼此联系,使每个组团内的工作、生活大体做到就地平衡,功能充分融合,12 个组团共同组成城市空间布局的有机整体。主城以外的都市区范围规划外围组团 11 个,包括铜锣山以东的鱼嘴、茶园、界石、一品四个组团,中梁山以西的北碚、西永、白市驿、西彭四个组团,主城以北的两路、蔡家两个组团和主城以南的鱼洞组团,构成与主城密切联系的独立新城,是主城用地结构的延伸和发展。其中,北碚组团和鱼洞组团分别为北碚区、巴南区、渝北区政府所在地,是主城区中具有综合功能的城市新区(图 5.12)。[①]

2006 年以来,重庆城市更加注重功能的混合,强调以片区为整体,功能齐全、设施完善,居住和就业平衡,是一个功能相对完整和独立的城市区域。各片区具有中心集聚力和自我生长力,包含若干组团,组团为城市功能相对完善,紧凑发展的城市建设区域,组团之间为公园绿地、郊野公园、生态农业区、大型交通设施等。根据规划[②]主城划分为 16 个组团。每个组团功能相对完善,组团内工作、生活基本做到平衡,紧凑发展。严格划定组团隔离绿带,避免组团之间建设用地的粘连。城市在功能结构、土地利用、道路交通、生态环境等方面总体较优,能够有效的强化城市空间格局,增强城市空间的适灾能力,保证城市可持续发展(图 5.13,图 5.14,表 5.3)。

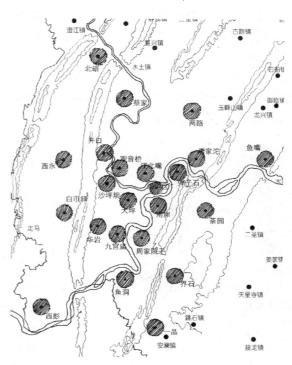

图 5.12 1998 年城市空间结构示意图
资料来源:根据相关资料绘制.

---

① "组团式"模式一直是重庆城市空间结构发展的特色,不管规划设计单位还是学界、政府都在不同层面提出这样的主张。参见:重庆市规划设计研究院.重庆城市总体规划(2005—2020 年)[Z].2006.
② 部分内容引自重庆市规划设计研究院.重庆城市总体规划(2005—2020 年)[Z].2006.

图 5.13　2006 年城市空间结构示意图

资料来源：根据相关资料绘制.

表 5.3　城市用地特色分析

项　目	规划特点及适灾特征
功能布局	各片区相对独立发展，组团功能完善，职宿基本平衡，组团内部集中紧凑布局，完善现有城市中心、副中心功能。片区的独立性，降低了片区间的人流量，降低了交通出行压力
土地利用	新拓展区土地集约利用程度较高，能够吸纳城市发展新增人口及疏解现有城市人口，从而降低中心城区建设强度和城市人口密度。对高密度区域人口的疏解是降低城市发生灾害风险的有效手段
交通规划	各组团内部交通体系完善，组团之间交通需求相对较少，主要为组团内部的交通出行，居民出行距离较短，有助于形成相对紧凑的城市结构。组团内部车行和步行交通完善，交通空间密度增大，有利于降低空间密度，降低发生灾害的风险
市政设施	新拓展区市政管线设施利用度高，运行成本更经济，但前期建设投入相对较大。完善的市政设施是灾时生命线系统的主要保障
环境生态	旧城区建设密度、强度能够得到有效疏解，旧城区人居环境能够得到提升和改善。同时由于两山、两江的交通通道较少，对两江、两山生态环境影响较小
弹性拓展	各组团内部有较多的弹性调整余地，利于城市空间的拓展，可根据城市空间承灾能力的变化，不断调整弹性用地类型

资料来源：根据重庆市规划设计研究院. 重庆市城市总体规划(2005—2020 年)[Z]. 2006 整理绘制.

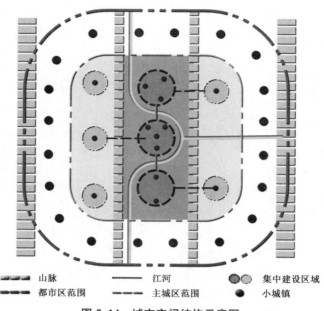

山脉	江河	集中建设区域
都市区范围	主城区范围	小城镇

图 5.14　城市空间结构示意图

资料来源:重庆市规划设计研究院. 重庆市城市总体规划(2005—2020 年)[Z].2006.

5.3.2　道路系统要素:城市空间适灾骨架网络

道路是城市的骨架,它决定了城市的结构(唐志华,2008)。齐康在其《城市建筑》(齐康,2001)一书中以架来描述道路的功能,架是城市交通道路构成的网络。从城市生态的观点出发,道路是组织绿色的网络,道路贴近自然的地面,有机组织自然地形地貌。同时在地面上组织各功能,使其基面与自然地形和水面相配合。

山地道路的交通组织形式影响着山地的土地利用和空间格局。山地道路是各类用地功能的分隔边界,也是各功能片区的联系纽带,也是联系上下关系的纽带。可以说城市道路是联系各组团、各功能区的动脉(欧阳桦,欧阳刚,2005)。山地道路布局的合理性体现在可以合理地分配人流物流交通,使不必要的交通流降到最低,总的交通量最少。山地城市交通组织与土地利用和城市空间布局结构紧密联系。城市交通运输方式是城市人流、物流、在城市空间布局平面上的投影。山地城市的土地利用方式从根本上决定着城市交通的流向和流量。山地城市交通组织是否合理,就是要看能否使山地各组团之间的人流、物流得到合理分配,使他们流动的平均空间距离尽可能缩短,使山地交通量降到最低,从而使山地城市的道路网系统、主次干道等等级和密度得到合理的分配(吴良镛,2002)。

西南地区城市既受道路交通运行规律的影响,表现出道路按等分级层次,呈方格网的共性,同时又表现出巧于因借周边山水的地域特色。

道路系统的出现应当从城市的起源说起,城市是由于生产力的发展出现的固定交易的聚落,一开始聚落散乱分散或围绕一个中心来组织,结构简单,没有明显的道路系统。当聚居点进一步扩大,聚居的人增多,住所逐渐沿着通道排开,形成道路的雏形(图 5.15)。还有人认为道路形成可追溯至远古的"井田制"。远在原始社会后期就有将田地划分为若干等面积小块供分配的办法，这是井田形制最早的雏形，至西周，已有严格的土地计量制度，按亩、夫，井的进位来计算土地面积，与井田制相应的灌溉系统及道路统系也相应出现。

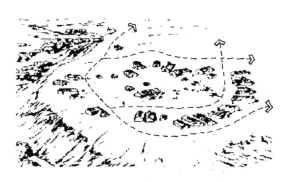

图 5.15　原始居住点的道路雏形

资料来源：根据相关资料绘制.

《周礼·地官司徒·遂人》云"凡治野，夫间有遂，遂上有径，十夫有沟，沟上有畛；百夫有洫，洫上有涂；千夫有浍，浍上有道；万夫有川，川上有路，以达千畿"。可见沟恤分五级：遂、沟、洫、浍、川，其相应的田间道路也分五级：径、畛、涂、道、路。《周礼·考工记》则进一步细化了道路等级的宽度："国中九经九纬，经涂九轨……环涂七轨，野涂五轨，环涂以为诸侯经涂，野涂以为都经涂。"这些制度因袭承传，对古代城市格局产生了极大的影响。

先秦时期西南地区古城考古发现尚未见街道，直至秦成都方有明确的街道记载。井田制方格路网一直对西南地区古代城市道路布局有着重要影响，尤其是干道系统；隋唐时期实施的坊里制度使城市的布局多显严整，坊内有十字街；宋朝随着商业的发展，坊里制瓦解，商业街道出现，但并未影响道路的基本结构。

不管道路的形成说法有几种，其出现是为了方便人从一点到另外一点的空间运动，有很明显的引导性和秩序性。我们可以判断，一旦城市灾害发生，道路必然作为引导人们逃生的主要通道。

西南地区古代城市由于地形限制，以及历史原因，道路体系有自身的诸多特点，可以归纳为规整式路网（古城比较多）、自由式路网（攀枝花等）、放射环状路网（成都等）、混合式（重庆、万州等）。

1）规整式路网及其适灾机制分析

规整式路网格局多出现在古城或具有古城基础的城市中。由于西南地区古代城市受到营国制度"九经九纬"的道路制度影响，在地形许可的情况下，较多采用规整式路网（5.16），典型的有四川阆中、重庆开县、重庆丰都、云南大理等，这些区域地形相对平坦，较好的布局

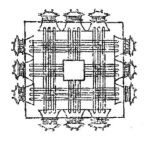

聂崇义《三礼图》之王城图

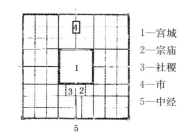

1—宫城
2—宗庙
3—社稷
4—市
5—中经

《考工记》王城基本结构示意

图 5.16　古代王城规整式道路格局

资料来源：董鉴泓.中国城市建设史［M］.北京：中国建筑工业出版社,1989:10.

传统街道格局(图 5.17)。如重庆开县,城市布局在彭溪河流域的一块冲积平原上,城市搬迁前的街道,以大南街、十字街、环城路为骨架组成网格状路网。丰都县城市的街道,由两条主要街道和前后各一条环城公路组成,均呈东北走向,规则式的几条纵向街道垂直其间,组成城区道路骨架。现在新的规划道路已经有了许多变化,但古城部分路网还可以见到当年规整路网的形式(图 5.18)。

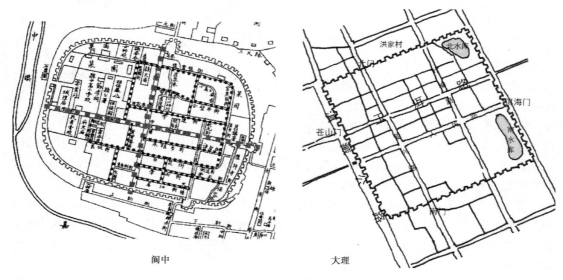

阆中　　　　　　　　　　　　大理

图 5.17　阆中、大理古城的路网系统

资料来源:根据相关资料整理.

龙彬教授在其《中国古代山水城市营建思想研究》一书中,总结了我国古代山水城市建设的四个阶段为"顺、制、扬、和"(龙彬,2001),提出人类活动与自然之间是一种和谐发展关系,说明古代山水城市建设思想在各个阶段都是寻求与自然的和谐发展,这思想对于我国城市适灾有着重要贡献。所以,本章把西南山地古代城市规整式道路系统作为一部分进行分析,以期通过对西南地区古代城市路网规划建设的研究,探寻路网对于城市空间适灾的作用机制。

《周礼·考工记》记载的传统营国制度:"匠人营国,方九里,旁三门,国中九经九纬,经涂九轨,左祖右社,面朝后市。"在西南地区遭遇到了山地地形地貌复杂的问题,研究发现西南地区古代城市道路并不严格遵从"营国制度"要求的"九经九纬"规整形式,且存在

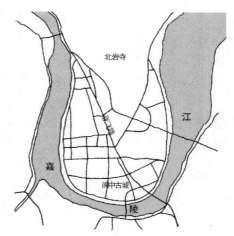

图 5.18　阆中古城城市路网格局

资料来源:根据相关资料整理绘制.

较多变化。城市在大的格局上为规整式,局部根据地形有所变化,即有几条纵横贯穿的大街,其余次街布局较为自由,以满足街区划分及交通为主。例如,大理三横三纵的大街、阆中贯穿四道城门的十字大街(图 5.17)、遵义近乎贯穿全城的十字街、贵阳的双十字街,其余次

街布局灵活,多呈树枝网络状延展开去。

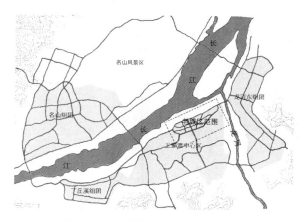

图 5.19　丰都城市路网格局(2003)

资料来源:根据相关资料绘制.

阆中古城部分是较为典型的传统思想遭遇山地特殊条件进行的有机变化。阆中位于四川省东北部,自古为"巴蜀要冲"。全市面积 1 877.8 km²,总人口 85.86 万,辖 23 镇 48 乡(含 1 回族乡),市治保宁镇,为国家级历史文化名城。阆中古为巴国别都。建国初属剑阁专区,1953 年划入南充区,1991 年撤县设市,名阆中市。1993 年南充撤地建市,阆中市为省直辖,由南充代管。

阆中市地处盆地北沿低山丘陵区,海拔 328～889 m,位于四川东部台区、川北台陷。区域地质构造简单,褶皱平缓。属亚热带湿润季风气候区,气候温和、雨水充沛、光照适宜、四季分明,具有冬干春旱、盛夏多雨、秋雨绵绵的特点。市区属嘉陵江流域。嘉陵江纵贯南北,地表水产水总量为 6.23 亿 m³,人均 741m³。[①]

在这样的地形件和气候条下,保持古城区内道路尽量尊重历史传统,保留着"九经九纬"规整形式的原形,但由于地形被嘉陵江围绕,在支路处理上则以适应地形为主。根据最新的保护规划,原有的空间尺度和格局风貌,规划严格保护,不再拓宽。建立"因水成街"的城、江关系和历史景观风貌。滨江路南段,降低道路等级,出行方式以步行交通为主,结合文物古迹和传统街巷,建设具有历史文化特色的旅游步行道系统。在游人较多的节假日恢复嘉陵江上浮桥与南津关渡口相连,平时以摆渡为主。为避免大量的过境交通破坏古城的历史环境,在古城外围以新村路和张飞大道为城市主干道疏解交通。在进入古城区的入口处、交通性干道与步行街交叉处和主要文物古迹旅游点附近的建设控制区开辟停车场。适当打通拓宽建设控制区的城市支路,解决交通可达性,做到"通而不畅",避免外部车辆穿行(图5.20)。

规整式道路一般都是在具有悠久历史,路网的布局受当时的传统文化影响的地域建构。在现在的路网建设和改造中,需考虑古城保护和现代城市发展的协调。规整式路网布局一般适于地势平坦地域宽阔的中小城市。随着城市规模的扩大,规整式路网将越来越不能满

---

① 四川省城乡规划设计研究院. 阆中总体规划(2012—2030 年)[Z]. 2012.

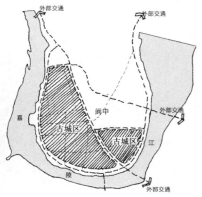

图 5.20　阆中古城规整式的街道

足城市交通需求。[①] 如西南地区大多数旧城的规整式路网都向混合式路网方向发展。规整式路网布局，有利于交通组织和方向识别，一般来说，规则的十字交叉口交通组织更容易，便于机动灵活的组织交通，也便于在交通阻塞时进行疏散。规整式道路布局秩序过于统一，构思过于严谨，缺乏开放流畅感。

总体来说，首先规整式道路建立了很好的交通秩序，有利于城市疏散；其次，规整式道路有利于城市空间的有序布置，建立良好的城市空间顺序，如结合外部风向，则对于城市通风是有利的；第三，规整的城市布局在心理上给人以安全整洁的感觉。

2）自由式路网及其适灾机制分析

自由式路网受山地地形影响较大，道路走向和地形走向一致，无一定的几何形式。西南地区地形复杂多变，起伏变化较大，道路建设时为减少坡度，常沿河岸等高线布置，形成自由式道路网的布局方式。如我国的攀枝花市就是典型的山地城市，由于所处山岭地区，城市路网规划建设就采用了顺应地势的自由式路网。

攀枝花市西跨横断山脉，东临大凉山山脉，北接大雪山，南抵金沙江。山脉纵横，其走向近于南北，地势西北高，东南低，相对高低悬殊。攀枝花市东部为小相岭——螺髻山——鲁南山系，中部为牦牛山——龙肘山系，西部为锦屏山——柏林山系，山脉走向近于南北。境内最高点为西北部盐边县境内的百灵山穿洞子，海拔 4 195.5 m；最低点是东南部仁和区平地镇的师庄，海拔 937 m。城市区海拔在 1 000～1 200 m 之间，主要农业区海拔在 1 000～1 800 m 之间。金沙江、雅砻江、安宁河、大河、三源河及其支流切割较深，形成雄伟的川西南中山峡谷地貌。攀枝花市地貌类型复杂多样，可分为平坝、阶地、丘陵、低中山、中山和山原6 类，以低中山和中山为主，占全市面积的 88.38%。可见攀枝花市地形条件复杂，是典型的山地城市。攀枝花是依托于其丰富的矿产资源而发展起来的新型工业城市，自 20 世纪60 年代建市以来，就奠定了沿金沙江两岸因地势而发展的城市空间格局，形成狭长的带状城市用地布局，城市交通主流向是东西向。因此攀枝花市城市道路网骨架极其简单，呈现"东西带状延伸、南北越江连接"的道路网络结构。对于自由式道路网的城市，其中的几条主

---

① 方格网路网将越来越不能满足城市交通需求。参见：武晓晖. 城市道路网合理性研究[D]. 成都：西南交通大学，2008.

要干道必然是起关键性作用的,它们的作用是联系城市各功能区块,稳定城市结构。对于攀枝花,其中几条主要道路线路值得说明(图 5.21,图 5.22,表 5.4)。

根据灾害发生时,开展救援工作和人员疏散避难的不同要求划分城市道路的功能。将城市交通性道路作为城市级紧急通道,连接灾区和非灾区以及各防灾分区。分区级道路根据功能的不同划分为分区级救灾通道和分区级避难通道,但在山地城市的攀枝花,由于城市主干路网密度较小,在局部路段两种功能混合使用。

图 5.21　攀枝花道路格局

资料来源:根据相关资料绘制.

表 5.4　攀枝花主要城市道路分析

道路名称	道路功能作用	道路适灾性分析
渡金线	渡金线是攀枝花市金沙江南岸的一条东西向主要干道,由江南一路和滨江大道两部分组成,是攀枝花市连接火车站的主要通道	该条道路是城市主要干道之一,是城市主要的出行通道,此道路建立了攀枝花核心区域良好的空间秩序
宁华路	宁华路是攀枝花市金沙江北岸的东西向主要通道,西起格里坪,东至雅江桥,贯穿了攀枝花金沙江北岸的全部四大片区(格里坪片区、河门口清香坪片区、弄弄坪片区、攀密片区),全线由宁华路、炳清线、江北一、二路组成,宁华路与渡金线共同构成了攀枝花市东西向的两大交通走廊、城市发展主轴	该条道路是城市主要干道之一,是北部城市主要的出行通道,此道路建立了攀枝花北部核心区域良好的空间秩序,作为城市发展轴之一引导城市合理发展
渡仁东/西线	波仁东线与波仁西线平行,分布于仁和沟的两侧,共同作为波仁片区南北向交通干道,承担南北向的主要交通	这两条大道分别是该片区南北向的主要联系道路,起到串联南北向各个功能区块的作用,也是该片区城市空间发展的引导轴线,建立了该片区城市出行的秩序
人民街、新华街、江南二路等	人民街、新华街、江南二路通常也称之为1、2、3号线,是炳草岗片区内主要的三条干道	此三条道路是城市的主要生活性干道,也是城市核心区的道路,其交通压力较大。在空间上这三条路可以建立一定的空间秩序,引导居民出行,但是由于交通压力较大,也是成为影响城市安全的因素之一

资料来源:根据相关资料绘制.

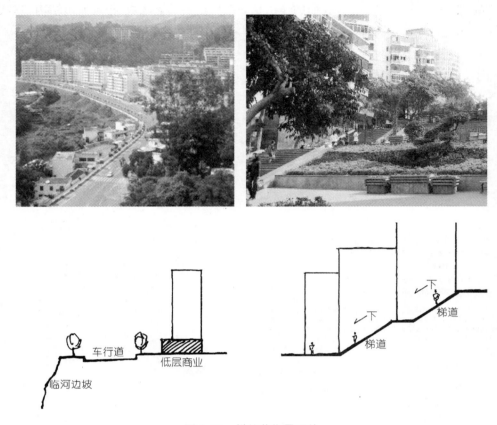

图 5.22　攀枝花街景照片

渡金线:渡金线是攀枝花市金沙江南岸的一条东西向主要干道,由江南一路和滨江大道两部分组成,是攀枝花市连接火车站的主要通道,全长约 22 km,主要连接金江和炳草岗片区。该条道路是城市主要干道之一,是城市主要的出行通道,此道路建立了攀枝花核心区域良好的空间秩序。

宁华路:宁华路是攀枝花市金沙江北岸的东西向主要通道,西起格里坪,东至雅江桥,贯穿了攀枝花金沙江北岸的全部四大片区,宁华路与渡金线共同构成了攀枝花市东西向的城市发展主轴,该条道路是城市主要干道之一,是北部城市主要的出行通道,此道路建立了攀枝花北部核心区域良好的空间秩序,作为城市发展轴之一引导城市合理发展。

渡仁西线:渡仁西线位于渡仁片区内部,仁和沟的西侧,是片区南北向的主要通道之一,为城市生活性道路。渡仁东线:渡仁东线与渡仁西线平行,分布于仁和沟的两侧,共同作为波仁片区南北向交通干道,承担南北向的主要交通。渡仁西线和渡仁东线这两条大道分别是该片区南北向的主要联系道路,起到串联南北向各个功能区块的作用,也是该片区城市空间发展的引导轴线,建立了该片区城市出行的秩序。

人民街、新华街、江南二路是炳草岗片区内主要的三条干道[①],交通流量大,既是片区内主要的道路,又是直接连接渡金线与江南三路的主要干道,是人流聚集的路线,是灾时人流

---

①　参见:四川攀枝花规划建筑设计研究院有限公司.攀枝花市城市总体规划(2011—2030 年)[Z].2012.

最集中的道路,在空间上这三条路可以建立一定的空间秩序,引导居民出行,但是由于交通压力较大,也是成为影响城市安全的因素之一。所以,对于城市防灾避难场所的设置,在这些交通压力大的区域,其布置密度应该加大。

攀枝花也属于临江城市,顺着江岸线建城使得道路的选线受到很大的限制,同样也形成了自由式路网。自由式路网一般适于一些依山傍水的城市,由于地理条件受限而形成。这种类型的路网没有一定的格式,变化很多,街坊亦如此,景观效果丰富活泼,整体上较乱,但是局部上比较适应地形的。当然,受地形影响的道路布局存在整体空间秩序较难建立的问题,是影响城市空间适灾的要素。

3)放射环状路网及其适灾机制分析

环形放射式道路网,一般都是由城市中心区逐渐向外发展,由中心向外放射式扩展干道再加环路形成。放射环状道具有方格网道路的优点,在城市局部道路网中,表现为方格网形式,某点可以有多种途径到达,其对外的可达性也较好。同时由于放射环状道路强化了外围地区和中心区的联系,能迅速把外围交通引入到城市中心区,缩短了交通时间,但同时也造成中心区路网负荷过大,常造成交通拥挤。在空间分布上,由于道路呈放射型往中心集聚,越往中心区路网越密,而外围路网得不到充分利用,浪费了路网时空资源。

典型环形放射式路网的城市是成都市(图5.23),成都市全市地势差异显著,西北高,东南低,西部属于四川盆地边缘地区,以深丘和山地为主,海拔大多在1 000～3 000 m之间,最高处大邑县双河乡海拔为5 364 m,相对高度在1 000 m左右;东部属于四川盆地盆底平原,是成都平原的腹心地带,是整体山体城市特征。

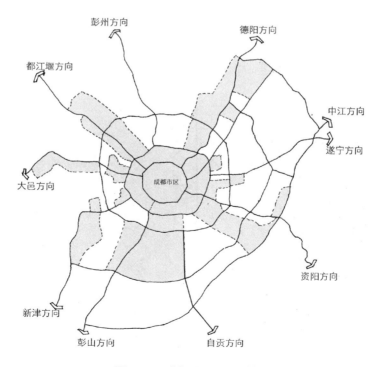

图5.23 成都城区道路网络图

资料来源:根据相关资料整理.

成都都市区是历史文化名城,其城市道路环状放射型总体格局是从解放时期逐步建立起来的。

解放初期开始奠定现代城市道路格局。随着城市建设不断发展,以及东郊工业区建设、东北、东南方向的较大片建成区,道路建设逐步发展,以老城为中心道路形成东南—西北向轴线关系。十一届三中全会以后至1980年代末,城市建设开始增多,城市建设仍以旧城的改造和城区内的填空补缺为主,道路建设基本是在填补空白和完善结构,没有较大的变化。1990年代后,随着经济、人口的高速增长,中心城区和周边县城用地迅速拓展,道路建设呈现出以中心城区为核心,轴向发展的态势,"环形加放射"状的道路格局基本形成。2000年后,随着城市总体规划的落实,城市道路格局基本形成,形成了典型的环形放射式路网(图5.24)。

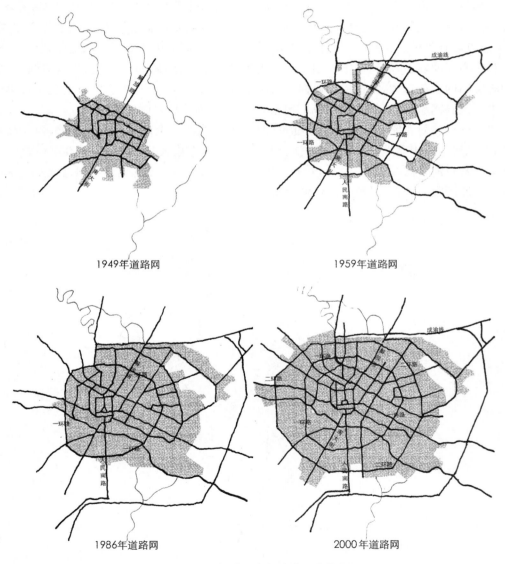

1949年道路网

1959年道路网

1986年道路网

2000年道路网

图 5.24 解放后成都建成区变化图

资料来源:根据相关资料整理绘制.

就成都的城市发展来看,具有明显的阶段性,基本经历了"集中—扩展—聚集"的发展方式,在扩展规律上表现出周期性,在扩展方向上表现出道路引导空间规律,在空间形态上表现出单中心同心圆式的"摊大饼"结构。

成都市区处于该环境中较为平坦的区域,其城市路网布局是放射环状道路形式,这种道路布局具有交通可达性好,便于城市的扩展和过境交通分流等优势,城市对外联系方便,有利于区域城市间救灾互助。以成都市区道路系统为例,根据《成都市城市总体规划(2004—2020年)》①,成都市区道路形成了以城市快速路、城市主干路系统、城市次干路系统、城市支路网络、环形放射式路网五个层面的城市道路网,各个道路系统在城市防灾减灾中的作用不同。

(1)城市快速路是区域疏散与救援通道。城市快速道路网络是城市机动车交通的主骨架,为中、长距离快速机动车服务,承担城市各主要中心区之间的联系和城市对外的快速交通联系。城市快速路作为城市联系外围组团的主要道路,是在紧急情况下进行区域救灾和疏散的主要通道。

(2)城市主干路系统是城市救灾的主要通道。主要承担城市各用地功能片区之间的长距离联系交通,承担快速道路向各用地片区交通疏散功能的道路系统。主干路与快速路共同构成城市主要交通走廊,贯穿城区大部、连接中心城各部分或郊区重要公路,为市区内较长距离出行提供服务,其"通行"功能优于"通达"功能。尤其需保证与快速路相接的主干道"通行"顺畅,避免因通行能力差别而形成交通瓶颈。合理的主干路结构,有利于提高主干路人均密度,在城市防灾减灾中,是保证救灾车辆通行的主干路,也是灾时人员临时的集中逃逸点。

(3)城市次干路系统是人员疏散的主要通道。主要起集散交通的作用,既对主干路交通进行集散分流,又要汇集支路的交通。次干路汇集了大量非机动车和行人交通,因此,城市次干路是人流车流大量聚集的区域,所以,城市次干路的通达性可直接影响城市的承灾能力。

(4)城市支路网络是城市安全的基础。城市道路系统的通达性主要由支路实现,系统完善的支路网络是保障干道不堵塞的主要条件。因此支路网密度要求很密,并主要决定城市路网的密度指标。特别是在中心区建筑容积率大的地区,支路网密度应为全市平均值的两倍以上;其长度应占路网总长的一半左右。从空间上看,城市支路系统是建筑直接的外部空间,是灾时疏散的直接场所,他的通达性也直接影响城市空间承灾能力。

(5)环形放射式路网的特点

根据以上分析,环形放射式城市路网具有以下特点:环形放射式路网有利于各区之间的交通联系,非直线系数小②,城市的通达性较强;环形放射式路网有利于解决过境交通问题,减轻过多的交通量降低城市道路的通达性,影响城市空间的适灾性;环形放射式道路网交通

---

① 参见:中国城市规划设计研究院.成都市城市总体规划(2003—2020年)[Z].2004.
② 线路非直线系数是路网布局规划中的一项重要指标。网络两节点(小区)间的非直线系数定义为该两节点(小区)间的路上实际距离比两点间空中直线距离,如果以时间或费用为标准,则非直线系数定义为从甲节点(区)到乙节点(区)路上所花费的实际时间或费用与两个节点(区)空间直线距离(假想)所要花费的时间或费用之比。《城市道路交通规划设计规范 GB 50220—95》规定:公共交通线路非直线系数不应大于1.4,整个线网的平均非直线系数以1.15~1.2为宜。

干线以市中心为形心向外辐射,易引导城市往"指状"空间格局发展,疏散城市集聚所产生的问题;环形放射式路网的交叉口不够规则,易形成多路口,且易造成中心市区交通压力增大,容易出现堵塞,影响城市的通达性;环形放射式路网,易于形成"摊大饼"的城市布局,带来更多城市问题。

4)混合式路网及其适灾机制分析

混合式路网是上述三种路网形式根据城市地形特点的变化与综合。该路网形式既保留了各路网形式的优点,又避免了他们的缺点,是一种较合理的路网组合形式。随着西南山地地区城市经济的发展,城市规模不断扩大,城市用地扩张到更为复杂的地形地貌之上,城市道路网必须适宜新拓展的用地条件,形成了多种形式的路网组合。如重庆、万州等城市也是结合地势综合运用了规整式路网和自由式路网组合形式而形成混合式路网形式。一般规模较大的城市适于采用混合式路网布局,混合式路网格局可适应大城市不同地形地貌的特征,其合理规划和布局是解决大城市交通问题的有效途径(图5.25)。

图 5.25 阆中城区道路网格局图

资料来源:根据相关资料整理绘制.

混合式路网是各种路网的综合,而不是简单的组合。混合式路网具有以下特点:

(1)混合式路网发挥了各种类型路网形式的优势,有利于提高城市道路整体通行能力,增强城市的适灾能力。城市形成初期路网结构单一,随城市规模不断扩大,就形成了混合式的路网形式。如阆中就是典型的由规整式发展为混合式路网的城市。阆中老城是典型的规整式路网,按照我国古代礼制建设要求结合地形地貌建设,这在前面章节中已经论述。当城市发展到一定阶段后,老城不足以满足城市发展需要,城市以老城区为中心,跨过嘉陵江向七里、江南地区发展。由于七里、江南地区地形相对平坦,城市路网在这部分区域呈现规整式形态。但城市是一个整体,应包含老城和新城协调一致发展,需要有便捷的交通使之联系起来,所以,联系部分的道路在地形复杂的区域,就呈现出自由发展的形态,新老城区道路自成系统。总体上阆中城市形态呈现为组团式结构,即由老城、七里、江南、双龙和河溪共同组成职能明确、功能配套、结构清晰、优势互补、独具特色的新型城市(图5.26)。

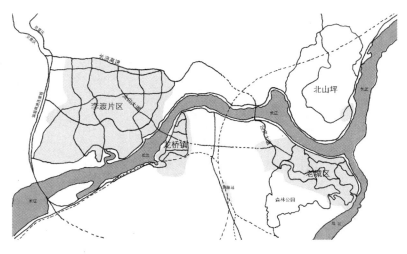

图5.26 涪陵城市道路系统图

资料来源:根据相关资料整理绘制.

(2) 混合式路网与环境结合紧密,减少道路建设对环境的破坏。混合式路网形式多样不拘泥,没有既定的形式,随着城市规模的扩张,路网顺地理地势布局,与地形结合较好。如涪陵城市道路建设发展较为典型,涪陵老城区(江南片区)道路网就是为了适应复杂地形条件形成的混合式路网,其道路建设与地形结合较紧密,为了适应地形走势,在地形起伏较大的丘陵区域,道路线性选择时既考虑了地形地貌条件,也考虑了建设经济的可行性。

(3) 混合式路网一般会形成以自由式道路连接规整式和放射环状式道路的格局模式。混合式路网是随着城市范围拓展而逐渐发展起来的,由于山地城市地形地貌复杂,可建设用地大多以散点形式分散在山地地貌中,形成串珠式的城市空间模式。在大片可建设用地区域,为了达到高效的城市空间效率,城市路网易于形成方格网或放射环状式路网,但在建设用地较零散且变化比较复杂的区域,道路建设为了减少环境破坏,一般与环境的耦合性较好,易于形成自由式的道路格局。所以总体上,就形成了以自由式道路连接规整式和放射环状式道路的格局模式(图5.27)。

5) 防灾空间可达性与道路通行能力

(1) 可达性概念及道路影响特征

可达性是一个灵活的概念,不同学者有着不同的理解,如可达性在社会中产生的包括直接来源于个体作用与来源于整个社会如交通拥堵、环境污染等副产品租用的必然花费(Weibull J. W.,1976);是个人参与活动的自由度(Herzele A. V.,Wiedemann J. 2003);是指居民克服距离、旅行时间和费用等阻力(impendence)到达一个服务设施或活动场所的愿望和能力的定量表达,是衡量城市服务设施空间布局合理性的一个重要标准(Koenig J. G.,1980);是指在一定交通系统中,到达某一点的难易程度等(Pirie G. H.,1997)。只有在根据

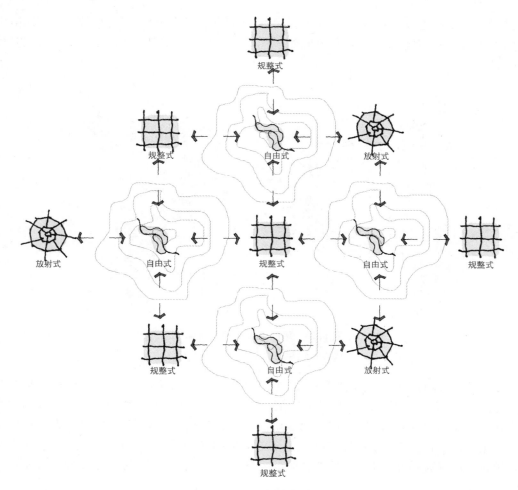

图 5.27　混合式路网发展模式

资料来源:作者自绘.

实际问题,对其进行定义和计算时,人们才会使用诸多含义中的一个。(胡强,2010)本书主要指的是道路的通达性对防灾空间可达性的影响。

（2）防灾空间的可达性道路特征

防灾空间可达性是指城市中某点(a)到达防灾空间(P)的难易程度,这里包括区域层面的交通和城市层面的交通(图 5.28)。以城市层面为例,城市中防灾空间有很多类型和数量,城市中某点(a)可以同时到达不同的防灾空间(P),会形成可达线路 $a-P_1,a-P_2\cdots a-P_n$(n 为城市中防灾空间的数量)。这些线路都有可能到达 a 点,只是每条线路到达的时间(t)有所差异,每条线路的道路状况(R)不一样。当然通行状况好的道路,其可达性好,与可达性 A_a 成正比关系,所花时间越短;道路状况(R)较差

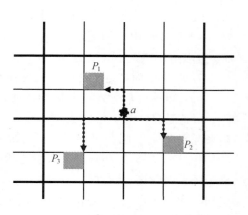

图 5.28　防灾空间可达性示意图

的路段，其可达性较差，与可达性 A_a 成反比关系（图 5.29）。

所以，我们可以建立这样的关系：城市中某点可达性等于该点与各个防灾空间的可达性的叠加和。即将"路线Ⅰ可达性＋路线Ⅱ可达性＋路线Ⅲ可达性＋…路线 N 可达性"表示为数学关系为：

图 5.29　山地城市与平原城市水平投影距离的关系

$$A_a = \int \left(t_1 \cdot \frac{1}{R_1} \right) + \int \left(t_2 \cdot \frac{1}{R_2} \right) + \cdots + \int \left(t_n \cdot \frac{1}{R_n} \right)$$

$$(5.1)$$

道路状况（R）又与道路宽度值、道路高宽比、平均道路通行能力、周边建筑安全性等相关。到达时间（t）又与道路通向状况、交通工具等相关。灾难发生时，避难者能否快速抵达避难场所，很大程度上取决于道路交通通行状况，这和避难场的距离有一定关系，但不是全部，还与道路质量、通行人数、建筑质量等相关。所以，避难路径要根据避难者人数、沿道路建筑的状况、车辆通行量等加以适当的设计。城市和区域并不是均质的，人们从需求点到达避难场所要通过交通网络，而交通网络中也会出现一些阻隔人们跨越的障碍。在设计中尽量减弱阻碍作用，提高道路的通行能力，加快避难人员到达避难空间。

针对西南地区城市来说，其可达性与平原城市比较，最大区别在于其道路系统的复杂性，网络化不强。

山地城市因其地形的关系，任意两点之间，有可能在平面上很近，但存在地势的高差，或者是切坡，使得这两点之间的通行道路非常长或者直接无法到达。这不同于大多基于网格系统的平原城市，疏散点与避难场所之间的距离可以被简化为点对点的平面关系，从而得到量化。从图 5.30 可见在同样投影距离上，山地城市由于地形坡度造成山地城市距离（X）＞平原城市距离（X_1）。

图 5.30　灾害发生瞬间人员流动速度会增大

同时，由于坡度的存在，避难速度会有所不同。在避灾中，步行是唯一被采用的疏散方式。现代城市道路的规划主要是以车辆的通行为标准的，例如：山地车行道路因受地形坡度的限制及车行安全要求，纵坡坡度最大不宜超过 8%（北方多雪严寒地区 5% 以内）。但是这种基于车辆的道路设计，使联系不同高程的步行行程增长，对于步行者来讲非常不便。因此，当地形坡度超过 8% 时会采用梯道组织人行交通，方便居民的出行。

在山地城市中，城市道路的一个主要特征就是纵坡度，即沿道路轴线方向的坡度，它的存在，极大地影响了在该道路中疏散的人流速度，进而影响整个避灾疏散的效率。根据胡强在山地道路做的相应实验，结果表明，在坡度为 20% 时，坡道步行速度为 0.9 m/s，在坡度为 25% 时，坡道步行速度为 0.8 m/s，在坡度为 30% 时，坡道步行速度为 0.7 m/s，在坡度为 40% 时，坡道步行速度为 0.5 m/s。因人在避灾时会处于一种紧张状态，步行速度会大大加速（$V_{灾时} > V_{平时}$），但从这个测试可以看出坡度增大，步行速度降低（表 5.5）。

表 5.5　不同坡度值对应的步行速度

平原步行速度	道路坡度	图片示意	坡道步行速度
1.3 m/s	20°		0.9 m/s
	25°		0.8 m/s
	30°		0.7 m/s
	40°		0.5 m/s

资料来源：胡强.山地城市避难场所可达性研究［D］.重庆：重庆大学,2010：93-94.

不管怎么规划,城市中总存在一个点是可达性的临界点（如图 5.31）,规划的责任就是要保证这个临界点的避难可达性。这就需要在规划中不断调整道路宽度、坡度、道路通行能力,道路安全通过性、道路两边建筑情况等等因素,使得城市中的这个点能达到临界值,则可以断定城市其他点都能具有很好的可达性。

由于山地地形复杂,道路往往较难形成平原城市的网络状系统,有的情况是从城市需求点到防灾空间只有唯一一条路联系,一旦该路出现问题,需求点就无法到达防灾空间,或需要花更多的时间到达防灾空间。

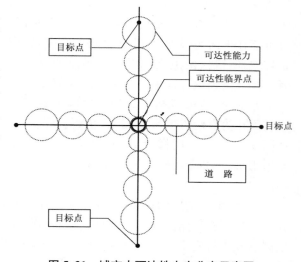

图 5.31　城市中可达性大小分布示意图

在自然灾害发生之后,往往伴随着一系列的次生灾害。以地震灾害为例,在山地城市中,地震往往伴随着山地滑坡、泥石流、房屋倒塌、火灾等次生灾害,各种次生灾害会对疏散产生阻碍。因此,保障安全疏散是一个非常重要的因素,如在道路中常会出现滑坡、崩塌阻止避难通道的情况（图 5.32）。要规避山体滑坡等有可能出现的次生灾害,在道路设计时就应留出缓冲空间,强化疏散救援道路的安全性（图 5.33）。

在城市路网的设计中,应该指定出疏散专用道,该疏散道指示疏散车辆到达政府和相关部门指定的避难场所或安全出口。在平时,疏散专用道与普通道路车道没有任何区别,社会

图 5.32 芦山地震的 318 国道,一块巨石挡住了所有救援车辆

资料来源:新华社.雅安到芦山 318 国道被巨石阻断,救援队伍受阻.http://roll.sohu.com/20130420/n373379025.shtm[N]l,2013.

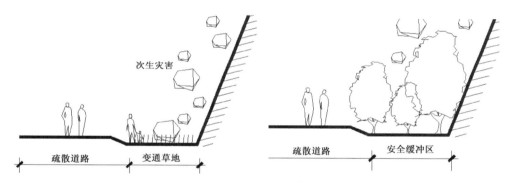

图 5.33 缓冲空间的效用

资料来源:胡强.山地城市避难场所可达性研究[D].重庆:重庆大学,2010:117.

车辆可以在该车道任意行驶。一旦发生突发事件,该疏散专用道即刻启动,为疏散专用车辆提供畅通快捷的车道行驶,以保证受灾人群和救援物资安全、快速到达指定地点。

在防救灾通道系统中,应明确道路的防救灾功能,用于救援通道的道路的宽度要考虑大型救灾机械的通过性。避难通道亦称疏散通道。避难道路的设计要求是当人员感到有危险必须逃离时,应考虑心理学、人体工学、周围道路环境以及与避难场所的连接情况等多方面问题。

从心理学的角度来看,灾难发生时人们对避难路径的选择主要考虑以下几个方面:日常生活较熟悉、易发现的路径、距离自身最近的路径、直行路径、追随多数人等。所以,除了规划的努力之外,还应强化平时灾害管理和宣传引导方面的工作。

(3)山地城市防灾空间服务范围的道路修正值

防灾空间的可达范围,通常都是以可达半径的方式进行划分,但是由于山地城市复杂特殊的地势结构和交通体系,这样的划分方式显然是失效的。在设计之初,就需对可达性半径进行修正或者选择其他更为有效的方法计算。

对于平原城市来说,服务半径对避难场所的规划有一定的指导性,但是没有考虑城市用地对避难场所规划的影响,也没有考虑避难场所周边的用地、避难场所本身的吸引力、市民的个体因素等等。尤其对于山地城市而言,地形的变化更加多样,传统的避难场所的服务半径显得更为不合理,需要对其进行合理的修正。

山地城市影响避难场所服务半径的因素比较多,主要影响因素有道路交通、坡度等因素,各种因素会增大到达时间,导致防灾空间的服务半径缩短。

同时,个体差异也是影响防灾空间可达性的重要因素,包括个体的年龄、健康状况、灾时心理等等。

山地条件下防灾空间的可达性,需要考虑防灾空间附近的路网条件、坡度等主要影响因素,由于每类避难场所的实际影响因素不同,每个避难场所都具有其特定区域的服务半径。因此,山地城市避难场所的实际服务半径小于平原服务半径,需要进行修正,以保证防灾空间的真实可达性,修正关系式如下:

$$山地城市避难场所服务半径 = 理想服务半径 \times 坡度系数 \times 路网联通性系数 \quad (5.2)$$

随着道路坡度的增加,步行速度变慢,步行者在一定时间内所能通过的水平距离减小,相应的避难的服务半径也将减小,当坡度超过5%时变化更为显著(吴东平,2006)(图5.34)。[1]

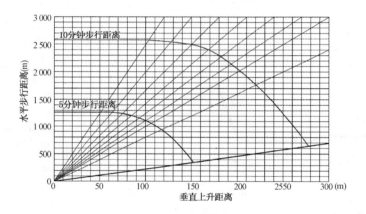

图5.34　水平距离与坡度的关系

资料来源:吴东平.一种新的公交站点服务半径计算方法[J].城市公共交通,2006(3):19-25.

6)西南地区城市道路适灾特点总结

西南地区城市为适应山地复杂的地理环境、节约用地,具有灵活的网络布局和丰富的线形变化。城市在道路网络规划布置时,用地坡度起关键决定性作用。在用地坡度较陡的区域,道路系统布置受到最大纵坡的限制,为了适应地形坡度,路网形式多为自由式。一般来说,城市主要道路交通通行量大,可沿平缓坡地、谷地布置,次要道路则布置在坡度较大的地段上,在地形特别复杂地段则多采用枝状尽端式、之字式或环形螺旋式。而在坡度较缓的城镇,其城市道路多依据地形,力求形成较规整网格(李泽新,赵万民,2008)。由于西南地区整体地形复杂多变,各种地形犬牙交错,所形成的城市道路网络往往不是单一形式,而是由两种以上道路形式共同组成,呈现为两种或多种形式共存的混合式。如奉节县城、巫山大昌新城、内江、绵阳、昆明、贵阳等;对地形局部平坦多丘的城市,城市集中布置,相应的道路网络

---

① 吴东平.一种新的公交站点服务半径计算方法[J].城市公共交通,2006(3):19-25.

为自由式,如开县县城、巫山县城、忠县县城、大理遵义等;对一些区域性大、中等城市,城市用地逐步向纵深发展,形成组团式布局,相应的道路网络为混合式,如重庆、涪陵区、万州区、巴中等(表5.6)。

表 5.6　西南地区部分城市形态与道路网络形式

城市	城市空间形态	道路网络形式
成都	多环相套的集中式布局	放射环状式
内江	围绕沱江形成的多片区布局结构	混合式(规整式+自由式)
绵阳	形成指状生长、山水间隔的多组团空间布局	混合式(规整式+自由式)
攀枝花	多组团空间布局	自由式
巴中	一城两翼的组团式结构	混合式(规整式+自由式)
资中	多组团空间布局	自由式
阆中	多组团空间布局	混合式(规整式+自由式)
重庆	集中紧凑的多组团空间布局	混合式(规整式+自由式)
长寿	集中式布局	混合式(规整式+自由式)
涪陵	以江南片区、江东片区、李渡片区为基础的组团式布局	混合式
丰都	以王家渡组团、名山组团为基础的组团式布局	自由式
忠县	以州屏、苏家、灯树为基础的组团式布局	自由式
万州	以龙宝、天城、五桥三片为基础的组团式布局	混合式
云阳	以双江、人和、盘石为基础的组团式布局	自由式
开县	以安康、中吉、渠口、铁山为基础的组团式布局	混合式(格网状+自由式)
奉节	沿江带型及组团布局	自由式
巫山	集中式布局	自由式
巴东	集中式布局	自由式
秭归	集中式布局	混合式(格网状+自由式)
兴山	集中式布局	自由式
昆明	组团式布局方式	混合式(规整式+自由式)
大理	集中式布局	自由式
丽江	集中式布局	自由式
玉溪	集中式布局	自由式
贵阳	集中式布局	混合式(规整式+自由式)
遵义	组团式布局方式	自由式
毕节	集中式布局	自由式
铜仁	集中式布局	自由式
长顺	集中式布局	自由式

资料来源:根据相关资料整理自绘①.

① 部分城市参考文章:李泽新,赵万民.长江三峡库区城市街道演变及其建设特点[J].重庆建筑大学学报,2008(2):1-10.

从道路的生长、发展过程看,西南地区城市由规划形成的大网格干道与自发形成的小街巷的"二元"[①]特征尤其明显。根据不同的地形特点形成多种形式的道路网络形式,各个网络有比较明显的特点和性能。规整式路网布局规整,交通分布均匀,交叉口交通组织容易,灾时易于疏散人员和方便救援力量到达灾害发生地。自由式路网布局充分结合自然地形,道路与地形的高度耦合性使得人工建设不易破坏环境,减少灾害发生几率。但城市不规则街坊多,交通组织不易,建筑用地分散,对于疏散人流与救援力量到达灾害发生地有一定限制。放射环状式布局通达性好,便于城市的扩展和过境交通分流等,城市对外联系方便,有利于区域城市间救灾互助,但不规则交叉口多、交通组织较难,交通流向趋于市中心,易造成市中心的交通拥堵。混合式路网是多种路网的组合,如果是合理的道路交通组织,则可发挥各种路网的优势,是一种扬长避短的路网形式(表5.7)。

表 5.7　路网形式及其适灾特性

路网形式	道路适灾特性分析
规整式路网	布局规整,交通分布均匀,交叉口交通组织容易,灾时易于疏散人员和方便救援力量到达灾害发生地
自由式路网	布局充分结合自然地形,道路与地形的高度耦合性使得人工建设不易破坏环境,减少灾害发生几率。但城市不规则街坊多,交通组织不易,建筑用地分散,对于疏散人流与救援力量到达灾害发生地有一定限制
放射环状式路网	布局通达性好,便于城市的扩展和过境交通分流等,城市对外联系方便,有利于区域城市间救灾互助,但不规则交叉口多、交通组织较难,交通流向趋于市中心,易造成市中心的交通拥堵
混合式路网	结合多种路网的优点

资料来源:根据相关资料整理绘制.

以上是道路系统内在的功能作用分析。另外,道路系统在灾害发生后的作用体现在道路可以作为避难通道,道路为灾后第一时间到达避难场地提供了保障;道路可作为紧急避难场所,灾后第一时间到达的也主要是空旷的道路;道路可以作为救援、疏散、消防的通道,为救灾提供运输的保障;道路可作为火灾、建筑垮塌、瘟疫等灾害的隔离带,适当的处理可以有效阻止灾害的传播。

5.3.3　公共空间要素:城市空间适灾调节系统

当前,对城市公共空间尚未形成完全统一的认识。一般概念认为,城市公共空间是那些供城市居民日常生活和社会生活公共使用的室外空间。它包括街道、广场、居住区户外场地、公园、体育场地等(王中德,2010)。由于本节主要是研究城市公共空间的适灾作用,为了便于分析,抓住研究重点,突出构成城市公共空间的核心内容,所以,本节所指的公共空间可概括为城市广场绿地系统和城市街道空间。城市广场绿地系统包括广场、绿地、公园等相关开敞空间;城市街道空间指城市道路空间(图5.35)。

[①]　中国古代城市中的网格模式表现为粗放规划的大网格道路与自发生长的小街巷的双重叠加特征。参见:赵格.城市网格形态研究[D].天津:天津大学,2008:15-19.

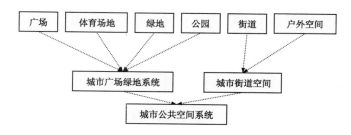

图 5.35 公共空间要素

1) 城市广场绿地系统的适灾机制解析

城市广场绿地系统的适灾机制表现在调节作用、防护作用、救灾作用和净化作用。由于各种广场绿地具有不同的组成结构(指绿地和硬质铺地的比例和组成方式),所以具有不同的适灾功能作用。其实,城市广场和绿地固有的功能就能起到一定的适灾作用。就如绿地系统,不管建设绿地时有没有考虑过防灾避难的需要,绿地存在的本身就具备了防灾避难的潜能(李洪远,杨洋,2005)。只是,由于绿地的大小规模以及构成方式不同,其表现的适灾功能有所差异。如城市广场和公园绿地,具有防震避难、调节城市小气候、缓解城市热岛效应、吸收有毒气体等功能作用;街头绿地和道路绿地防灾减灾功能主要表现在吸收城市汽车尾气、降低城市噪音、滞尘、改善风环境等方面;城市边坡绿地和滨江沿河绿地具有防治水土流失、净化水体、减缓水体流速的作用(陈亮明,章美玲,2006)。德国、瑞士在 20 世纪 80 年代末提出"亲近自然河流概念"和"自然型护岸"技术;日本在 20 世纪 90 年代初展开了"创造多自然型河川计划",(沈国舫,2001)①这些构建多自然型河流思路的主要目的是通过河流生态系统的修复,恢复提高河流的自净能力,同时也是在汛期降低水流速度,达到防汛减灾的目的。城市空间适灾是多种空间共同作用的结果,不是依靠某一类型的绿地就可以完成的,只有合理组合才能发挥最大效益,才能从单一的生态效益转换成防灾减灾效益(图 5.36)。

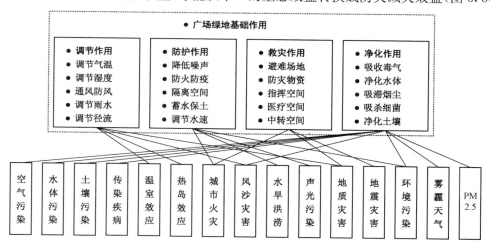

图 5.36 城市绿地与灾害关系图

资料来源:作者根据有关资料自绘.

① 参见:沈国舫.中国生态环境建设与水资源保护利用[J].中国水土保持,2001(1):4-7.

123

（1）广场绿地的调节作用

广场绿地中的绿化植物能调节气温、调节湿度、通风防风、沿岸植物能调节水速、绿地根茎能调节径流。同时，广场绿地的存在增加了城市的间隙，降低了城市密度，从而提高了城市的承载能力。

广场绿地对温度和湿度调节作用主要是因为绿地植被的植物特性，当夏季城市气温为27.5℃时，草坪表面温度为22～24.5℃，比裸露地面低6～7℃；而在冬天，铺有草坪的足球场表面温度则比裸露的球场表面温度提高4℃。局部的绿地就能产生这样大的差别，可见大面的绿地对气温的调节作用更明显。同样，城市绿地还有空气湿度调节功能。绿地植物因其叶片蒸发表面大，所以能大量蒸发水分，一般占从根部吸收水分的99.8%。[1] 我国山地城市由于地形的影响，各个区域会产生不同的局地气候，我们可以充分利用绿地调节温度湿度的特点，调节小气候，使局地气候更适宜城市居民的生产生活（李云燕，2007）[2]（图5.37）。

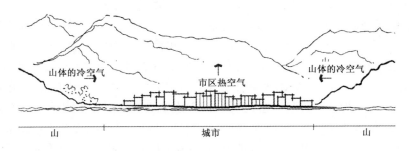

图5.37 城市与绿地之间的气体环流示意图

广场城市绿地的通风防风作用，是形成城市局地气候的重要因素。广场绿地等开敞空间的布局与夏季城市的主导风向一致，有利于将城市郊区的气流趁着风势引入城市中心地区或把热空气引出城市中心区，为城市降温创造条件。而在冬季，大片林地可以减低风速，发挥防风作用，减少风沙，改善气候。

边坡河岸植物能固定沙石，减少滑坡。沿河植物能降低水流速度，减少水流对河岸的冲刷。绿地界面的土地能增加径流，减少雨量的汇集。这些都是广场绿地在城市中所发挥的适灾作用的基础功能。

（2）广场绿地的防护作用

广场绿地空间可作为灾害的隔离带，防止灾害蔓延。特别是易于随风向传播的灾害，比如火灾、瘟疫等。火灾是山地城市的主要灾害之一。实践证明一定面积规模的城市公园等绿地，能够切断火灾的蔓延，防止飞火延烧，在熄灭火灾、控制火势、减少火灾损失等方面有独特的贡献。许多绿化植物枝叶中含有大量水分，一旦发生火灾，可以阻止火势蔓延扩大，如珊瑚树，即使叶片全部烤焦，也不会出现火焰；银杏在夏天，即使叶片全部燃尽，仍可萌芽再生；其他如槐树、白杨、樱花等都是很好的防火树种，能起到很好的阻燃作用（聂运华，李逢东，1999）。

同时，广场绿地中的植物还能蓄水保土，减少城市洪涝干旱以及滑坡的发生。绿地植被涵养水源功能主要表现在：蓄水功能、调节径流功能等。森林涵养水源主要表现在通过对降

---

① 参见：同济大学，重庆建筑大学，武汉大学. 城市园林绿地规划[M]. 北京：中国建筑工业出版社，1982.

② 参见：李云燕. 山地城市绿地防灾减灾功能初探[D]. 重庆：重庆大学，2007.

水的截留、吸收和下渗,对降水进行时空再分配,减少无效水,增加有效水。国外学者认为温带针叶林林冠截留率在20%～40%,我国学者认为截流率在 11.4%～34.3%,变动系数为 6.68%～55.05%(曾庆波,李意德等,1997)。森林这种功能与森林土壤较特殊的结构功能十分密切,森林土壤像海绵体一样,吸收林内降水并很好地加以蓄存。植物的根系还能固定土壤,减少滑坡发生的几率(图 5.38)。

（3）广场绿地的救灾作用

广场绿地的救灾作用体现在为灾时提供躲避空间,作为灾民的临时住所。广场绿地空间在灾害发生时可利用其空旷的空间,搭建帐篷、储蓄物资、建立救灾指挥所、建立医疗救护队、进行人员中转等。唐山大地震时,位于震区的凤凰公园为数以万计的灾民提供了避难场所。日本关东大地震中,广场

图 5.38　鹅岭边坡绿地防止水土流失

绿地空间成为了救灾的主要场地,为数以万计的灾民避免二次灾害提供了庇护场所。

（4）广场绿地的净化作用

西南山地区域处于西部不发达地区,由于城市化进程的推进,人口和工商业向城市集中,但大多数城市都还保留着污染较严重的工业,这对环境势必造成严重污染。广场绿地中的植物则能起到有效的净化作用。

① 广场绿地可以缓解"温室效应"(杨士弘,1994)。[①] 二氧化碳的增加是造成全球"温室效应"的主要原因之一,全球气候变暖会引发地区气候骤变,造成各种气候灾害。增加城市绿化覆盖面积是减少城市空气中二氧化碳含量增加的重要方法。城市绿地系统中的绿色植物可通过光合作用,吸收二氧化碳并放出氧气,从而使大气中含氧量得以补充,降低二氧化碳的含量。现代城市耗能大,放出的二氧化碳也多,植物吸收二氧化碳和放出氧气的作用就显得尤为重要。陈自新等曾对北京不同绿地类型吸收二氧化碳,释放氧量进行测定(表 5.8)。

表 5.8　五种类型绿地平均每公顷日吸收 CO_2 和释放 O_2 量

绿地类型	绿量(km²)	吸收 CO_2(t/d)	释放 O_2(t/d)
公共绿地	120.707	2.018	1.409
专用绿地	90.387	1.525	1.076
居住区	89.774 6	1.512	0.756
道路	84.669	1.478	1.024
片林	23.797	0.296	0.281

数据来源:陈自新,苏雪痕,刘少宗,等.北京城市园林绿化生态效益的研究(3)[J].中国园林,1998(3):53-56.

---

① 参见:杨士弘.城市绿化树木的降温增湿效应研究[J].地理研究,1994(4):74-80.

根据陈自新等(陈自新,苏雪痕,刘少宗,等,1998)对北京不同绿地类型测定,可以分析得出,绿地植被对二氧化碳的吸收与植被的绿量成正比。由于植物群落结构复杂的绿地其绿地的绿量高,吸收二氧化碳的含量就高,那我们也可以得出这样的结论:不同的绿地结构在吸收二氧化碳量方面,乔灌草>灌草>草坪。

② 绿化植物可以减少空气含菌量。空气中微生物污染是城市居民呼吸系统疾病和不良建筑物综合症发病的主要原因(闵海东,宋伟民等,1999)。而植物具有不同程度的抑菌、杀菌能力(陈自新,苏雪痕,刘少宗,等,1998)。作为城市生态系统中具有重要自净功能的城市绿地,对净化城市空气有重要的意义。山地城市由于气候特点原因,空气对流速度在某些区域相对较慢,常出现空气停滞。在这些区域空气中含菌量一般很高,会引起大多数呼吸系统疾病。所以,在山地城市中要充分发挥绿地的杀菌作用,防止疾病的传播和引起空气污染造成的环境灾害。

据测定,当城市市区、商场等公共场所空气中含菌量为 4 万/m² ~ 5 万/m² 个时,道路上约为 2 万/m² 个,公园中为 0.2 万/m² ~ 0.3 万/m² 个(张浩,王祥荣,2002),这是由于植物可以分泌杀菌素[①]的原因。银白杨、桦木的叶子在 20 分钟内能杀死全部原生细菌,柏树只要 5 分钟,法国梧桐只要 3 分钟,柠檬树只要 2 分钟(张浩,王祥荣,2002)。因此绿化植物多的地方空气中的含菌量要少于无树木的地方。

③ 绿化植物可以吸滞烟灰和粉尘(张新献,古润泽,1997)。同样,受山地城市特点的影响,城市中的烟尘和粉尘含量较高,污染严重的山地城市会造成一年四季城市处于烟雾笼罩之中,形成阴冷的恶劣天气,还会造成多雾天气,严重影响山地城市居民的生产生活,甚至引发灾害。环境污染会导致空气质量下降,形成多雾的天气,多雾的天气会引起大多数交通事故和呼吸道疾病。

城市绿化系统中的绿色植被都具有滞尘的作用,其滞尘方式大致可分为停着、附着和粘着三种(Sehmel G. A.,1967)。树叶光滑的树木吸尘方式多为停着,对空气中尘粒的去除效果较差;叶面粗糙、有绒毛的树木,其吸尘方式多为附着;叶和树干分泌黏液的树木,其吸尘方式为粘着。树叶的总面积大,叶面粗糙多绒毛或能够分泌黏液的树种是非常好的防尘树种。

绿化树木地带飘尘量比非绿化的空旷地低得多。树木的滞尘能力是与树冠高低、总的叶片面积、叶片大小、表面粗糙程度等条件相关,根据这些因素,刺楸、榆木、朴树、重阳木、刺槐、臭椿、悬铃木、女贞、泡桐等树种的防尘效果较好。这些植物在吸收灰尘后,经过雨水冲刷,又能恢复吸尘能力。城市绿地主要是由乔木、灌木和草坪三种类型的绿地植物按不同成分构成。一般有乔灌草型、灌草型、草坪。根据实验,绿地的防尘能力乔灌草型最好,灌草型次之,草坪最弱(陈亮明,章美玲,2006)。

城市绿地对山地环境灾害的防治作用不可忽略,还应该大大提倡,充分发挥绿地在这方面的作用(图 5.39)。

④ 绿化植物可以吸收有害气。西部城市大多处于山地丘陵地区,随着西部地区的城市经济快速发展,不可避免的带来了城市污染,各种工业污水、有毒气体相继增多。污染空气

---

① 杀菌素:(1)许多植物能分泌挥发性物质,如桉树、松树、柏树、樟树等能分泌柠檬油,其他常见的植物分泌物如松脂、肉桂油、丁香酚等称为杀菌素,均能够直接杀死细菌、真菌等微生物。(2)有些树木的叶、花、果、皮等产生一种挥发性物质,称为"杀菌素",能杀死伤寒、副伤寒病原菌、痢疾杆菌、链球菌、葡萄球菌等。

的有害气体种类很多,最主要的有二氧化硫、氯气、氟化氢、氨气以及汞、铅蒸汽等。二氧化硫主要来源于城市工业和居民生活燃烧的含硫燃料,是产生酸雨的主要原因。这些污染对山地城市本来就脆弱的环境破坏更大,所以积极探讨绿地植物对空气的净化作用,有助于解决空气污染问题。研究表明垂柳、加杨、洋槐、夹竹桃、桃树等15种树木对二氧化硫有较强的吸收能力。[①]

⑤ 绿化植物可以净化土壤。植物的根系能吸收大量有害物质而具有净化土壤的能力。如有的植物根系分泌物能使进入土壤的大肠杆菌死亡。有植物根系分布的土壤中,好气性细菌比一般土壤多上几百至几千倍,所以能使土壤中的有机物迅速无机化,净化土壤。根据调查,山地

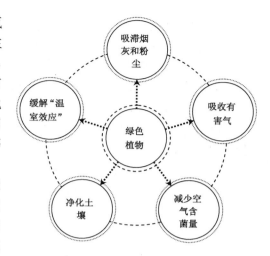

图 5.39　植物的生态作用

城市中边坡地较多,大多数都是裸露的土地。在这些裸露土地上种上绿化,不仅可以改善土壤卫生,还能改善城市环境。

2)城市街道空间的适灾作用机制

街道空间的适灾作用是提供便捷的避难通道,因其与商场、住区等人流较多的区域直接联系,一旦发生灾害,街道空间是最便捷的避难场所。具有一定宽度的街道空间能作为灾害的隔离带,如火灾发生时能减弱火势,控制火势蔓延。灾害发生后道路空间作为救援、消防和疏散的通道为救灾工具和救灾物资的到达提供保障,如汶川地震中,由于进入其城市的道路被山体滑坡阻断,给救援工作带来了极大的困难,甚至引发直升机救援坠毁的惨剧。

3)日本防灾公园经验借鉴

由于地震灾害引发市区发生火灾等次生灾害时,为了保护国民的生命财产、强化大城市地域等城市的防灾构造而建设的具有广域防灾据点、避难场地和避难通道作用的城市公园和缓冲绿地。[②]

地震是日本危害最严重的自然灾害。关东大地震(1923 年)、阪神大地震(1995 年)等,都造成了极其惨重的生命财产损失。虽然付出了沉重的代价,但也积累了不少有益的经验,建立防灾公园就是摸索出的有效手段之一。

应该说,日本历来重视公园的防灾作用,特别是 1923 年的关东大地震更加突出了公园的防灾避难作用。"这次地震把东京 40% 的建筑物夷为平地,受害者超过百万人,死亡者多达九万人,其中 90% 以上是被次生灾害大火烧死的。也是在这场大震灾中,城市里的广场、绿地和公园等公共场所对灭火和阻止火势蔓延起到了积极的作用,其效力比人工灭火高出一倍以上。许多人由于躲避在公园内而幸免一死。地震发生后,当时东京人口的大约 70%

---

① 　1hm² 15 年生的侧柏,仅叶片每天就可吸收二氧化硫 1.52 g,叶表面随粉尘附着的二氧化硫达 0.43 g,1 kg 合欢树的干叶中硫元素若量可达 37.7 g,悬铃木达 35.7 g,对于冶金企业生产产生的含氟化氢的废气,城市绿色植被也具有吸收功能,最大吸附量可达 100 ppm(ppm 表示一百万份重量的溶液中所含溶质的重量)。

② 　参见:苏幼坡,马亚杰,刘瑞兴.日本防灾公园的类型、作用与配置原则[J].世界地震工程,2004(4):27-29.

即 157 万市民都把公园等公共场所作为避难处。"（金磊，2001）日本从灾难中获得深刻经验教训：①强化建筑物或构筑物的抗震性能和耐火性能；②在城区大量建造公园、在道路两旁植树；③确保消防用水等。

日本灾后逐渐认识到法律法规对于落实防灾救灾的工作意义极大，能保证各方予以落实，确实加强城市的防灾减灾能力（表 5.9）。日本政府于 1956 年制定了《城市公园法》，1973 年在《城市绿地保全法》里把建设城市公园置于"防灾系统"的地位，1986 年制定了"紧急建设防灾绿地计划"，提出要把城市公园建设成为具有"避难地功能"的场所。从 1972 年开始至今，日本已实施了六个"建设城市公园计划"，每个计划都有加强城市的防灾结构、扩大城市公园和绿地面积、把城市公园建设成保护城市居民生命财产的避难地等内容。

1993 年，日本修改《城市公园法实施令》，把公园提到"紧急救灾对策所需要的设施"的高度，第一次把发生灾害时作为避难场所和避难通道的城市公园称为"防灾公园"。

1996 年 1 月，日本阪神大地震发生后，神户市内 1 250 处大大小小的公园不仅再次在救灾方面显示了巨大作用，使日本进一步提高了对城市公园防灾救灾功能的认识，而且提供了许多关于建设防灾公园的有益启示。日本政府认识到，对于城市居民来说，城市公园的第一大功能与其说是游玩场所，莫如说是防灾救灾的根据地。防灾公园的概念在日本人的思想中深深地扎下了根，城市居民对自己身边的公园倍感亲切。

表 5.9　日本自然灾害及其重大事件与法律制度的推进

年份	灾害事件	灾害管理法案
1946	南海地震	
1947		灾害救助法
1950		农业、林业和渔业项目救灾补助金的临时措施法
1951		公共设施因灾害损坏国家财政补助法
1959	伊势湾台风	
1960		土壤保护和洪水控制的紧急措施法
1961		灾害对策基本法(中央防灾管理委员会成立、决定防灾基本计划)
1962		极端灾害的处理与特别财政援助法
		暴雪地区特别措施法
1964	新潟地震	
1966		地震保险法
1972		为减灾而集体搬迁的特殊财政支持法
1973		灾害慰问金法
		活动火山特别措施法
1976	地震学会东海地震可能性报告	
1978		大型地震特别措施法
1995	阪神·淡路大地震	地震防灾对策特别措施法
		灾害对策基本法的局部修改(6月、1 2月)
		大规模地震对策特别措施法的部分改正
1996		特定非常灾害受害者权益特别保障措施法
1997		人口密集区减灾改进法
1999	广岛暴雨灾害	灾害受灾者的救济法
	JCO核事故	核灾难的特别措施法
2000		塌方和滑坡地区的警告和预防措施法
2004	新潟中越地震	易受灾地区泥沙对策法
2005	台风和暴雨	特定城市河流泛滥对策法

资料来源：姚国章.日本灾害管理体系：研究与借鉴[M].北京：北京大学出版社，2009：10-11.

1996 年 7 月，日本建设省的咨询机构——城市计划中央审议会在"关于今后城市公园等的建设与管理"报告中提出,要把建设防灾公园、加强城市公园的防灾功能作为建设城市公园的重点,目标是到 2002 年度,把人均公园面积扩大到 12 m²,把城市里的植树造林面积扩大两倍,在 65% 的市区街道把城市公园建成发生灾害时的避难场所。

日本政府从 1996 年开始实施"第六次城市公园建设计划",其中新增了关于建设防灾公园的内容:扩大防灾公园的对象,把面积在 1 hm² 以上的城市公园都作为防灾公园;扩大防灾绿地面积(苏幼坡,马亚杰,刘瑞兴,2004)。

日本建设省于 1998 年制定了《防灾公园计划和设计指导方针》,就防灾公园的定义、功能、设置标准及有关设施等作了详细规定。

在日本,城市防灾化建设包括城市的不燃化、建筑物和社会基础设施的抗震性及防灾据点建设等,防灾公园即是其中的一部分。《防灾公园计划和设计指导方针》把防灾公园划分为六种类型:①拥有作为广区域防灾据点功能的城市公园;②拥有作为广区域避难场所功能的城市公园;③拥有作为暂时避难场所功能的城市公园;④拥有作为避难通道功能的绿色大道;⑤阻隔石油联合企业所在地带等与一般城区的缓冲绿色地带;⑥面积在 500 m² 左右的街心公园(如表 5.10)。

表 5.10　防灾公园类型作用与规模

类　型	作　用	规模
具有广域防灾据点机能的城市公园	在发生大地震、火灾等灾害时,作为进行急救、重建家园和复兴城市等各种减轻灾害程度活动的据点	50 hm² 以上
具有广域避难场地机能的城市公园	发生大地震、火灾等灾害时,作为收容附近地区居民、使其免受灾害伤害的场所	10 hm² 以上
具有紧急避难场地机能的城市公园	在发生大地震、火灾等灾害时,主要作为附近居民的紧急避难场所或到广区域避难场所去的避难中转地点	1 hm² 以上
具有避难道路机能的城市公园	临时避难场所或避难通道	10 m 宽
作为隔离和缓冲地带的城市绿地	缓冲和隔离作用	—
临近的有防灾活动据点机能的城市公园	为防灾据点的补充	500 m² 以上

资料来源:根据相关资料整理绘制.

《防灾公园计划和设计指导方针》规定,这 6 种类型的防灾公园在发生大地震等严重灾害时将会发挥如下的功能:防止火灾发生和延缓火势蔓延,减轻或防止因爆炸而产生的损害;成为临时避难场所(紧急避难场所、发生大火时的暂时集合场所、避难中转地点等)、最终避难场所、避难通道、急救场所、临时生活的场所,作为修复家园和复兴城市的据点,平时则作为学习有关防灾知识的场所等(包志毅,陈波,2004)。

5.3.4　建筑环境要素:城市空间适灾实体系统

城市空间是以建筑实体空间为主体,与建筑外部环境有着密切相关的关系。实体和虚体间的比例决定了城市建筑密度。根据城市发展的普遍现象,城市密度越大,越易于产生城市灾害。从建筑实体空间及其周围环境入手,研究减少致灾因子以及加强防灾措施是城市空间适灾研究的重要内容。

1）建筑实体空间的适灾机制

在建筑防灾减灾设计中，只强调强化建筑性能在一定时期经济条件下是不现实的。城市灾害具有复杂性，在强调建筑本身抗灾作用外，突出其主动适灾往往会起到事半功倍的效果。建筑适灾概念是指建筑在抵御灾害的同时，又注重其主动适应自然环境和灾害环境。在建筑设计中，适灾性就体现在针对灾害的性质和破坏规律，从建筑的选址布局、建筑形态等方面研究适应灾害环境的方式，在灾害发生时可以最大限度减轻灾害的损害。

（1）建筑布局与适灾

建筑布局在很大程度上决定了建筑承受灾害的危害等级。山地环境既是丰富形态生成的动力，又是建筑布局的限制因素，山地的肌理影响建筑群体布局和组合。建筑群体组合布局应尽可能减少建设活动对原始地形的人为改变，通过建筑与地形的整合以形成共构关系，保护原生态地貌环境，减少因环境破坏而引发的灾害（梁华，梁乔，2010）。

在山地城市，建筑与等高线的关系，一般有三种形式：平行、垂直、斜交（图5.40）。平行等高线布置主要针对在地形坡度相对较大的地段，利于形成台地。垂直等高线布置主要针对坡度较缓的地段，这种布局其外部空间的通透性最好；与等高线斜交布置需根据日照、通风、景观朝向等调整建筑方位。当地形复杂，建筑的布局方式在平面上又可以归结为并列式、错列式、斜列式、周边式和自由式。不同的建筑布局方式对于该区域建筑适灾又有直接影响，主要是由于建筑布局形式影响风向的改变，风向对于建筑群体的空气质量、建筑节能环保方面有重要意义。王珍吾、高云飞等（2007）就对各种布局形式进行了风向影响测定，不同的布局形式，空间内部风速不同。如城市工业区建筑布局，则需要最大风速通过，带走工业尘埃，斜列式和错列式建筑布局是首选。居住区建筑布局则是需要轻微自然风，做到防风通风要求，则周边式建筑布局是首要考虑的（表5.11，图5.41）。

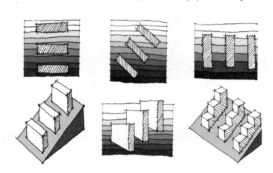

图5.40　山地建筑布局示意

资料来源：梁华，梁乔. 山地住区建筑组合与布局设计要素体系分析[J]. 建筑科学，2010(11)：106-110.

表5.11　不同布局方式的风速分布

布局方式	$v<1$ m/s 和 $v>5$ m/s 区域面积比率（%）	速度最大值(m/s)
并列式	20	3.28
斜列式	21	6.04
错列式	14	4.49
周边式	38	2.98

资料来源：王珍吾，高云飞，等. 建筑群布局与自然通风关系的研究[J]. 建筑科学，2007(6)：24-27.

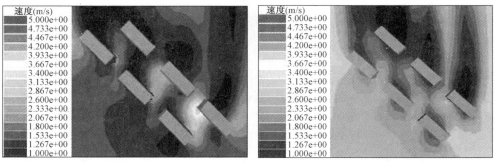

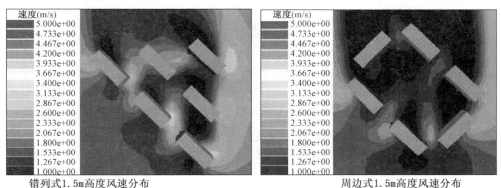

图 5.41 建筑布局与通风关系

资料来源:王珍吾,高云飞,等.建筑群布局与自然通风关系的研究[J].建筑科学,2007(6):24-27.

（2）建筑形态与适灾

建筑形态设计是空间适灾的基础,好的建筑形态设计,在结构上可以抵抗地震,防止建筑构件掉落造成二次伤害。建筑对称的平面布置形式具有良好的整体性,有利于抵抗水平和竖向荷载,如方形、圆形、正六边形、椭圆形等。建筑立面采用变化均匀的几何形状,如矩形、梯形、三角形等有利于提升抗震性能,而立面形状的突然变化或建筑上部明显大于底部体量的形体在地震中均不具有稳定性能,不均衡的立面设计容易导致建筑在灾害发生时产生质量和刚度的剧烈变化,从而造成结构上的脆弱性(齐丽艳,2006)。建筑形态与外部环境的关系,可以防止火灾蔓延,比如建筑的山墙完全可以作为火灾的隔离带。

因此,对于建筑实体空间的防灾,一方面需要提升其整体适灾性能,抵御或减轻外部灾害的影响和破坏;另一方面,通过建筑内部空间、结构、设施等方面的优化,减弱建筑实体自身的致灾隐患。建筑的使用性质决定了其内部要素在时间和空间上的分布,应根据建筑的使用性质和使用频率合理安排适宜的功能,并对不同适用类型的建筑或同一建筑内的不同使用功能采用不同的防灾设防标准,制定不同功能空间的使用导则。针对易发灾害合理选择建筑结构和材料,使结构和材料在保持自身所受影响最小的同时,对已发灾害进行抵抗或吸收,通过智慧技术监测建筑内部的使用及环境情况,并根据不同的时段进行风险等级测评,从而制定预警和管理系统。

2）建筑外部环境的适灾机制

（1）建筑外环境与建筑的有机结合,建筑可以作为建筑的外围防护,预留出一定空间,作为外来灾害的缓冲地带,比如山地城市常见的滑坡灾害(图5.42,图5.43),建筑与滑坡体之间的空间距离较短,存在潜在灾害威胁,不得不用工程措施加固。如果在建设初期,规划中充分考虑到滑坡体的影响范围,规划时首先划定安全建设范围,避开滑坡灾害的影响。通过对城市的各项指标进行分析,了解建筑周边环境的特点,充分挖掘规划地块潜力及避免不利影响,避开灾害多发区及地基特别软弱区,避开具有危险性的建筑和环境。同时,提高用地利用的科学性,并使建筑与其他要素形成有机整体,与环境有机结合,提高建筑的适灾性能。

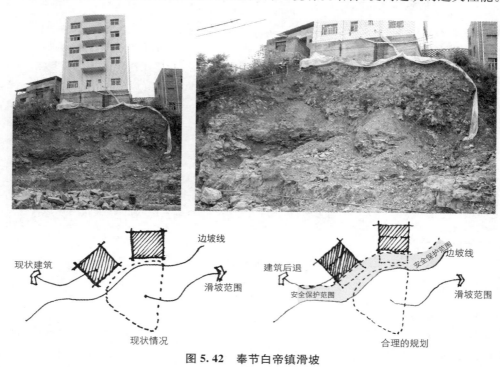

图5.42　奉节白帝镇滑坡

资料来源:作者自绘,其中照片由彭维燕提供.

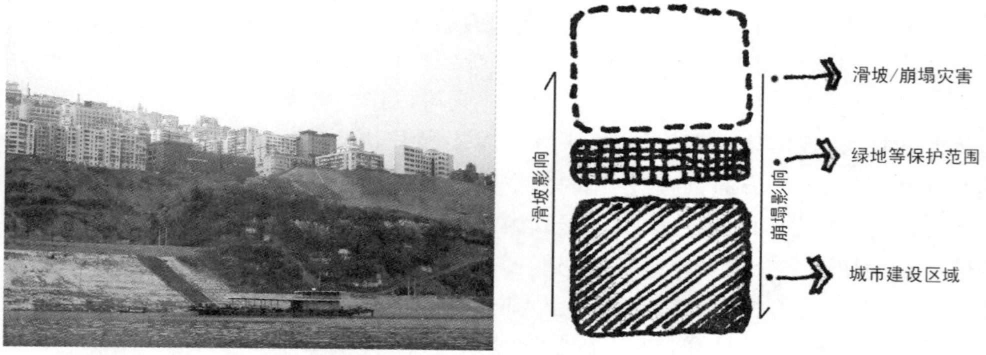

图5.43　巫山城市建筑与滑坡

资料来源:作者自绘.

(2) 建筑外部环境具有限定、围合建筑空间的作用,优秀的环境设计可以引导人们驻足或通过,通过对人流的引导可聚集人气避免形成消极空间环境、划分建筑所属领域的作用,保障建筑内部活动不受干扰。此外,在建筑外部环境设计中,还可以通过环境、家具、照明设施、视线设计等方面的策略提高建筑空间的适灾性能。

（3）建筑外环境的控制和引导作用,可以有效引导灾时人员的疏散,防止人员往危险区域乱跑,如在建筑易损部件区域,通过绿化带等限制人员靠近(表 5.12)。

表 5.12　建筑布局模式与避灾疏散的关系

名称	建筑布局形式	空间特点	避灾疏散分析
围合式		建筑围绕布局,形成一个公共中心	疏散较直接,能方便到达公共开敞空间,再通过主路对外疏散,出口的半封闭性影响疏散效率
行列式		建筑按照某一主导朝向进行行列式排列	建筑没有直接面临开敞空间,疏散需要一定时间
组团式		若干相对独立的组团用主要通道连接	各个组团建筑都有公共空间,可以紧急进入临时公共空间,再对外疏散,对外疏散路径较长,对外疏散路径的安全性是重要控制对象

资料来源:根据相关资整理绘制.

5.3.5　基础设施要素:城市空间适灾支撑体系

由于道路系统作外单独项已在前面讨论,本节的基础设施要素是指城市供水系统和城市电力系统等。城市基础设施的抗灾能力是城市整体适灾能力的重要指标,完善安全的城市基础设施系统是安全城市的重要标志。

随着西部大开发,西南地区城市化进程的加剧,城市规模扩大,城市对生命线系统的依赖程度也越来越高。城市基础设施系统具有公共性高、关联性强、覆盖面广的特征(余翰武,伍国正,柳浒,2008),其受灾害的程度及所引发的次生灾害均较为严重,甚至会导致城市社会、经济功能的瘫痪。而其具有的复杂性、多样性、系统性特征,致使在灾害发生时,任何一个环节的破坏都会影响到整个生命线系统的作用。根据相关资料显示,国内外诸多城市在电力、能源、排水系统等方面灾害频发,城市基础设施在不断的灾害检验中表现出严重的脆弱性。城市基础设施的灾害主要表现在:由于设施老化、故障、破损等自身原因引起的灾害,如设施故障引起的停电,电路短路引起的火灾,管道破裂对给水系统的影响等。还包括外力引起的设施破坏,从而引起的次生灾害,包括极端天气如强降温引起的城市给水不畅和突发性自然灾害引起的火灾等。

西南地域是生物多样化地带、能源矿产等自然资源富集区和多民族聚居地,集中了山地和平原,自然与人工建设、发达与欠发达、城市和农村等经济社会与科技发展的多重差异,是中国社会现代化进程中矛盾突显和集中爆发的典型区域之一。西南山地基础设施建设存在对发展和变化预计不足的情况。我们都有这个印象,每年在城市中都在翻新基础管网,好像管网需求每年都在变化,都需要重新翻新,这就是对发展变化预计不足。城市生命线系统对快速发展变化预计不足,特别是灾害发生时,供给要求更不足,使得生命线系统在非常态下无法满足要求(图 5.44),根据奚江琳、黄平、张奕的统计(奚江琳,黄平,张奕,2007),生命线系统平时与灾时需求出现不相符的特点,这就使得城市生命线系统的适灾性大大降低。

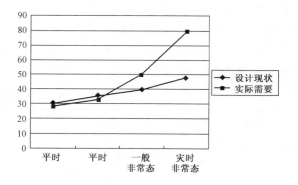

图 5.44 生命线系统平时、灾时实际需求

资料来源:奚江琳,黄平,张奕. 城市防灾减灾的生命线系统规划初探[J]. 现代城市研究,2007(5):75-81.

西南地区城市生命线系统缺乏辅助系统,它是对主系统的辅助和补充,使整个系统更加完整、安全。当城市生命线主系统遭到灾害破坏无法运转时,生命线辅系统对城市生命线进行最低保障。但实际的规划设计与管理过程中生命线系统防灾和减灾方面的内容往往考虑不够,尤其没有相应的灾时生命线"辅"系规划。

西南地区城市生命线系统建设缺乏相应统筹、应急体制。欠缺灾时应急联动机制及统筹管理预案,从而当灾害发生后,往往由于混乱及无序造成灾害损失扩大化。

西南山地基础设施建设面临整体落后、布局松散、城市生命线的系统构成、重要设施布局、结构组织方式、预案管理等方面考虑不足。提高城市生命线系统的适灾能力,是提高山地城市空间承灾能力的重要环节。以"平防结合"思想指引基础设施的规划,对城市基础设施适灾能力的最大限度发挥具有重要的现实意义。

(1)考虑适当增量,提高生命线系统抗灾能力。因城市的发展较快,各种需求变化较快,特别是基础设施的需求。在经济条件允许下,适当提高预测量,保障基础设施的供给,提高生命线系统的抗变化能力。

(2)建构主辅系统,保障最低供给需求。城市空间适灾要求城市生命线系统具有较强的承灾能力,在灾时能最大程度地承受灾害的破坏。所以,生命线系统应有"主"、"辅"两套系统(奚江琳,黄平,张奕,2007)。[①]

---

① 平时,由"主"系统保证能量供应和有效保障,增强防灾能力;灾时,在地震、战争、恐怖袭击等突发事件下,主系统往往导致中断、损毁,必须有"辅"系统或转换系统代替"主"系统应急,以提高系统的应变能力和抗灾能力,以维持城市最低程度需求。如电力系统能保持足够的功率支持,能保证在安全限制内运行;在有线通讯上加大光缆通讯比例,在无线通信中应用微波接力通信和卫星通信等。我国城市生命线原为"树枝"状系统,无法达到城市防灾减灾的目的,一处受到破坏系统供应往往容易中断,通过规划将建立"树藤"状系统,在"树枝"主系统供应的同时,建立"藤"状辅系统,当"树枝"无法对"树叶"提供能量供应和有效保障时,利用"藤"的辅助和补充功能,做到有效补充,提高系统抗灾能力,减少次生灾害。在辅系统规划中,充分预计灾害,分区域、阶段、人口建立辅系统保障,形成"树藤"状生命线供应系统,使城市不至于在灾害来临时,处于瘫痪状态和产生恐慌等次生灾害,保证最低需求。如在一定区域结合城市公园、绿地的建设,建立一定量的深水井,保证灾时提供独立清洁水源,保障最低用水量。参见:奚江琳,黄平,张奕. 城市防灾减灾的生命线系统规划初探[J]. 现代城市研究,2007(5):75-81.

（3）结合山地城市特点，进行总体控制与分散布局。山地城市多是以组团布局结构，生命线系统可以根据组团分散布局，组团间相互联系。如水、电等基本设施，若某个组团出现问题还可以由其他组团辅助供给，保障基本的生活需求，如燃气供给，在某个组团出现破坏时，可以单独切断该组团的燃气供给，避免次生灾害的发生，同时也不会对其他组团造成影响，不影响整个城市系统正常运转。城市仅某个局部的生命线系统被破坏，而保证其他系统的安全，提高城市综合防灾减灾能力（图5.45）。

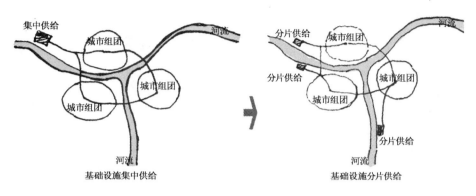

图5.45　基础设施分片供给示意

资料来源：作者自绘.

（4）提升基础设施系统的科技水平。如提升基础设施的现代材料运用，提升基础设施结构隔震能力，增加管线的抗损坏能力。

（5）建立城市间救援机制。单个城市出现灾情时，其他城市应利用自身资源对受灾城市提供有效援助。现代城市的发展往往以城市群的形式出现，在城市本身建立应急体系的同时，充分利用城市群的资源优势，在灾时增加城市间救援协作措施，减少灾害的破坏。如成渝城市群城市间距离短，城市相邻仅需2～3小时车程，假设重庆出现灾情，成都、内江、遂宁等城市迅速提供保障支持，将重庆城市灾害的破坏减到最低程度，并可尽量避免恐慌、疾病流行等次生灾害的发生（图5.46）。

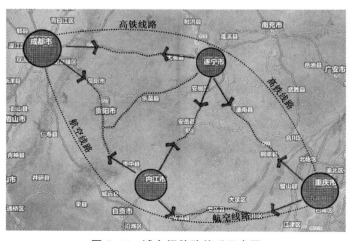

图5.46　城市间救助关系示意图

5.3.6 轴线要素：城市空间适灾引导系统

城市轴线通常是指一种在城市中起空间结构驾驭作用的线形空间要素（王建国，2003）。城市轴线的规划设计是引导城市空间结构组织的重要内容。城市轴线是人们认知体验城市的一种基本途径。

轴线要素在城市空间适灾中表现为引导性，这种引导性在心理上能给人以安心感。因为大多数城市轴线的形成都与中心广场、中心绿地、大的开敞空间相关，组织着这些开敞空间的布局。一旦发生灾害，只要看到城市轴线，则可以往轴线上转移。对称形态也是人类感受到安全稳固的形态之一，各种事物按照对称的形态发展，必然出于背后稳定的考虑，如生物（人、等）自身的对称性，必然是为了平衡稳定作用，人类城市对于对称轴线的模仿，其主要原因之一也是有对城市安全稳固发展的考虑（图 5.47）。

图 5.47　对称形态
资料来源：作者自绘.

我国西南地区地形复杂，环境限制较多，城市布局较为灵活，山地城市没有明显中轴线，但轴线一直存在，如在城市空间布局关系上也体现出空间发展轴线，并且对城市空间有着重要的组织和控制作用。如重庆，城市未见明显轴线，但结合两江四山的自然山水格局特征，这条轴线引导着城市整体上在两山之间发展的趋势。研究城市轴线的引导性，需对其产生缘起、轴线构成和轴线对于空间适灾性的作用机制进行分析。

1）轴线的缘起与演进

最初的城市中轴线或与太阳崇拜有关（李旭，2010）。对古代人类来说，由于认知的限制，世界上的一切都是神秘的，太阳有规律的东升西落，带来温暖与光明，并且其规律运动有极强的方向指引性，是原始人类定位事物的参照物。因此，原始人早期的住宅建筑朝向太阳布局，即建筑轴线指向太阳，而后扩大到更大范围的城市。成都最早的城市轴线就是如此（图 5.48），开明王的成都城以一条北偏东约 30°的主轴来定位建城；另外，郫县三道堰古城也是相同的偏角，这其中的原因应该是和成都地区处于南方有关，南北方地区有明显的气候差异，南方城市垂直偏东轴线布置建筑，对取得冬季日照更为有利。

轴线的形成还与我国古代城市建设对

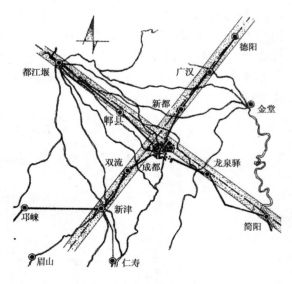

图 5.48　开明成都偏心主轴分析图

资料来源：应金华，樊丙庚. 四川历史文化名城[M]. 成都：四川人民出版社，2000：18.

于王权至上和神灵的崇拜有关,宽大轴线的建设给人以震撼和权威感受,《周礼·考工记》:"匠人营国,方九里,旁三门。国中九经九纬,经涂九轨。左祖右社,前朝后市,市朝一夫……经涂九轨,环涂七轨,野涂五轨。环涂以为诸侯经涂,野涂以为都经涂。"《吕氏春秋》:"古之王者,择天下之中而立国,择国之中而立宫,择宫之中而立庙。"按这样的标准进行建设,势必形成明显的城市轴线关系,说明了城市建设的礼法,是强调形成城市轴线关系的,当然这是为了王权至上的权威等级制度服务的。在中国奴隶社会、封建社会存在的时间里,这种"择中"、"对称"的手法,极大影响了我国古代城市的建设,西南地区古代城市亦受其影响。

此外,人们对自然的模仿也是轴线产生的原因之一,自然界广泛存在对称、均衡等事物,人们很自然地将对外部事物形式的"同构感应",反映到人工建设中去。先秦时期的城市建设就已经开始在不同程度上形成中轴线。

2)轴线的特征

城市轴线的基本特征应体现在其等级和功能作用两方面。轴线等级一般包括城市主轴和次轴。城市主轴是引导城市空间的发展主导线,其贯穿和控制着整个城市,一般都会穿越城市的中心、引导城市主要功能,控制城市主要交通线路。城市次轴是城市局部空间的发展导向线,一般具有特定功能性,如景观轴线、商业办公轴线、滨水轴线等等。

从轴线在城市中的功能作用而言,城市轴线又可分为空间发展轴、景观发展轴和功能发展轴三种类型。空间发展轴对城市的空间拓展方向起控制作用,大多与交通发展较为紧密,但也有一些空间发展轴是沿自然地形条件延伸的方向形成的,如万州城市沿江发展、重庆主城区城市沿山发展等;景观发展轴是城市重要公共空间或景观节点线性集中地段,常能够体现主要的城市景观特色和城市空间意象,如重庆滨江路,是重庆重要的景观轴线;功能发展轴集中了类似或相关联的特殊城市功能,如行政功能的线性集中形成行政办公轴线,产业园区形成的产业发展轴。

如巴西利亚的规划,就具有明显的轴线式(图5.49)。1956年,巴西政府决定迁都至中部的巴西利亚,位于海拔1 200 m的两河交汇之处。1957年,巴西建筑师卢西奥·科斯塔(Lucio Costa)的方案在国际竞赛规划中当选。他的规划设计思想强调首都"规划是有意地追求尊严和高雅"。整个城市主轴是以"模拟躯干"为出发点,在这一主轴上布置政府机构建筑群,其中心则是著名的"三权广场";另一轴线上主要布置了城市居住区,呈弧形两翼,两条轴线交叉点是作为城市心脏的4层大平台,这里是全城重

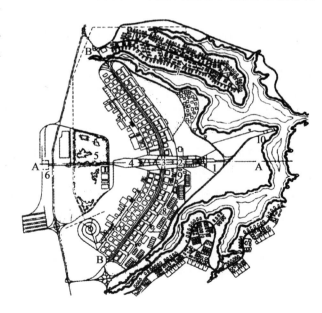

A—A:东西主轴线,布置政府大厦等建筑;B—B:市民分步轴;1. 三权广场;2. 广场及各部大厦;3. 商务中心;4. 广播电视大厦;5. 森林公园;6. 火车站;7. 多层住宅区;8. 独立式住宅区;9. 大使馆;10. 水上运动设施

图5.49 巴西利亚城市总平面图
资料来源:根据相关资料整理绘制.

要交通枢纽和公共中心。东西向的行政发展轴长约 8.8 km,南北向的居住发展轴长约 13.5 km。整个平面结构类似飞机形状,象征巴西是一个正在高速起飞的发展中国家。作为 1960 年代城市规划思潮的重要代表,巴西利亚的总体规划颇具争议。有学者批评它过分追求形式、依赖汽车交通和忽视人性尺度,缺乏历史和传统,缺少应有的丰富多彩和吸引人的魅力。尽管如此,规划过度强调形态,突出轴线的运用,城市导向性很明确,交通干线也很稳固,城市空间在纵横两条主轴线上功能分区明显,对环境的结合较好,这在城市安全方面具有较好的作用。

　　3) 轴线与城市建设的适灾特性

　　一般来说,城市轴线的缘起有人为因素,在设计轴线时,就考虑趋利避害,城市安全等可持续发展因素。城市轴线与城市自然环境的相互结合,可以突出环境保护,维护城市生态安全。

　　合理运用城市轴线来引导城市空间发展,建立城市空间结构,可引导城市的可持续发展,避免城市的无序扩张(图 5.50)。如巴黎的轴线就是西方城市轴线中的典型代表。卢浮宫、协和广场、香榭丽舍大道、凯旋门和德方斯副中心构成的东西约 8 km 长的城市主轴线,是巴黎城市轴线中最主要的一条,它充分利用开阔的水面、绿地,使城市空间更加开阔明快。轴线上串联着丰富的活动内容和开放空间,每段景色各异,是巴黎的城市设计艺术的精华所在。巴黎的城市轴线是经过了多个世纪的不断完善形成的。巴黎在亨利四世和路易

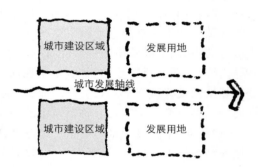

图 5.50　城市轴线的引导作用

资料来源:作者自绘.

十四的督促下开始了改造。著名的造园师勒·诺特尔(Andre Le Notre)提出了延长丢勒里花园轴线,并将这条轴线作为巴黎以后发展的一项支配性要素(张永仲,2002)。于是这条轴线就迅速成为了巴黎城市的中枢主轴。到了 18 世纪 60 年代,巴黎开始了著名的"奥斯曼改建①"工程,一举完成了"大十字"轴线系统,并建立了一系列的次轴。至此,巴黎轴线网络的构造已经基本上完成。而巴黎城市本身也由中世纪的一个有机生长的城市,变成了一个脉络清晰、主次相间的轴线城市(钟纪刚,2002)。纵观城市建设的历史,以城市轴线为指导建设的城市,往往能延续城市发展的思路,避免了无需扩张出现的一系列城市问题,城市的空间发展始终在统一协调的基调上,体现城市可持续发展,巴黎的轴线引导城市建设,使得巴黎至今仍是最安全的城市之一(图 5.51)。

　　城市轴线可引导城市发展方向,往着安全方向发展。我们大多数城市选址都是在充分论证场地的可行性、安全性、承载性的基础上进行的,规划指定的城市轴线是引导城市的发展方向的,不可随意更改。然而在快速城市化阶段(中外都有),有的城市为了一时的经济发

---

　　① 1852—1870 年,奥斯曼在拿破仑三世的支持下对巴黎进行了大规模的城市改建。奥斯曼巴黎改造计划的核心,是道路网的规划与建设,当时数量庞大的马车已经彻底瘫痪了巴黎的交通,奥斯曼在密集的旧市区中,征收土地,拆除建筑物,切蛋糕似地开辟出一条条宽敞的大道,这些大道直线贯穿各个街区中心,成为巴黎交通的主要交通干道,著名的香榭大道,就是在其改建计划中完成的。奥斯曼在这些大道的两侧种植高大的乔木而成为林荫大道,人行道上的行道树使城市充满绿意,并形成了城市的发展轴线。

图 5.51　巴黎城市轴线

资料来源:根据相关资料绘制.

展,破坏了城市的发展方向,甚至重新规划城市发展方向,结果出现灾难性后果。如四川北川县老县城,历史上一直是灾害多发地带,是不能作为大规模城市建设用地的。1952 年由于发展的需要,没有经过太多论证就贸然在该地块进行县城建设,导致了汶川地震时北川县城遭受了重大的灾害损失(李晓江,2011)。[①]

5.4　小结

本章探讨了城市空间构成要素的适灾机制和作用,梳理了空间分析理论中对于要素的理解与分类,认为从不同角度可以把空间构成要素分成不同的类型。本章中结合西南山地城市的特质,从城市空间适灾角度提出空间的划分原则和类型,包括用地功能布局要素、道路系统要素、公共空间要素、建筑环境要素、基础设施要素和轴线要素 6 要素。

用地功能布局要素、道路系统要素、公共空间要素、建筑环境要素和基础设施要素是城市空间的构成要素之一,同时也是城市灾害形成的相关要素,这些要素与城市灾害的发生、衰减有直接的关系,这些要素的变化直接影响灾害的变化。

---

① 参见:李晓江.铭记:风雨彩虹 大爱北川[J].城市规划,2011(S2):5-9.

6 西南山地城市空间形态适灾研究

理想的城市空间形态,本质上是城市与环境相适应过程中达到平衡的一种状态,即城市不对环境造成破坏,环境也不对城市进行"灾害报复",这种状态表现在城市空间安全建设上是空间具有防灾、避难、救灾等作用。也可以形象地理解为城市与环境之间"博弈"形成的一种平衡状态。西南山地城市空间形态构成,在一定程度上对于城市灾害的产生具有影响的作用,这种影响和山地城市特殊的地理环境条件是分不开的。因山地城市空间形态的形成涉及山地地理环境、社会经济发展、交通条件、政策导向、文化传统等等,可以归纳为动力因素、阻力因素和安全因素。本章对于空间形态适灾能力的研究,其目的在于得出什么样的空间形态能具有很好的适灾能力,什么样的空间形态适灾能力弱。研究通过理论分析、目标考察和案例对比三种方式进行综合判断,一是从已有的城市空间形态理论进行梳理,分析其空间形态在适灾方面的作用机制和过程;二是对西南山地城市空间形态的构成特点及其适灾效果进行对比分析,推导出适灾效果较好的城市空间形态;三是分析在城市空间适灾方面做得比较好的典型山地城市的空间形态是什么样的。通过这三种方法的研究,最后结合西南山地城市的特点,归纳出西南山地城市的空间适灾形态,明确什么样的空间形态是安全的,什么样的空间形态是不安全的,为进一步构建整体空间适灾提供支撑。

6.1 城市空间形态理论及其适灾内涵

有关城市空间形态的研究,国内外学者进行了较为深入的研究。如霍华德的田园城市理论是研究通过城市空间布局缓解城市产生的环境问题;伊利尔·沙里宁针对大城市过分膨胀所带来的各种"弊病"而提出的有机疏散理论,也是研究如何从城市空间布局上避免或减轻城市灾害;另外,其他城市理论的提出都是为了解决城市某一方面出现的"问题",防治灾害的生成。如邹德慈院士等直接从城市空间形态上进行研究,他们认为空间形态在一定程度上对于灾害是具有防御作用的。下面就主要的空间形态理论及其适灾内涵进行分析:

(1)田园城市理论及其适灾内涵

1898 年,霍华德提出"城乡磁体"(Town-Country Magnet)(霍华德,2000)认为建设理想的城市,应兼有城和乡二者的优点,并使城市生活与乡村生活像磁体一样相互吸引,相互结合。这个城乡结合体称为田园城市,是一种全新的城市形态,既具有城市生活的高效率,又兼有乡村的清净环境,并认为这种城乡结合体能产生人类新的希望、新的生活与新的文化。

霍华德主张城市达到一定规模时,应该停止增长,控制合理的城市规模、实现城乡结合,任何城市规模人口过量的部分应由邻近的另一城市来接纳。即若干田园城市围绕一中心城市,构成一个城市组群,用铁路和道路把城市群连接起来。他把这种多中心的组合称为"社会城市"。

表 6.1　城市空间形态理论及其适灾内涵

人物	理论	特征解释	空间适灾内涵
霍华德	田园城市理论	为了控制城市规模、实现城乡结合,霍华德主张任何城市达到一定规模时,应该停止增长,其过量的部分应由邻近的另一城市来接纳。即若干田园城市围绕一中心城市,构成一个城市组群,用铁路和道路把城市群连接起来	这种建构城市形态的模式在山地环境中更容易形成。由于自然的地貌已把城市组群的规模做了一个大致的划分,自然山体作为组群间的绿化分隔,既控制了城市规模,又达到了城市与自然共生的目的。这种分散式的城市发展模式带了城市环境的改善,减轻了城市空间的承载力,必然降低城市灾害的发生几率
沙里宁	有机分散理论	有机疏散就是把扩大的城市范围划分为不同的集中点所使用的区域,这种区域内又可分成不同活动所需要的地段。他认为对待城市的各种"病"就像对人体的各种病一样。根治城市有些病,就是要从改变城市的结构和形态做起	城市空间适灾,也是研究城市从整体上提高对于灾害的抵抗能力,城市内部的各种要素,如道路、建筑、广场、绿地、基础设施等都是城市的有机组成部分,这些要素的适灾能力关系到城市整体的适灾能力
马塔	带型城市理论	城市应有一道宽阔的道路作为脊椎,城市宽度应有限制,但城市长度可以无限;沿道路脊椎可布置一条或多条电气铁路运输线,可铺设供水、供电等各种地下工程管线;如果从一个或多个原有城市作多方延伸,可形成三角形网络系统	比较适合山谷间的条形地带的发展,城市空间能与地形较好地契合。由于城市空间的狭长发展,进深小,厚度不大,城市功能较为单一,路网系统较为明确,在城市空间发展上有很好的指向性
克罗基乌斯	地形影响理论	城市建设中由于地形而造成的特殊规划条件也对城市结构有着积极影响,包括开拓各种用地,以及建立地段之间复杂的交通联系	适应地形的城市形态,必然要求适应地形的各种城市要素,如道路、建筑、广场、绿地和基础设施,适应地形的城市空间要素,则具有较好的适灾能力,整体上则有利于提高城市整体空间适灾能力
其他	相关研究	城市形态对于地形的契合	同上

资料来源:根据相关资料整理绘制.

　　霍华德针对现代工业社会出现的城市问题,把城市和乡村各自的优势结合起来作为一个整体来研究,设想了一种带有超前性的城市模式。这对现代城市规划思想起到了重要的启蒙作用,对其后出现的一些城市规划理论有相当大的影响。

　　"田园城市"理论首次提出了城乡一体化的发展模式。霍华德认为城市和乡村各有其优点和缺点,分离开来将永远无法解决城市和乡村各自出现的诸多问题。针对工业社会中城市出现的严峻、复杂的社会与环境问题,只有摆脱就城市论城市的狭隘观念,从城市结合乡村的角度将其作为一个整体,才能从根本上解决这个长期困扰人类发展的问题。他的"田园城市"示意图上明显地写着"城市用地 1 000 英亩,农业用地 5 000 英亩,人口 32 000 人"(李德华,2001)[1],他认为城市与乡村相互依存,城乡一体的融合发展模式是资源利用和收益最大化的唯一形式。

　　这种建构城市形态的模式在山地环境中更容易形成。由于自然的地貌已把城市组群的规模做了一个大致的划分,自然山体作为组群间的绿化分隔,既控制了城市规模,又达到了城市与自然共生的目的。这种分散式的城市发展模式带来了城市环境的改善,减轻了城市空间的承载力,必然降低城市灾害的发生几率(图 6.1)。

---

　　[1]　参见:李德华.城市规划原理[M].第三版.北京:中国建筑工业出版社,2001.

（2）有机分散理论及其适灾内涵

针对大城市过分膨胀所带来的各种"弊病"，伊利尔·沙里宁（Eliel Saarinen）在1934年发表了《城市——它的成长、衰败与未来》（*The City-Its Growth，Its Decay，Its Future*）一书，提出了"有机疏散"思想（伊利尔·沙里宁，1986）。

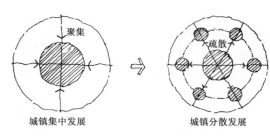

图6.1　霍华德田园城市空间适灾分析

资料来源：作者自绘.

有机疏散思想，不是一个技术性的指导方案，而是对城市的发展带有理论性的思考，是在吸取相关城市规划学者的理论和实践经验的基础上，在对欧美国家一些城市发展中的问题进行调查研究和思考后得出的结果。

沙里宁认为，一些大城市一边向周围迅速扩展，同时内部又出现他称之为"瘤"的贫民窟，而且贫民窟也在不断蔓延，这说明城市是一个不断成长和变化的机体。他认为对待城市的各种"病"就像对待人体的各种病一样。根治城市的有些病靠吃药、动点小手术是不行的，要动大手术，也就是要从改变城市的结构和形态做起。这点和本章提出的城市空间适灾概念是一致的，城市应对灾害不应是针对每个出现的灾害进行被动的防治，而是应该主动提升城市空间的品质，从改变城市的结构和形态方面做起，使得城市不仅能减少大部分的灾害发生，而且能使发生灾害导致的损失降到最低。

他用对生物和人体的认识来研究城市，认为城市由许多"细胞"组成，细胞间有一定的空隙，有机体通过不断地细胞繁殖而逐步生长，它的每一个细胞都向邻近的空间扩展，这种空间是预先留出来供细胞繁殖之用，这种空间使有机体的生长具有灵活性，同时又能保护有机体（图6.2）。

（a）健康的细胞组织　　（b）衰亡的细胞组织

图6.2　细胞组织的"有机秩序"

资料来源：[美]伊利尔·沙里宁.城市：它的发展、衰败与未来[M].顾启源，译.北京：中国建筑工业出版社，1986：10-14.

他从生物细胞的这种成长现象中受到启示，认为有机疏散就是把拓展的城市区域划分为不同的"细胞"地段。由于城市自身的某种力量，使城市具有一种膨胀扩张的趋势，当分散的离心力大于集中的向心力时就会出现分散的现象。有机分散的过程存在正反应与逆反应，通过这两种作用，能逐渐把城市的紊乱状态转变为有序状态，并以城市道路系统进行类比。[①]他认为，在这种思想指导下，可以引导城市逐步走向有秩序的分散。

这个比喻类似于城市空间适灾的概念，也是研究城市从整体上提高对于灾害的抵抗能力，城市内部的各种要素，如道路、建筑、广场、绿地、基础设施等都是城市的有机组成部分，这些要素的适灾能力关系到城市整体的适灾能力，这些要素之间不是简单的相加，而是以某

---

① 他认为，街道交通拥挤对城市的影响与血液不畅对人体的影响一样，主动脉、大静脉等组成输送大量物质的主要线路，毛细血管则起着局部的输送作用。输送的原则是简单明了的，输送物直接送达目的地，并不通过与它无关的其他器官，而且流通渠道的大小是根据运量的多少而定。按照这种原则，他认为应该把联系城市主要部分的快车道设在带状绿地系统中，也就是说把高速交通集中在单独的干线上，使其避免穿越和干扰住宅区等需要安静的场所。

种方式耦合在一起,其中一个要素的变化又会引起其他要素的变化,并引起城市整体形态的变化。有机分散理论对于西南地区山地城市面临的复杂地形地貌状况,具有较好的切合关系,对于提升城市整体适灾能力是有利的。

（3）带型城市理论及其适灾内涵

1882年西班牙工程师索里亚·伊·马塔提出了带型城市的设想:城市应有一道宽阔的道路作为脊椎,城市宽度应有限制,但城市长度可以无限;沿道路脊椎可布置一条或多条电气铁路运输线,可铺设供水、供电等各种地下工程管线;如果从一个或多个原有城市作多方延伸,可形成三角形网络系统。该设想比较适合山谷间的条形地带的发展,城市空间能与地形较好地切合。由于城市空间的狭长发展,进深小,厚度不大,城市功能较为单一,路网系统较为明确,在城市空间发展上有很好的指向性。

（4）地形影响理论及其适灾内涵

克罗基乌斯在其《城市与地形》(B. P. 克罗基乌斯,1982)一书中,认为地形对城市的结构形态具有很大影响。城市建设中由于地形而造成的特殊规划条件也对城市结构有着积极影响,包括开拓各种用地,以及建立地段之间复杂的交通联系。复杂地形条件下保证居民方便到达城市中心区的要求,必然导致城市用地呈现出各种类型的规划结构:紧凑型规划结构是在高原或盆地区域,或宽阔的山谷和平坦的分水岭区域形成的。放射型规划结构是大片紧凑用地和其毗邻的带状用地结合形成。线性规划结构是在水平分隔微弱、陡坡较大的带状地带形成的。枝型规划结构适灾带状地形或陡坡较大和复杂平面状地形的情况下形成的。组群型规划结构是在拥有若干相互分离、适于城市建设的场地形成

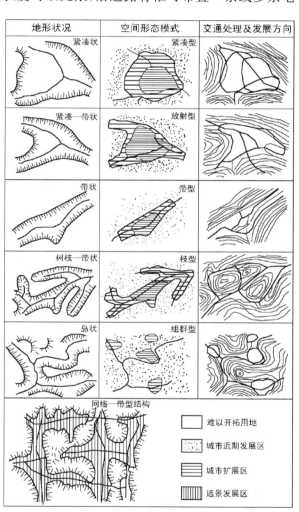

图6.3　山地城市空间形态模式

资料来源:根据克罗基乌斯《城市与地形》作者整理绘制.

的(图6.3)。这些适应地形的城市形态,必然要求适应地形的各种城市要素,如道路、建筑、广场、绿地和基础设施,适应地形的城市空间要素,则具有较好的适灾能力,整体上则有利于提高城市整体空间适灾能力。

（5）其他相关研究的适灾解释

国内相关研究也提出了一些有见解的观点,如邹德慈院士关于城市形态分类研究,提出

了自己的观点,他认为在城市空间形态的研究方面,国内外存在许多不同的归纳分析方法和意见。不管按城市建成区主体平面形状、按城市发展模式、按城市功能分区布局,还是按城市道路网结构等分类方法,这些方法都是相互关联的。因此,他提出了比较直观、简单易行的"图解式分类法"。把城市形态归结为集中团块型、带型、放射型、星座型、组团型和散点型六大主要类型(邹德慈,2002)。[①] 这几种城市形态的基本特征分别表现为下表(表6.2):

表 6.2　图解城市形态类型

类型	显著特征	特征及适灾分析	形态图解
集中型形态 (Focal Form)	城市建成区主体轮廓长短轴之比小于4︰1	集中型城市形态主要表现为城市主体轮廓长短轴之比小于4︰1,主要城市中心区一般位于平面几何中心附近,市内道路网为较规整,市政基础设施便于集中设置,土地利用模式较合理	
带型形态 (Linear Form)	建成区主体平面形状的长短轴之比大于4︰1	呈明显单向或双向发展,有U型、S型等。这些城市往往受自然条件所限,或完全适应和依赖区域主要交通干线而形成,呈长条带状发展,有的沿着湖海水面的一侧或江河两岸延伸,有的因地处山谷狭长地形或不断沿着湖海水面的一侧或江河两岸延伸,有的因地处山谷狭长地形或不断沿铁路、公路干线一个轴向的长向扩展城市,也有的全然是按一种"带型城市"理论按既定规划实施而建造成的,城市规模不会很大,整体上使城市各部分均能接近周围自然生态环境	
放射型形态 (Radial Form)	主体团块有3个以上明确的发展方向,这包括指状、星状、花状等子型	城市多是位于地形较平坦,而对外交通便利的平原地区。他们在迅速发展阶段很容易由原城市旧区,同时沿交通干线自发或按规划多向多轴地向外延展,形成放射性走廊,所以,全城道路在中心地区为格网状而外围呈放射状的综合性体系。这种形态的城市在一定规模时多只有一个主要中心,属一元化结构,而形成大城市后又往往发展出多个次级副中心,属多元结构	
星座型形态 (Conurbation Form)	由一个相当大规模的主体团块和3个以上较次一级的团块组成	中心城市围绕若干相对独立的新区或卫星城镇。这种城市整体空间结构形似大型星座,人口和建成区用地规模很大,除了具有非常集中的高楼群中心商务区(CBD)之外,往往为了扩散功能而设置若干副中心或分区中心。联系这些中心及对外交通的环形和放射干道网使之成为相当复杂而高度发展的综合式多元规划结构。有的特大城市在多个方向的对外交通干线上间隔地串联建设一系列相对独立且较大的新区或城镇,形成放射性走廊或更大型城市群体	
组团型形态 (Cluster Form)	由两个以上相对独立的主体组团和若干个基本组团组成	由于较大河流或其他地形等自然环境条件的影响,城市用地被分隔成几个有一定规模的分区组团,有各自的中心和道路系统,组团之间有一定的空间距离,但由于较便捷的联系性通道使之组成一个城市实体。这种形态属于多元性复合结构	
散点型形态 (Scattered Form)	没有明确的主体团块,各团块在较大区域内呈散点状分布	形成于资源较分散的矿业城市。由若干相距较远的独立发展的规模相近的城镇组合成为一个城市,这可能是因特殊的历史或行政体制原因而形成的。通常因交通联系不便,难于组织较合理的城市功能和生活服务设施,每一组团需分别进行因地制宜的规划布局	

资料来源:根据"邹德慈. 城市规划导论[M]. 北京:中国建筑工业出版社,2002"整理绘制.

---

① 参见:邹德慈. 城市规划导论[M]. 北京:中国建筑工业出版社,2002:25.

邹德慈先生认为,由于城市空间形态的动态性和多样性特征,在一个阶段中属于任何类型的城市,均可能向其他类型发展转化。图解式形态分类法,只是一种比较简明和对于城市规划与设计工作上易于操作的办法之一,但类型判别的标准也尚未能十分精确。实际上,国内外从事城市研究的学者尚有从各种不同角度,如社会学、经济学、军事学、地理学以及城乡关系、系统工程、组织功能结构、三维形状等等方面来对城市形态进行分类的研究,各有特点。

另外,黄光宇先生通过多年的山地实践及研究,把山地城市空间结构的基本模式归纳为:组团发展模式、串联发展模式、环绿心发展模式、网络发展模式。他认为根据山区城市所处的地理区位、海拔高度、地形坡度、气候、降雨和日照等自然条件的差异,又发展出多种多样的城市空间形态,主要有集中紧凑型、组团型、带型、糖葫芦型、长藤结瓜型、单中心绿心结构、多中心绿心结构、指掌型、树枝型、星座型、新旧城区分离型、城乡融合型(黄光宇,2006)。

各种形式的城市空间形态形成的前提都是为了适应复杂地形的变化,这也是各种形态存在的基础。脱离了地形环境而出现的各种形态都是不合理的,如很多城市的新城建设为了达到某个形态,采用大挖大填的建设方式,特别是境外规划师在中国进行的"规划试验",往往构筑很新奇的形态以迎合个别领导。这种对于自然的不尊重,破坏自然基础的建设方式,势必会遭到大自然的报复。

其他也有从城市形态演替和扩展模式角度展开对于城市空间形态的研究。城市各种功能活动所引起的空间变化,促进了空间的位移与扩张,这种位移和扩张其实质就是一种空间演替(段进,2006)。四种城市扩展方式的进行,其实就是同心圆式扩张、星状扩张、带状生长、跳跃式生长四种基本城市形态(图 6.4)。

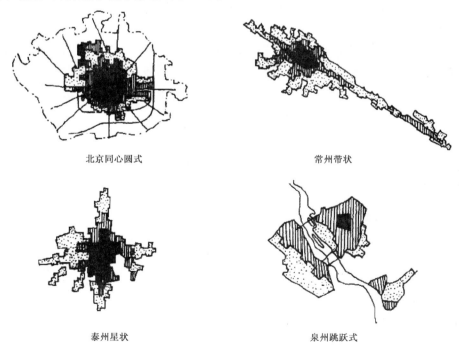

北京同心圆式

常州带状

泰州星状

泉州跳跃式

图 6.4　四种基本城市形态

资料来源:段进. 城市空间发展论[M]. 南京:江苏科学技术出版社,2006:145.

实际城市建设中的城市形态,往往是四种演变类型综合作用的结果,城市形态均可能由于特殊作用的介入,向其他类型发展转化。

6.2 影响山地城市空间形态的关键因素

6.2.1 动力因素分析

1) 社会经济发展

经济繁荣是城市发展的基础,它内在地推动着城市形态演变(汪坚强,2009),也是促进城市化健康发展过程中的核心因素(丁健,2001)。随着城市社会经济的发展,将引起的城市经济的变化,并进一步引起构成城市结构之间要素及其相互关系的变化,从而引起城市形态的变化。社会经济因素对城市空间的影响主要体现在以下两个方面:一是社会经济的发展和生产方式的转变促使城市功能的改变,使得城市形态和城市功能之间逐渐产生矛盾,这种矛盾促使新的城市功能适应新的城市空间形态,进而推动城市形态的演变;其次是经济技术水平的提高,使人类的开发活动受自然条件的束缚越来越小,这种情况在西南山区地形条件复杂的情况下尤为明显,人类改造自然的能力大大增强,带来了城市物质形态的迅速扩张。

城市经济增长与城市规模有直接关系,这从武进的分析中也可看出一定的规律,他作了1953年到1984年城市投资与城市规模关系的分析,如图显示,1953年以来城市建设投资与城市建成区面积扩张曲线呈现出相似的波动,城市投资的周期性波动必然导致城市扩展的周期性波动(图6.5)。

以上分析可以表明城市经济的增长与城市规模扩展之间有一定的正相关关系(图6.6)。当城市经济增长时城市规模随着增长放大;当城市经济萎缩时,城市规模增长随着减弱。

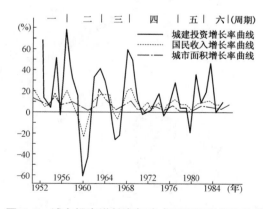

图6.5 城市投资增长率与建成区面积增长率比较

资料来源:武进.中国城市形态:结构、特征及其演变[M].南京:江苏科学技术出版社,1990:244.

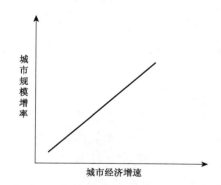

图6.6 城市经济增速与规划增长关系

资料来源:作者自绘.

以重庆市城市的发展为例进行说明,重庆整体的发展,市场环境和物序等方面都有较好的改进,是长江上游和西南地区发展势头最为迅猛、发展态势最好的城市之一,逐步确立了作为西南地区区域合作和长江流域合作协调中心的地位。

2000 年以来,重庆的综合经济实力不断增长,区域经济中心功能不断增强,国民生产总值和人均生产总值呈上升趋势,从 2000 年的人均生产总值 6 274 元,地区生产总值总额 1 791.00 亿元,增加到 2011 年的人均 34 500 元,总额 10 011.37 亿元。城市经济的增长,人口不断增加,带动了基础设施等建设,城市对用地的需求也不断增大,建成区面积由 2000 年的 426.74 km² ,增加到 2011 年的 1 325.44 km²。根据统计分析,重庆市自 2000 年以来其城市 GDP 增长趋势呈现出与城市面积规模扩大相一致的趋势,其曲线增长趋势与增幅亦较一致①(图 6.7,表 6.3)。

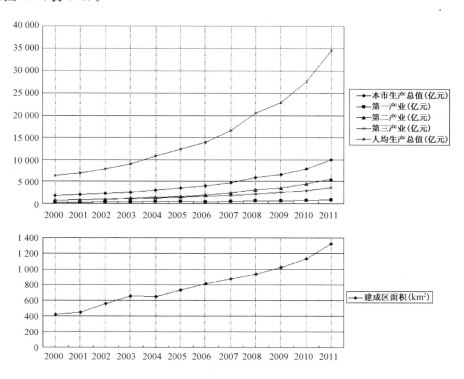

图 6.7 重庆城市用地增长与 GDP 增长趋势比较图

资料来源:根据 2000—2011 年统计资料整理绘制.

表 6.3 重庆市主要经济指标(2000—2011 年) （亿元）

年份	本市生产总值	第一产业	第二产业	第三产业	人均生产总值(元)
2000	1 791.00	284.87	760.03	746.10	6 274
2001	1976.86	294.90	841.95	840.01	6 963
2002	2 232.86	317.87	958.87	956.12	7 912
2003	2 555.72	339.06	1 135.31	1 081.35	9 098
2004	3 034.58	428.05	1 376.91	1 229.62	10 845
2005	3 467.72	463.40	1 564.00	1 440.32	12 404

① 数据参见重庆市统计年鉴(2000—2011 年)。

续表

年份	本市生产总值	第一产业	第二产业	第三产业	人均生产总值(元)
2006	3 907.23	386.38	1 871.65	1 649.20	13 939
2007	4 676.13	482.39	2 368.53	1 825.21	16 629
2008	5 793.66	575.40	3 057.78	2 160.48	20 490
2009	6 530.01	606.80	3 448.77	2 474.44	22 920
2010	7 925.58	685.38	4 359.12	2 881.08	27 596
2011	10 011.37	844.52	5 543.04	3 623.81	34 500

数据来源:重庆市统计年鉴(2000—2011年).

2) 交通科技进步

在任何城市中,交通网络是城市空间结构的"骨架",是城市空间形态的重要"构形"要素,交通网络对城市空间形态具有直观的"显性"影响。交通运输技术的发展在城市的形成与发展过程中扮演了重要角色,不同的交通运输时代形成了不同的城市空间结构。

（1）交通技术影响城市的扩展方向

在汽车还没发明之前,水运是主要的运输方式之一,江河是主要的交通运输线,城镇多沿此集聚,方便运输与贸易,城市用地多沿江河延伸,垂直河流方向纵身较浅。当汽车运输技术的发展,使陆路运输成为主要形式,汽车效率远远高于水上运输时,城市往道路方向延伸。最有代表性的城镇是龚滩古镇(拆迁之前),龚滩镇发展至今约有1700年的历史,新中国成立前几百年时间内城市主要沿着乌江呈带状发展,形成约1 km的老街,主要建筑为前铺面后住宅,自1966年酉龚公路建成通车后,城市逐渐沿公路发展,至今形成了长约2.7 km的带状城市(赵万民,韦小军,王萍,等,2001)(图6.8)。

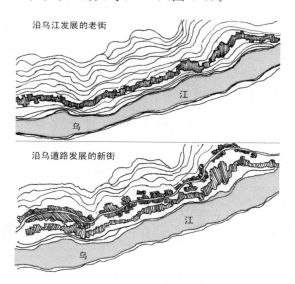

沿乌江发展的老街

沿乌道路发展的新街

图6.8　受交通影响的龚滩古镇形态变迁

资料来源:重庆大学城市规划与设计研究院. 龚滩古镇的保护与发展规划[Z]. 2001.

又如川渝地区,传统交通方式是以水运为主,陆路运输为辅。河流是主要的交通运输线,因此城镇多沿河流水系分布。而随着交通技术的发展,陆路交通逐渐取代了水运方式,成为了主要的运输方式,特别是成渝高速、成渝铁路的建设,带动了沿线城镇的快速发展,形成了沿交通干线的城镇密集带。

（2）交通运输技术的发展改变着城市的空间特征

在交通工具以步行与马车为主的时代,限于交通速度限制,城市居民多集中生活,城市尺度是以步行为设计标准考虑的,显然城市呈紧凑形态。汽车的出现使城市尺度的大规模拓展成为可能,城市郊区沿道路线扩展,形成了星状结构。汽车的出现彻底改变了城市以人步行为主的城市空间尺度,形成了快速道路系统和高速公路系统为主导的现代城市空间结构（黄亚平,2002;曾帆,2009）。对于山地城市而言,地铁、轻轨、高架桥、缆车等交通形式与山地城市的立体地形相结合,创造出更加层次丰富的城市多维空间（图6.9）。

3）政策积极导向

城市政策的导向,对于城市的形态同样有着重要的影响作用。古代西南地区山地城镇多是出于政治或军事上的考虑,呈

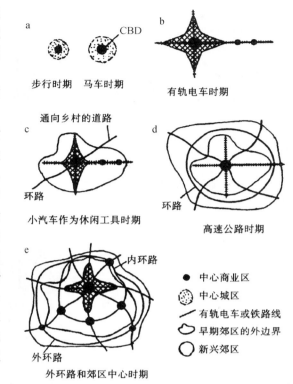

图6.9　用地形态与交通发展图

资料来源:转引自黄亚平.城市空间理论与空间分析[M].南京:东南大学出版社,2002:74.

现出坚固、威严、防御性强等特点。现代城市多出于经济社会发展的综合考虑,如成渝经济区的发展,就是在城市间建立了整体联合发展的策略,城市形态呈现出相互吸引的态势。

在城市的空间建设中,城市发展的政策法规也直接影响到城市空间的规划、设计与建设。如积极引导小城镇发展,严格控制大城市规模的政策,等等。政策的引导作用对于某一时期城市的发展具有极其重要的作用,甚至对城市以后的发展也会起到关键性的影响。

另外,具体的城市建设法规也是影响城市空间形态最直接的因素。历史上城市的建造要遵循一定的制度,如"周法"、"秦制"、"营造法式"等都是我国传统的营造制度,对古代的城市空间形态产生了重要影响。近现代城市建设的法规体系更加健全,对城市的用地规模、建筑体量、用地性质、绿地面积、道路宽度等都有明确规定,进一步发挥了法规在城市建设中的作用。

4）道氏形态"力动体"

在道萨迪亚斯(C. A. Doxiadis)对人类聚居结构和形态的研究中,道氏认为聚居形态是指聚居地外观现象,主要表现为城市平面形式(用地形态)以及城市在空间高度上的形态(建筑形态),聚居地形态结构是各种力综合作用的结果,为此他提出了塑造聚居形态结构的"力动体(force-mobile)"概念,即所有形成聚居的力的总和(考虑它们的方向、强度和质量)构成

了聚居中的力的结构(吴良镛,2001),而这些力影响着聚居形态的发展演进过程。(图6.10,图6.11)

(a) 向心力 (b) 肌理力 (c) 综合力产生形态 (d) 力动体决定结构 (e) 结构和形态最终确定

图6.10 力、结构、形态

资料来源:转引自吴良镛.人居环境科学导论[M].北京:中国建筑工业出版社,2001:289.

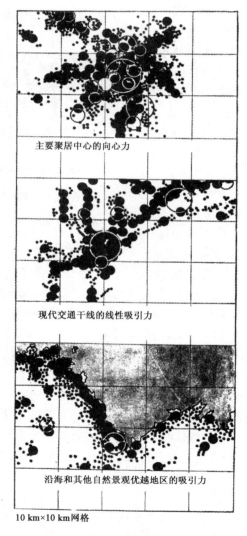

主要聚居中心的向心力

现代交通干线的线性吸引力

沿海和其他自然景观优越地区的吸引力

10 km×10 km网格

图6.11 聚居"力动体"

资料来源:转引自吴良镛.人居环境科学导论[M].北京:中国建筑工业出版社,2001:290.

道氏认为不同的作用力产生不同的聚居形态结构,在"向心力"单独作用下,形态趋于集中;在线形力单独作用下,形态趋于带形;而自然力由于其自身的不确定性,不会导致特定的形态结构;同样,聚居系统的外部环境以及社会人为因素会对聚居形态产生影响,但也不会产生特定的形态结构(吴良镛,2001)(图6.12)。

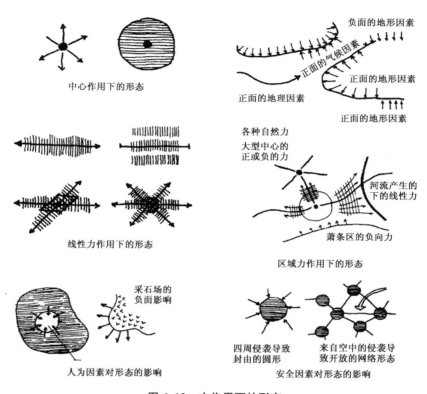

图6.12 力作用下的形态

资料来源:转引自吴良镛.人居环境科学导论[M].北京:中国建筑工业出版社,2001:290.

道氏在解释人类聚居系统演进过程时,认为影响聚居形态主要是三种吸引力的作用:聚居中心的吸引力;现代交通干线的吸引力以及良好自然景观的地区的吸引力(吴良镛,2001)。在这三种主导力的作用下,聚居呈现出不同的形态特征。[①]

---

① 在道萨迪亚斯的"力动体"的理论中,将塑造聚居形态的力分为11种。其中地心引力、生物学和生理学力是人们决定聚居地选址的根本,这些力促使人们把聚居地首选在最低和最平坦的地方且靠近水源和生活资料供应地;运动力和安全力除对选址有影响以外,还决定聚居地迁移和安全需求的形式;地理学力则是决定聚居地的平面几何形式;内外组织的力和社会的力反映社会需求作用;控制增长的力表现为按社会经济发展需求而人为施加控制和引导。关于形态增长,道氏认为地心引力在各类聚居地具有恒定的作用,即人类聚居地一般是相对低和最平坦处的地方始形成和扩大发展的;运动的力随着聚居地规模的扩大而增强,是人口、经济集聚造成向心力加强的结果,描述了一般的聚居规律和城市化过程;等级组织的力随着聚居地扩大而加强,反之,个人能力的作用减弱而控制增长的力随之增强。

6.2.2 阻力因素分析

1）地形环境限制

自然地形环境对城市形态的形成具有决定性作用。城市所处地域的基本形态在根本上决定着城市空间形态发育的可能性。如彝良县地形东西窄、南北长，西、中部低，自南向北倾斜，最高海拔2 780 m，最低520 m。其所处的地域呈现两山夹一沟的地形形态，从根本上决定了彝良县城市呈现带状发展的空间形态(图6.13)。

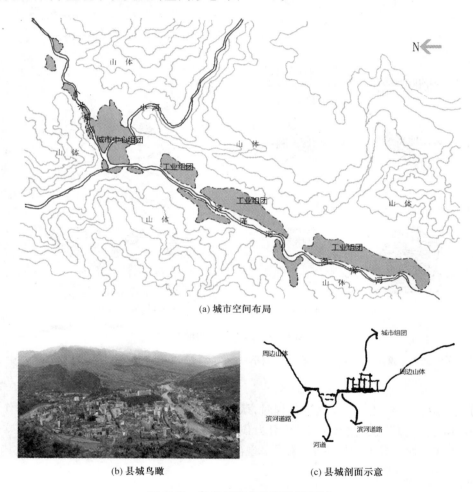

(a) 城市空间布局

(b) 县城鸟瞰　　　　　(c) 县城剖面示意

图6.13　彝良县城市空间发展规划

资料来源：根据相关资料整理绘制.

又如川西高原山地城市康定，城市发展受高山和河流因素的制约，城市只能沿谷地的狭长地带伸展，形成了典型的带状结构形态(图6.14)。

西南地区地形地貌复杂，决定了城市形态的丰富性，根据统计四川省高原及中低山地在地形中占81.8%，丘陵占12.9%，平坝或平原占5.3%；云南省高原及中低山地在地形中占

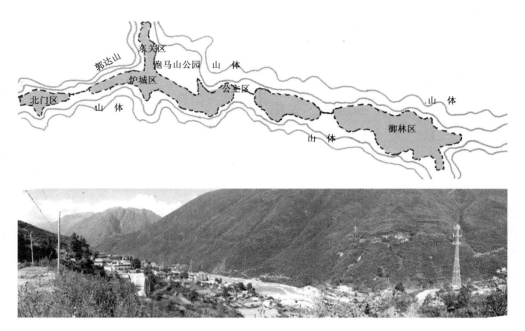

图 6.14　康定县城的"带型"空间格局

资料来源:根据重庆市规划设计研究院.康定县城市总体规划(2004—2020 年)[Z]. 2004 整理绘制.

84%,丘陵占 10%,平坝或平原占 6%;贵州省高原及中低山地在地形中占75.11%,丘陵占 23.6%,平坝或平原占1.29%;重庆市高原及中低山地在地形中占 75.8%,丘陵占 18.2%,平坝或平原占6%(奚国金,张家桢,2001)(表 6.4)。

当然,除了地形以外,自然生态因素也是影响城市形态不可或缺的决定性因素,包括地质、水文、气候、动植物、土壤等都直

表 6.4　西南行政区范围内的地貌构成

省(直辖市)	高原及中低山地	丘陵	平坝或平原
四川	81.8%	12.9%	5.3%
云南	84%	10%	6%
贵州	75.11%	23.6%	1.29%
重庆	75.8%	18.2%	6%

资料来源:奚国金,张家桢.西部生态[M].北京:中共中央党校出版社,2001.

接或间接地影响城市空间的发展。西南山区多山多河流、植被丰富,城市中的山峦、河流、坡地、谷地等多样的生态因子成为城市地域特色形成的天然基础。对这些自然生态因子的利用,既能创造良好的生态环境效益,也能为山地城市空间形态的塑造提供多样化的支撑元素。

2)社会文化传统

社会文化传统对城市空间的发展具有重要的影响。城市空间的形成和发展是社会生活的需要,也是社会生活的反映,其空间关系与社会关系密切相关。古代城市受宗族观念的影响,从居民住宅的布局到城市内部地域结构的划分都有严格的等级体系。不同的社会分层也决定了相应阶层地位人在城市空间中占有的空间位置。"士族"占据着古代城市空间的主导地位,居住在优质、雅静的区域;农民则生活在周边村庄;商人则居住在官府严格控制的范围内;普通居民住宅也按照贵贱尊卑与亲疏关系,形成了特定的院落规模和组合方式。

而现代社会关系随着生产方式和经济结构的改变,相应地也出现了新的社会等级分层,

由于社会地位、收入水平、文化背景等因素的不同,而导致了城市中不同社会群体对城市空间资源的重新占有和分布。尤其是城市化的发展和商品经济的发展,使得社会关系变得纷繁复杂,由此也造成了城市空间形态的多样化和复杂化。

文化观念也是影响城市形态的因素之一。文化价值观念决定着城市空间与土地使用的状态,文化要素是布局形成过程的中心要素。[①] 不同文化内涵的地域孕育了不同形态特色的城市空间。

西南山区历来遵循了朴素的自然观和依从自然环境的营建法则。山水城市观念一直是城市建设主导思想。山水文化突出地表现为对人与自然关系的研究,追求人与自然的高度融合与统一,即天人合一。深沉的山水意识使中国人具有独特的精神气质、思维方式和价值观念,也深刻地影响着城市规划建设(龙彬,2001)。如重庆在山水城市观念的指导下,突出自然和文化特色,在山水上做文章,在文化上下工夫,着力挖掘城市内涵,增强城市底蕴,提升城市品位,打造城市特色,强化山城、江城和绿城特色,注重保护好巴渝文化、抗战文化、统战文化和非物质文化遗产,城市特色逐渐显现(图6.15)。

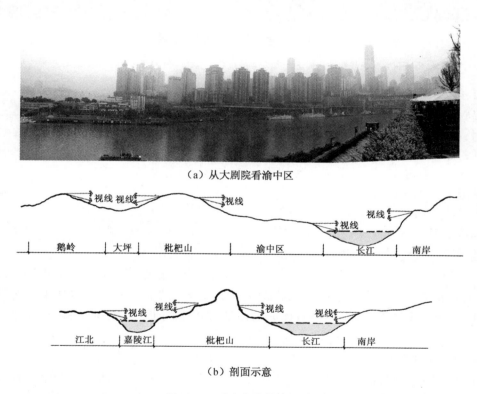

(a) 从大剧院看渝中区

(b) 剖面示意

图6.15 重庆山水城市形态

西南地区山地城镇在朴素自然观、儒家礼制、山水文化以及风水理念等诸多因素的共同影响下,形成了独具特色的山地城镇空间形态,并对当前城镇空间的发展产生着持续的影响。

---

① 张兵.城市规划实效论[M].北京:中国人民大学出版社,1998:50.

3）行政范围界线

行政范围界限也是影响城市形态的又一因素。随着城市形成的增长极核迅速发展,城市空间的快速拓展与城市行政区划限制之间的矛盾日益尖锐(黄明华,寇聪慧,屈雯,2012)。国家行政区是根据经济、地理、民族、传统、风俗习惯、地区差异和人口等客观因素划定的,具有很强的政治性和政策性。而城市空间的拓展是城市化过程中,经济发展到一定阶段的产物,是经济社会空间集聚的结果,它包括人口的集聚,产业的集聚,是一种经济现象(孙小群,2010)。然而,在实际城市发展过程中,城市范围的拓展往往受到行政界线的限制,城市发展方向不得不进行改变。长寿区城市发展就遇到这样的问题,长寿区地处重庆中部,东南接壤涪陵区,西南与渝北区、巴南区毗邻,东北接垫江县,西北与四川省邻水县相接。其中城市往西面发展的工业园区用地已经拓展到渝北区边界,未来城市的拓展只有选择其他方向(图6.16)。

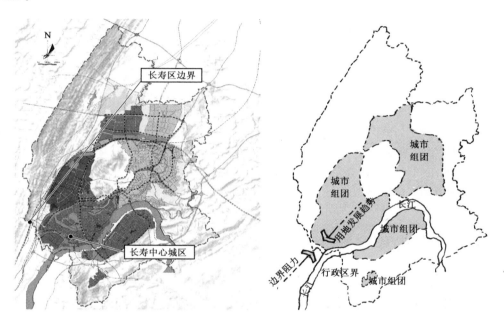

图 6.16　长寿区城市空间规划图

资料来源:根据相关资料绘制.

6.2.3　城市安全因素

城市空间形态还受到城市安全因素的影响,这在我国古代城市选址及建设中体现的较多。我国古代城市在选址方面遵循"度地卜食,体国经野"、"国必依山川"等的原则,实际上就是考虑城市的生态安全,设险防卫的需要,这势必形成特殊的城市形态。古代太和城、大厘城和羊苴咩城三城都曾作过南诏国国都,由于大厘城地势平坦开阔,难以进行防御,而太和城和羊苴咩城都是依山而建,且羊苴咩城较太和城更加靠北,能对北方吐蕃势力的攻击作出及时反应,更利于防御,最终形成了以"羊苴咩城"(后大理古城)为中心的都城格局(图6.17)。南诏大理时期的昆明也因防御要求进行过迁移,迁移后用夯土筑新城,新城"三面环水,一面靠山",增强了其防御层次,"三水一山"的城市择势是当时城市建设的最大特色(李旭,2010)。

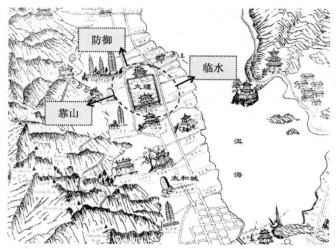

图 6.17 太和城、大理城的选址

资料来源:根据李旭. 西南地区城市历史发展研究[D]. 重庆:重庆大学,2010:104 资料改绘.

现代城市建设中,军事防御的考虑减少了,更多的是考虑城市空间的防灾性和救灾性。在城市布局中,尽量减少城市边界对于周边生态环境,特别是地形的破坏,城市中增加大量的开场空间,城市内外交通保持顺畅,城市密度和高度通过城市建设法规进行控制,这些措施无不影响城市形态的形成。

6.3 西南山地城市空间形态适灾机制

6.3.1 西南山地城市空间形态与适灾效果对比分析

山地是西南地区最为典型的特征,西南区域范围内地形纷繁复杂,由于不同的地貌类型,不同气候条件,城市建设中利用这些条件时就会产生很大的地域性差别,因而产生了多种多样的山地城市空间形态。黄光宇先生曾指出"把几何形态和地貌特征的共同特点作为分类基础时,能较准确地描述一个城市结构形态的空间特性[①]"(黄光宇,黄耀志,1994)。因而选取典型城市,从城市形态与地形的几何特征进行研究,建立城市空间形态适灾"能力"与地形环境的关系分析,采用归纳演绎法就能判断出哪些形态具有更好的适灾能力。

笔者在此以西南山区范围内为研究的范围,设计出西南山地主要城市空间形态的类型与灾害等级关系调查表,以德费尔法通过专家评级,再进行综合打分,最终的评级还与各个

---

① 几何形态和地貌特征能直接影响城市的空间结构。参见:黄光宇,黄耀志. 山地城市结构形态类型及动态发展分析[J]//黄光宇. 山地城镇规划建设与环境生态[C]. 北京:科学出版社,1994:91-92.

城市的历年灾害情况进行初步对比,力图使灾害评分的等级客观化。按照灾害损失情况进行评级,分为1~5级,其中1级为最轻,5级为最严重(表6.5)。

表 6.5　西南地区主要城市形态及灾害情况

所属省市	城市	城市形态	灾害等级	城市	城市形态	灾害等级
重庆	重庆	多组团紧凑集中式	3	万州	多组团有机分散式	3
	涪陵	多组团有机分散式	4	江津	多组团有机分散式	3
	合川	树枝型有机分散式	4	永川	自由式集中紧凑型	3
	黔江	多组团紧凑集中式	5	长寿	多组团紧凑集中式	3
	万盛	多组团紧凑集中式	4	丰都	多组团有机分散式	3
	垫江	带状紧凑集中型	3	奉节	带状有机分散式	5
	忠县	多组团有机分散式	4	大足	带状紧凑集中式	3
	巫山	多组团有机分散式	3	石柱	带型紧凑集中式	3
	云阳	多组团紧凑集中式	4	荣昌	多组团紧凑集中式	3
	璧山	带状紧凑集中型	3	城口	多组团紧凑集中式	3
四川	成都	放射紧凑集中式	4	自贡	多组团紧凑集中式	3
	攀枝花	长藤结瓜有机分散型	5	泸州	多组团紧凑集中式	3
	德阳	格网紧凑集中式	3	绵阳	树枝状紧凑集中式	3
	广元	多组团有机分散式	4	雅安	带状有机分散	3
	内江	长藤结瓜有机分散型	3	乐山	多组团紧凑集中式	3
	南充	带状紧凑集中	4	眉山	紧凑集中式	3
	宜宾	多组团紧凑集中式	3	射洪	带状紧凑集中	3
	达州	多组团紧凑集中式	4	资阳	多组团紧凑集中式	3
	巴中	多组团有机分散式	4	西昌	多组团有机分散式	3
	都江堰	多组团有机分散式	4	岳池	紧凑集中式	3
	资中	多组团有机分散式	3	阆中	多组团有机分散	3
贵州	贵阳	多组团紧凑集中式	3	六盘水	带状紧凑集中	3
	遵义	多组团有机分散式	4	铜仁	多组团有机分散式	3
云南	昆明	放射紧凑集中式	3	昭通	多组团紧凑集中式	3
	彝良	带状有机分散	5	丽江	多组团紧凑集中式	3

注:灾害等级(1~5级,1级为最轻,5级为最严重)①.

　　从分析的结果看:①组团式城市的空间适灾情况较好,这是由于城市组团间留出了大量城市空隙,整体上降低城市密度,减少城市承载力;同时组团城市的各个基本组团建设都是在分析了地形情况之后选址在相对安全的区域,相对不安全区域或者存在潜在灾害区域都

---

　　① 这里所描述的灾害等级是按照城市灾害损失严重程度以德费尔专家打分法为基础建立起来的,不一定完全准确,但是其趋势能基本描述灾害等级与城市形态之间的关系。

作为组团间绿地预留出来,这就从根本上保证了城市组团本身的安全性,避免了一部分不安全因素;组团型城市的各个基本组团在山地城市中一般选址在开敞平坦区域,所以城市空间布局较方正,各地块的可达性较好,对于城市防灾疏散避难有较好的作用;由于地形限制,组团型城市限制了组团规模的扩大,限制在一定规模以内,我们都知道城市灾害主要由于城市过度集中引发的。所以,这对于城市防止城市扩大而形成的一系列城市病有积极意义;该种模式包括组团式紧凑型和组团廊道串联型,如重庆的组团型、贵阳的组团型、昆明的组团放射型、万州的组团带状、攀枝花的组团枝状、内江的组团结瓜型等。②处于平原的多中心放射式形态,城市空间适灾性较好,这种形态是由于城市处于开敞平坦地域所形成的形态。该种形态在一定规模下城市布局较方正,地块可达性高,城市在灾害发生时进行避灾、疏散、避难等较便捷;处于平坦区域的城市,用地较充足,各种防灾避难场所面积较大,城市适灾性较强;该类型城市如多心紧凑型、多中心跳跃型。③规模较小的单中心城市,城市空间适灾性较强,该城市形态由于城市规模较小,各种关系相对较简单,城市各种功能具有较强的应对灾害能力。

总体说来,城市在平坦开场区域的空间布局适灾性较强。所以,山地城市空间布局结合地形尽量采取多中心多组团布局形式,各组团用地应选择在开敞平坦区域,在平坦区域尽量采取规整式布局方式,同时控制合理的城市(组团)规模是增强城市空间适灾的有效途径。

6.3.2 典型山地城市空间形态适灾分析

香港和日本是典型山地城市,也是经济较发达区域,特别是在灾害防治方面的研究和实践方面取得的成就值得我们研习。本节主要从香港和日本在城市空间形态建设方面已经进行的研究和实践方面进行分析,探讨香港和日本城市空间形态的适灾性,为西南山地城市适灾的空间形态研究提供参考。

1) 日本城市空间形态适灾分析

长期以来,我们都认为日本自然灾害较中国要多。日本作为岛国,面临频繁的台风、地震、火山、海啸等灾害。但从有关机构和学者对于中日自然灾害危害程度进行对比可以看出,中国自然灾害的严重程度(年灾害损失占 GDP 的比重或者人员伤亡数)要远远大于日本。以中国汶川大地震和日本 311 地震作为对比,汶川地震损失的人员就远远超过日本 311 大地震。① 另据相关统计,1950—2000 年,我国灾害损失占 GDP 的 5%～7%,日本仅为 0.5%。目前,日本每年因洪灾损失占国民生产总值的比重为 0.6%,而我国为 3%以上。② 王莹莹通过对比中国和日本在灾害防御和救援方面的情况,得出了令人吃惊的结论:日本在灾害防御预警方面远远超过中国,而灾害救援方面则远不如中国(王莹莹,2001)。

日本在灾害来临时损失和伤亡都较小。所以,对于日本在城市防灾方面的研究有着重

---

① 两次地震的情况不完全相同,很难做出客观的对比。本书只是直观描述两次地震的损失人数不同。同时因人员安全是城市安全发展的最基本保障,对比人员损失情况更能说明问题,暂不考虑经济因素。

② 参见:王锦思. 中国自然灾害损失为何高于日本[N]. 日本新华侨报网:http://www.jnocnew.jp.

要意义,本节则重点以神户灾害①重建为案例,研究日本在城市空间形态构成方面所做的工作及其对灾害的影响作用。

神户是兵库县的首府,是日本的第六大城市,日本 12 个直辖市之一。神户城市形状狭长,位于日本中部区域,大阪湾(南方)和六甲(北面)之间。周围被海洋和山脉所围绕,是典型的山地城市。

日本政府为了提升城市的防灾能力,在神户灾后重建中,总结灾前城市布局及空间存在的问题,针对性地进行了调整完善,制订了有利于城市防灾减灾的规划。

(1) 建立多中心、网络型城市形态

神户市在 1995 年 3 月制定了《神户市重建计划指南》,主要内容是系统化水体和绿地体系,建立安全性高的城市骨架。之后,在 6 月制定的《神户市重建计划》中,以防灾城市基础的建设为目标,通过合理运用公园绿地等开场空间进行防灾绿地轴以及防灾据点的整合(中濑勋,狱山洋志,2008)。②

灾前,神户市由海上市区、临海市区及内陆市区构成。灾后,为了促进城市复兴,构建了东部市区、西部市区和城市中心区三区协同发展的模式,共同完成灾区的恢复重建(图 6.18),并在充分研究城市各个区域地理特征的基础上制定了各不相同的规划内容(王柯,2009)。同年 7 月,为了改善神户空间结构,强化抗灾功能,政府在《阪神·淡路震灾复兴规划》中提出了将城市建设成为"多中心、网络化"的城市规划思路。

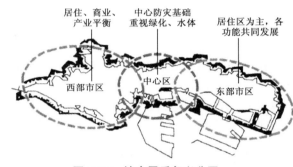

图 6.18　神户震后复兴分区

资料来源:王柯."阪神大震灾"的教训与"创造性复兴"[M].北京:中国民主法制出版社,2009:156.

神户的城市结构共有 6 条纵横交错的轴线型道路,共同形成网格状的城市空间结构,以强化城市防灾功能。并在《阪神·淡路城市复兴基本规划》中明确提出通过建设多核心的网络型城市、构建了多个具有防灾功能的核心来

---

① 日本阪神·淡路大地震发生于 1995 年 1 月 17 日上午 05 时 46 分,持续 20 秒,是日本自 1923 年关东大地震以来人员伤亡最为惨重的一次震灾,也是现代历史上第一场袭击了日本人口密集城区的大地震。因为这次地震震中位于淡路岛北部(北纬 34°36′,东京 135°02′),M7.0 级地震带分布于芦屋市、神户市、西宫市等带状地区,所以 2 月 14 日内阁会议正式定名为"阪神·淡路大地震",简称"阪神大地震"。这场地震对神户、淡路、芦屋和西宫等城市及其周围城市造成了始料未及的损害。而且还造成断水、断电、断煤气、交通瘫痪、港口无法使用,火灾蔓延不止,许多人失去了最基本的生活条件,大量房屋倒塌、烧毁,人员伤亡惨重。对于神户,地震几乎使这个日本第六大都市完全失去了城市的机能。地震共计死亡 6 434 人,43 792 人受伤,因房屋损毁而失去家园的有 32 万人,毁坏建筑物约 10．8 万幢,供水、供电、煤气设施和道路、铁路和港湾都遭到严重破坏。神户几乎全市的所有的电力和水力都是不可用的。天然气有 80% 受损,电话受损。污水处理,原来依靠 7 部设施,减少到 6 个,这其中还有两个能力受损。港口设施无法使用,到港口的道路交通不便。交通路线受到倒塌的高速公路、地面下沉、裂缝、倒塌建筑物的影响。日本列岛南北高速公路和铁路运输大动脉被切断。阪神高速公路遭受严重破坏,就连神户的具有先进技术的无人驾驶电车的专用道也遭到毁坏。地震几乎破坏了社会所有设施,妨碍了企业和公民的正常生活,同时公共设施和医院等也都受到了损失,而且由于地震不仅造成神户市的很多中小企业房屋被震毁,还对其周边其他工业区和一些港口产生了影响,这对日本的整个经济都产生了很大的拖累。这次地震造成的经济损失约 100 000 亿美元,相当于日本国内生产总值减少了 2%。这次地震经济损失大,死伤人员多,建筑物破坏多,不仅是自日本关东大地震之后 72 年来最严重的一次,也是日本战后 50 年来所遭遇的最大一场灾难。参见:朱偲.面向灾害防御的城镇安全形态研究[D].大连:大连理工大学,2012:15-16.

② [日]中濑勋,(日)狱山洋志.日本阪神、淡路大地震后城市绿地重建的思路与规划设计(理论和实例)[J].李树华,译.中国园林.2008(9):22-29.

159

强化城市防灾功能;2010 年的长期规划中,更强调把联系整个城市的交通轴线发展成网络状,建构许多具有防灾功能的城市小核心,城市轴线与各个防灾中心共同构成了城市防灾的基本骨架。

在《神户复兴计划》中,规划将城市中心区建设为具有防灾功能的城市核心,并从居民生活舒适度上进行考虑,在中心区规划丰富的水体和绿化用地。东部市区规划主要的商业、居住等城市功能,以公园、沿河防灾绿化带和步行空间的系统建设强化道路之间的联系,增强东部市区的适灾能力。西部城区除了必要的功能外,还建设独立生活区以及具有高度防灾能力的防灾公园与绿化带,形成具有防灾能力的生活圈。规划还围绕沿河绿化带建设良好的交通运输线和步行道路,形成西部次中心防灾轴。为了形成多中心网络化城市结构,各个城市功能组团要建设成既相互联系又独立分散的网络系统(图 6.19,图 6.20)。为此,规划建设形成了 18 个核心区域,逐步形成具有防灾能力的多核心、网络化城市。

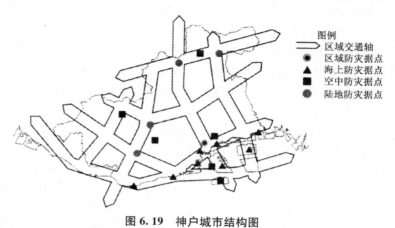

图 6.19　神户城市结构图

资料来源:刘川,徐波,梁伊独,等. 日本阪神、淡路大地震的启示[J]. 国外城市规划,1996,(4):2-11.

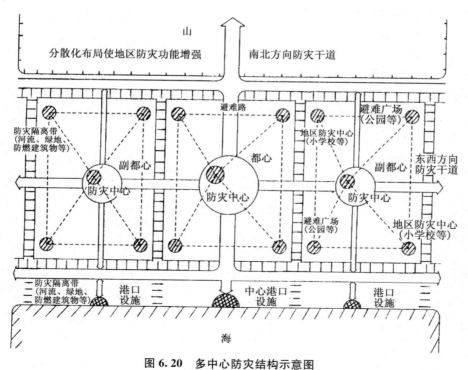

图 6.20　多中心防灾结构示意图

资料来源:王柯. "阪神大震灾"的教训与"创造性复兴"[M]. 北京:中国民主法制出版社,2009:147.

（2）建立适灾性强的防灾生活圈

为了建设安全城市，神户建设了多个既能提供正常日常生活又能保证灾害发生时城市安全的"防灾生活圈"。防灾生活圈主要分为三个层次，分别是区生活圈、生活文化圈和邻里生活圈（王柯，2009；刘川，徐波等，1996）（图6.21，表6.6）。区生活圈是政府部门自上而下采取防灾活动的主要区域，是保证防灾活动顺利进行的基础性区域，其能确保各类设施独自运作的安全。生活文化圈是政府与民众之间建立联系，相互协调的圈层，可通过地区组织配合政府部门分配任务来实施援助活动，支持各部门进行灾害防御。它保证拥有安全的空间来调节个人与外部的援助，并且自身能保证水、电、热资源的供给。邻里生活圈是居民自发保护生活安全的地方。这个圈层能够保障居民所需的生活方式，并与中小学、公园和其他公共机构共同协作进行地方防灾。邻里生活圈要求家庭、办事处、地区以及防灾基础设施的要具有很好的防灾能力，并能支持建设防灾社区的活动（王柯，2009 ）。

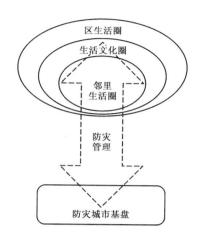

图 6.21　防灾生活圈构成示意图

资料来源:张松.日本阪神·淡路震灾复兴规划的特征及启示[J].城市规划学刊,2008(4):34-39.

表 6.6　防灾生活圈构成

生活圈构成	区生活圈	文化生活圈	邻里生活圈
印象	与政府部门协同,各区域独自开展防灾工作	志愿者、行政部门等协同为邻里生活圈提供支援	以自主防灾等组织的居民和工作人员为主
防灾基础	综合防灾基础消防署等	防灾支援基础公园、学校等	地方防灾基础中小学、邻里公园等

资料来源:根据相关资料整理绘制.

从规划角度看,防灾生活圈是根据街区划分形成的(图6.22)。日本将具有防止火灾延烧功能的避难通路所围成的街廓划定为防灾生活圈(彭锐,刘皆谊,2009)。各个防灾生活圈之间以道路绿化进行分隔,各个防灾生活圈内部都有公园、绿地、广场等大型避难开敞空间。将防灾生活圈内有可能作为避难场所的地点,进行等级划分与改造,使得避难场所具有足够的维生系统[①]能力,以提供临近避难生活圈内人员在不同时段的各种避难要求。从这些防灾据点处可以将支援者与物资分别送往街区内部的各个基于邻里区域形成的地区防灾基础。地区防灾基础则与中小学、公园、开敞空间以及其他服务设施相结合,借助防灾绿化通廊与街区内各级防灾基础相连,以保证安全避难。当人们开始疏散、接受支援、收集信息的时候,借助紧邻的防灾通道,可以安全转移到街区内的避难场所(图6.23)。

---

①　这里的维生系统是指在灾害时,避难市民赖以生存的基本公共设施,包括电力、自来水、下水道等。

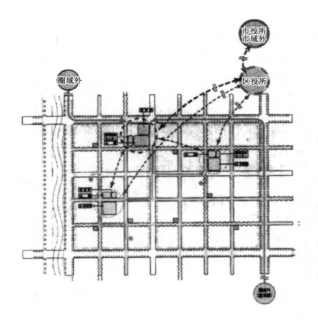

凡	例
●	防灾支援据点
●	地震防灾据点
↑	避难、物资受取、情报收集
→	物资、志愿者等
➤	物资配送
◄┄►	情报、联络
≈≈≈	河川绿地轴
══	街路绿地轴
∿∿∿	防灾绿道
▣	街区公园
	近邻生活区域

图 6.22　防灾生活圈示意图

资料来源:王柯."阪神大震灾"的教训与"创造性复兴"[M].北京:中国民主法制出版社,2009:145.

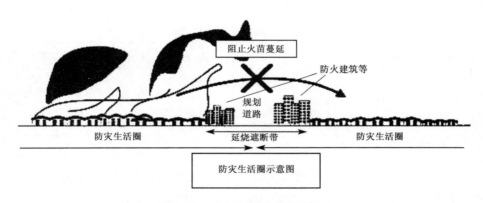

图 6.23　防灾生活圈功能示意图

资料来源:董衡苹.东京都地震防灾计划:经验与启示[J].国际城市规划,2011(3):105-109.

(3) 构建适应性强的方格网道路

灾后,神户为了建设具有防灾能力的道路交通系统,以环境特点为基础,建立了一种适应地形的方格网状道路交通网络(图 6.24)。根据《神户复兴计划》的要求,城市中心街道呈方格网状,并建立了对外交通运输的主干道网络系统。该道路网强调保持东西主路的通行能力。同时,结合方格网状的主干道,还建设了有多个入口的分散式道路网,从而形成多条交通轴线。神户的交通网络是多元化运输网络,形成"海—陆—空"三位一体的体系,以确保发生灾害时各类运输方式能够彼此补充、替代,保证交通整体状况的可靠性。为了完善道路网络,神户改建车站及车站广场,建设城市地铁、高速公路、中心城市轴铁路和神户机场,并扩展铁路网络。为了满足多元交通需求,神户还适当地调整了交通运输需求,提高了公共运输网络水平(王柯,2009)。

（4）建立以公园、绿化带为基础的城市防灾开敞空间

日本在不断的地震灾害中逐渐认识到城市绿地在防灾减灾方面的极大作用,所以在神户灾后规划中,政府十分重视对绿化带和防灾公园的建设,以提高城市开敞空间的防灾能力①(齐藤庸平,沈悦,2007)。神户在灾后重建中充分考虑到自然环境资源条件的防灾效用,通过建设各类绿化带(沿河绿化带、沿路绿化带、山脚绿化带和海边绿化带)、公园,形成城市绿化网络,城市在遇到灾害时,更有利于进行防灾避

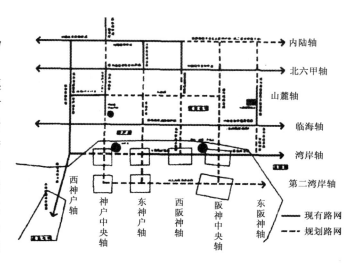

图 6.24　兵库县方格网道路示意图

资料来源:王柯."阪神大震灾"的教训与"创造性复兴"[M].北京:中国民主法制出版社,2009:103.

难、维持基本生存条件等。同时,神户还注重保持绿地系统与海洋之间的联系,使人们在紧急事件发生时,能够保障绿地系统与海洋之间的交通联系。而且,神户还通过在屋顶和沿墙的地方种植绿化植物,利用井水和雨水,使神户形成富有绿地与水体的环境(王柯,2009)。

此外,神户政府先后通过《神户复兴计划》和《阪神·淡路震灾复兴计划》来强化防灾公园的防灾功能。在《神户复兴计划》中,重新研究了城市中防灾公园布局的合理性及防灾设施的完备性,通过改造现有公园或建设新的防灾公园。在《阪神·淡路震灾复兴计划》中,明确提出要建设县级范围内广域防灾据点的计划,如三木综合防灾公园,建设"海—陆—空"三维一体的广域防灾据点(雷芸,2007)。同时,从防灾角度出发,建设省提出了对城市公园进行升级改造的要求:一是为了形成防灾公园网络体系应增加旧城区防灾公园数量。并在注重提高公园的防、减灾能力的同时将已经建设的普通公园改造成防灾公园。二是对城区防灾公园的建设提出了具体模式,要求作为避难场所的防灾公园在保证其能够与主要干道相连的同时,应与医院、中小学、福利机构等地区核心防灾设施进行统一布局与配套建设。为了完善网络体系还可将其他类型绿地纳入到防灾公园体系中,如私有绿地及城市保护绿地等。而且,为了保证起到隔离灾害的作用,避难场所及避难通道的周边设施需要种植耐火性强的以常绿树为主的绿化隔离带。隔离带要和河流及山体绿化及主干道结合,形成更为广大的防灾隔离带(雷芸,2007)(图 6.25)。

（5）强化城市防灾基础建设

神户灾后非常注重邻里区域防灾支援基础的建设,以提高城市防灾能力。在城市防灾基础系统建设过程中,神户主要采取建设中心灾害防御基础(城市级),普遍灾害防御基础(区级)以及防灾支援基础(社区级)的方法。此外,神户还对地下空间和高层建筑采用了安

① ［日］齐藤庸平,沈悦. 日本都市绿地防灾系统规划的思路[J]. 中国园林,2007(7):1-5.

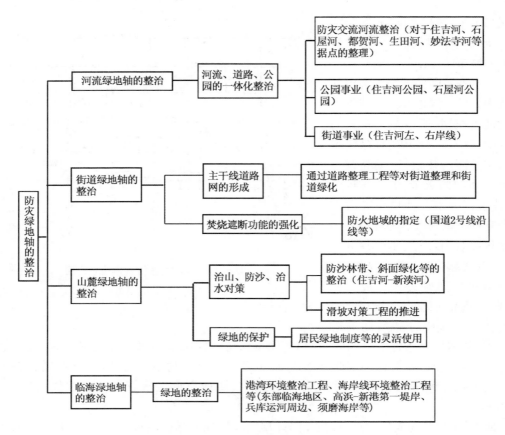

图 6.25 神户城市防灾基础设施体系

资料来源：(日)中濑勳,(日)狱山洋志.日本阪神、淡路大地震后城市绿地重建的思路与规划设计(理论和实例)[J].李树华,译.中国园林.2008(9):22-29.

全措施。在系统化建设方面,根据城市防灾需求,通过防灾绿化轴线将区域防灾据点和防灾支援据点有机联系起来,形成完整的防灾避难体系,从而提高了城市大范围疏散的能力。神户利用学校和公园空间,将公园与学校作为区域活动和环境教育的地方。通过将学校向邻近区域开放,形成主要由居民自愿维持的社区核心。并在避难安全通道上种植沿路行道树,建设能够提供饮用水、生活用水和消防用水的"生活据点"。在这里可以使用太阳能发生器来准备应对紧急事件的能量源,并要储存紧急事件所需相关物品,提高向市民发放信息的能力(王柯,2009)(图 6.26)。

2)香港城市空间形态适灾分析

香港的土地 80% 是丘陵与山地,由于人多地少,许多建筑必须分布在 30°～45° 以上的山坡上,形成了典型的山地城市形态,其在空间适灾方面有几点值得我们学习:

(1)城市空间结构从"带形集聚"向"相对松散"演变

自 1841 年起,香港经济发展经历了重要的三个时期:转口港时期、工业化时期、多元化和信息化时期。前两个时期,因城市用地因工业发展和人口增加,城市建设集中在维多利亚港两岸紧凑发展(以九龙地区为主)。20 世纪 70 年代开始,香港大力推行多元化经济方针,经济结构开始逐步发生转变,由多元化的新兴工业经济向成熟的知识经济转变,城市发展由

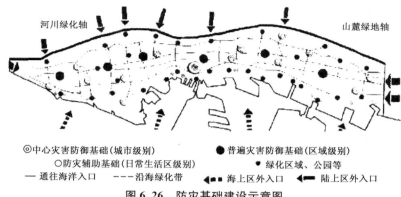

◎中心灾害防御基础(城市级别)　　　　●普遍灾害防御基础(区域级别)
○防灾辅助基础(日常生活区级别)　　　◆绿化区域、公园等
— 通往海洋入口　　---沿海绿化带　　　◀▣海上区外入口　◀陆上区外入口

图 6.26　防灾基础建设示意图

资料来源:转引自朱偲.面向灾害防御的城镇安全形态研究[D].大连:大连理工大学,2012:22.

港九都市区向广大的新界地区扩展,开始从集中走向分散,城市结构形态也由以维多利亚港为核心的同心带形结构向以港九都市区为中心的"集中紧凑,相对松散"的组团结构演化(余颖,扈万泰,2004)。港九都市区组团及八个新市镇组团之间,通过便捷的交通运输网络相联系,各组团既紧密联系,又相对独立。这种发展模式较好地解决了大都市发展空间不足、人口拥挤、居住环境较差的问题(图 6.27)。

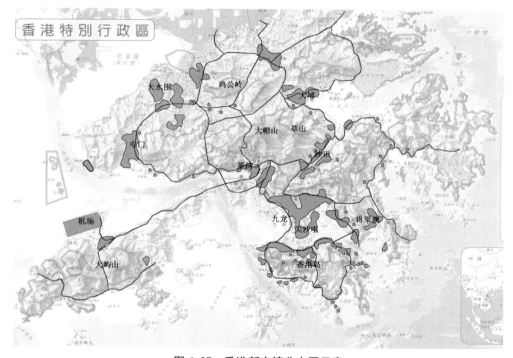

图 6.27　香港新市镇分布图示意

资料来源:根据香港特别行政区图绘制.

　　根据大都市的规划建设经验,高密度集中开发可以缩短出行距离,提高公共交通利用率,但却会增加单位城市面积的环境承载压力;过度分散的开发模式会带来良好的人居环境,但却增加城市基础设的建设和运营成本。香港都市区在 20 世纪 60 年代以前过多地注重集中、高密度地

开发;但在 70 年代后却采用注重疏散人口、建设新市区的做法(姚士谋,朱振国,陈爽,2002)。

香港的城市空间发展演化是一个系统化的过程,是考虑各个区域间相互协调,相互带动的发展策略。全港分为都会区边缘、新界东北、新界东南、新界西北和新界西南五个区域。以此策略为指导,形成各个次区域具体的规划目标,通常包括一系列的规划蓝图和纲领。最终的目标是控制城市空间结构从"带形集聚"向"相对松散"演进。

(2) 高密度集中与有机分散的城市郊区化

从城市化的发展水平看,香港的城市化水平始终维持在一个很高的水平。且香港在郊区化的过程中,采用的是高密度分散方式的城市郊区化,这不同于一般城市郊区化低密度分散的特征。这反映了香港贯彻集中紧凑、高密度发展、有机分散的特点。1970 年代以前,香港 80% 的人口集中在港九地区,随着 1972 年的新市镇建设,人口逐渐向新界地区分散,开始了城市郊区化的进程,1991 年,港九市区人口占总人口的比例由 1971 年的 80.8% 下降到 57.8%,新界地区却从 16.2% 上升到 41.2%(余颖,扈万泰,2004)。同时,政府也通过"发展密度分区[①]"制度来引导居住密度标准的划分,控制城市的生长。密度分区可引导城市空间合理利用,保护城市周边自然环境、提升城市整体环境品质,使得城市安全可持续发展。

高层高密度的紧凑发展模式是香港城市空间适应复杂山地地形、适应了香港城市土地稀缺、人口高度密集的特点。它主要是引导城市向空中发展,提高土地使用效率,增加绿化空间,改善城市环境。紧凑发展模式还能防止城市无序蔓延,引导城市集中发展,有利于保护自然资源环境,增大城市的适灾性。

(3) 网络化的城市绿地空间

绿地的质量可直接影响城市的防灾减灾,包括城市的绿地总量是否适宜,布局是否合理,与城市的规划是否紧密结合,是否构成一个完善的绿地系统。香港重视绿地建设,强调绿地可达性和满足住区居民的需求,并根据绿地大小、功能、位置和服务范围等指标编制了绿地分级系统(孟醒,2012)。香港城市绿地空间重视系统整体性营建,利用绿廊将城市的公园、街头绿地、苗圃、自然保护地、农地、河流、滨水绿带和郊野公园等纳入绿地网络系统,组建扩散廊道和栖地网络等,构成一个自然、多样、高效、一定自我维持能力的动态绿色网络体系(张庆费,杨文悦,乔平,2004)。

(4) 安全便捷的城市交通

香港即使在中心区也鲜见阔气的双向 8 车道,多是略显"寒酸"的双向 4 车道;1 070 km² 的有限空间承载着 63 万辆车和 700 万人口,人均道路资源不足 0.3 m,但即使在高峰时段,香港也鲜见大堵车。[②] 可见香港交通规划、建设和管理有着我们可借鉴的地方。

---

① 发展密度分区规定了最高的容积率,受到各种条件限制,实际的容积率往往会低于规定的最高容积率。因此发展密度分区规定,可接受的容积率不应低于下一个较低密度分区的最高容积率。也就是说,每个发展密度分区的容积率可以在本区的最高容积率和下一层次密度分区的最高容积率之间进行浮动。香港密度分区制度包括如下基本原则:第一,建立住宅发展密度的分级架构,使有限的土地供应能够满足各类物业的市场需求;第二,保证住宅发展密度与现有的和规划的基础设施供给保持平衡,并在环境容量范围之内;第三,注重公共交通设施对于发展密度的影响,高密度的住宅发展应当尽可能位于地铁车站及主要公共交通交汇点的周边,以减低对于地面交通的压力和依赖程度;第四,为了塑造丰富的城市空间形态,需要规划不同密度的住宅发展;第五,为了避免对于湿地和郊野公园等自然保育区造成破坏,应当以低密度的住宅发展为主;第六,在不良地质状况以及周边有危害性设施的地区,应当控制发展密度。参见:唐子来,付磊.城市密度分区研究——以深圳经济特区为例[J].城市规划汇刊,2003(4):1-9.

② 王鹤.人密车多路窄的香港交通为什么如此顺畅[N].广州日报,2012-3-16:第 002 版。

　　首先,香港从 1973 年开始构建综合交通研究(Comprehensive Transport Study,CTS)模型,发展至今其可靠性和高精度已为业内所公认,也代表了当今世界最先进的水平,目前最新版本为 CTS-3(陈先龙,2008)。香港 CTS-3 模型基于 EMME/2 交通分析软件[①],采用传统的"四阶段"需求预测方法(图 6.28),建立较为细致的交通分析所需数据库,这对于交通量的预测更为精准,也使得城市交通更加安全。

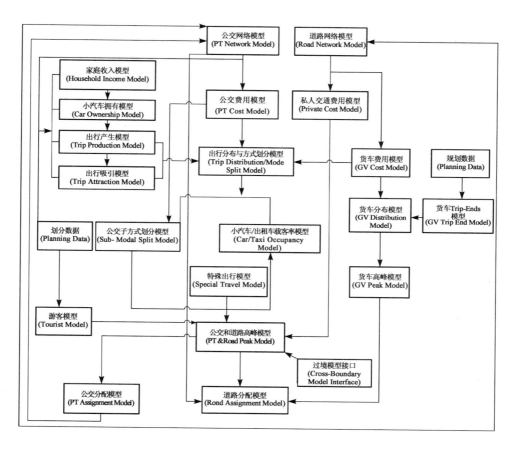

图 6.28　CTS-3 模型系统结构图

资料来源:陈先龙.香港先进城市交通模型发展及对广州的借鉴[J].华中科技大学学报(城市科学版),2008(2):91-95.

---

　　①　EMME/2(城市与区域规划)系统最初是加拿大的 Montreal 大学的交通研究中心开发,后为 INRO 咨询公司继承。该软件的功能特性如下:(1)数据库建立功能。可直接从地图上数字化网络,网络和模型可方便地进行转换,输入过程中完成数据、图像及逻辑检验,可快速进行数据库修改和更新。(2)城市信息系统功能。能够集成各种网络及区域数据,对现状及未来区域进行分析,具备基于不同费用函数的最小费用路径的计算功能以及强大的网络信息询问功能。(3)对多种交通方式统一分析。在同一个相连的网络中考虑多达 30 种不同的交通方式。(4)方便的数据处理功能。显示图形的同时列出所有相关数据。(5)交通分配功能。包括路段子区域模型、变需求分配模型、分级分配模型、出行特性模型、可选择 HOV 车道和重型车辆模型等。(6)公共交通分配。提供了多种分析模型,可以对公共交通的各种出行方式进行专门分析。(7)需求模型。提供了出行发生、分布和方式划分模型及其组合形式,可以考虑多方式网络平衡的需求模型。(8)函数与表达式功能。拥有强大的内部函数,能提供流量—时间、转弯罚函数、公交行程时间和需求函数集,函数形式不受限制。此外,该软件在数据输入输出功能、数据的检验与结果对比功能、网络及模型计算功能、注释与说明功能以及宏功能等方面也存在较大的优势。参见百度百科。

其次,香港交通具有良好的系统化、网络化。香港的交通设施注重公共交通的发展,并表现出兼容古老、传统的交通工具与重视发展现代的交通设施。就市民可接触的交通设施,可以分类到 10 种以上(梁应添,2003)。在复杂的地理环境中,多样化交通的衔接是香港的交通规划的又一特点。如铁路、地铁与巴士的接驳方式,细致的处理、便捷的转换都能给道路减少负荷。

第三,香港公共交通系统具有可持续发展性。香港全境面积为 1 104 km²,人口达 706.78 万,人口密度很高。为满足大量的人口流动的需求,香港实现了较为高效、可靠的交通系统,其中公共交通占主导地位,超过九成的客运交通均由公共交通所承担(图 6.29,表 6.7)。

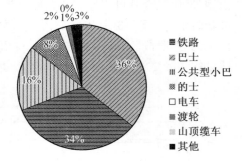

各类公共交通工具所占市场份额(2009)

- ■ 铁路
- ▨ 巴士
- ▥ 公共型小巴
- ▧ 的士
- □ 电车
- ▤ 渡轮
- ▦ 山顶缆车
- ■ 其他

图 6.29　各类公共交通工具所占市场份额

资料来源:张天尧. 香港公共交通系统可持续发展评析[J]//2011 城市发展与规划大会论文集[C].2011;348-353.

表 6.7　香港公共交通方式一览表

类型		特　点	运量(万人/天)
铁路		共 9 条铁路线,覆盖香港岛、九龙及新界。	430(2011)
巴士	专营巴士	按地域由不同巴士公司负责营运	387.7(2008)
	非专营巴士	属于辅助集体运输工具,为舒缓市民在繁忙时间、偏远地区的交通需求	—
公共型小巴	红色	无固定路线、班次、收费	39(2009)
	绿色	按固定的路线、班次和收费提供服务	146.3(2009)
	的士	按服务地区分为市区的士、新界的士、大屿山的士	100(2010)
	渡轮	提供来往离岛以及港内线渡轮服务,共 23 条班次	13.9(2009)
	电车	1904 年投入使用,路线限于港岛	23(2010)
	缆车	1888 年开始运营,路线由中区至山顶	1.2(2009)

资料来源:Leung Hoi-ting Jannie. A Sustainable Transportation System in HongKong Towards an Era of Ecological Modernisation[D]. Hongkong: University of HongKong,2003.

香港的公共交通包括七种方式:铁路、巴士、公共小巴、的士、渡轮、电车及缆车。由 2009 年数据可知,香港公共交通系统组成中,铁路及巴士占了最主要的份额(分别为 35.5%、33.6%)。(张天尧,2011)可见,公交系统在香港城市交通系统中占有重要的比重,这是香港交通保持顺畅的主要原因之一。交通顺畅是城市安全的重要因素,它起到承担灾时疏散、避难通道、救灾通道的作用。

根据前面对于西南山地城市形态的调研以及对于香港和日本神户两个山地区城市空间形态在适灾方面的分析,可以得出西南山地城市空间形态,按照适灾作用来分类,可分为两种类型,即"多组团—有机分散"空间适灾形态和"多中心—紧凑集中"空间适灾形态。

城市形态是城市空间与山地地形环境长期协调适应的结果,西南山地城市地形复杂,根据可建设用地的情况,适宜建设用地分布较为零散,呈现分块状态,大片集中的用地较少。从城市适灾角度,城市空间应适应地形形态,减少对地形的破坏,不得不由组团式构成,从而降低由于城市建设破坏地形环境而产生的灾害。但多组团自由分散的形态不利于城市发展,相反引起其他的城市灾害,如组团的功能过于单一会造成各组团间的联系加强,交通流量增大,引发交通堵塞,又如组团间相隔较远则不利于城市整体功能的发展,一个组团出现灾害,会增加其他组团来救援时间。所以,组团的分散应是有机的。

另外,对于西南地区平坦用地较大的区域,城市建设容易产生摊大饼的发展模式,会带来城市人口拥挤、交通堵塞、环境污染、地价昂贵、城市管理难度加大、治安环境日趋恶化等一系列城市病。所以,城市形态发展应强调形成多中心紧凑集中的城市形态,分解城市功能。

6.3.3 适应山地复杂地形的"多组团—有机分散"城市空间适灾形态

西南地区谷深坡陡,地形条件复杂,城镇形态受到地形地貌限制,为了建设安全城市,山地地形环境构成,决定了大多数城市是"多组团—有机分散"空间形态,如重庆、贵阳、巴中、万州、攀枝花、合川、涪陵等(图 6.30)。

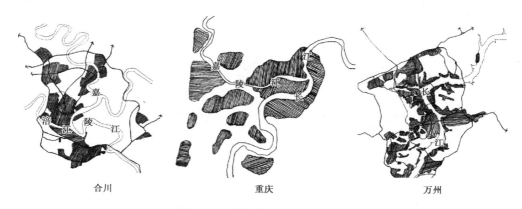

合川　　　　　　　　　重庆　　　　　　　　　万州

图 6.30　城市空间有机分散形态

资料来源:根据相关资料绘制.

这些城市建设充分顺应山势地形,与自然环境紧密结合,形成组团布局的分散形态,这是山地城市自然环境的基本特征,也是对城市高密度化浪潮中现代山地城市"人—地关系"矛盾的基本策略思想,更重要的是这种有机分散模式对分散有一个"度"的控制(黄光宇,2005),做到分而不散。

重庆都市区空间是典型的"多组团分散式"的布局结构,这与一般大城市连片式的发展结构形态有明显的区别。城市空间结构可以概括为"多中心、组团式"的开放型城市结构形态(图 6.31)。而"有机分散、分片集中"是城市空间与山地自然地形地貌相互作用的结果,蕴含着与自然环境有机融合的生态思想。

重庆组团城市形态主要表现在两个层面。

首先,有机分散形成多组团的网络化格局,各

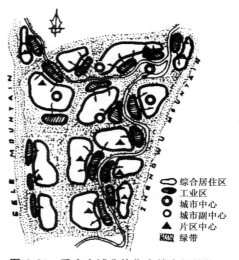

图 6.31　重庆山城分片集中的空间结构

来源:黄光宇.山地城市学[M].北京:中国建筑工业出版社,2002:74.

综合居住区
工业区
城市中心
城市副中心
片区中心
绿带

组团相互独立又有机联系,限制了各组团的发展规模,降低了由于城市过度集中产生的"城市病"。重庆主城多中心组团式的空间格局中,各组团自身为完善的形态,各自组织城市功能,每个片区近似于一个"细胞城市[①]",既具有相当的人口规模,又是一个完善的城市功能区块。主城空间由明显山地特征而形成的若干组团,实质是一种"簇群式"的空间结构。以自然生态要素阻隔形成的组团多中心、分散式城市格局,对于具有复杂地形条件的山地城市具有极大的安全意义(图6.32)。

其次,对于西南山地城市来说,由于地形因素,每个组团用地受到限制,"人—地关系矛盾"突出,组团内部空间利用一般是高度集约化的方式,因此集约化利用是山地城市空间发展的必然。组团空间集约式发展在于通过对空间的高度集约利用达到节约用地的目的,并将绿色生态网络的生态效益最大化。

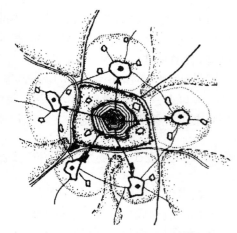

图6.32 "细胞城市"下的簇群组团格局

来源:武进.中国城市形态:结构、特征及演变[M].南京:江苏科学技术出版社,1990:310.

6.3.4 适应山地盆地地形的"紧凑型—生态化"城市空间适灾形态

在西南山地盆地地区发展的城市结构模式与复杂地形条件下的城市结构模式截然不同,它是以紧凑型生态化的理念建构引导着发展,既高效利用平坦地形,又合理利用山地环境建构生态环境,为城市集中布局提供大量的公共绿地,避免平原城市摊大饼的发展模式。

西南地区通常在谷地或者湖泊阶地区域坡度较小、地形相对平坦,有较大的发展空间,如城市、昆明等城市地形就属于这类。在这种地形发展城市,最大的特征:一是受地形条件的影响,平坦地形容易形成单中心放射式发展,形成内涵式的紧凑型形态。二是周围山地丰富的生态因子造就了城市良好的生态基础,城市形态呈秀美的山水组合格局,如成都、都江堰、昆明等。

陈秉钊教授也提出了城市紧凑而生态发展的观点(陈秉钊,2008),他指出:"所谓紧凑型的城市并不意味着挤成一团,正如中国造园要贯彻'小水宜聚,大水宜分'的原则。"对于大城市,可以中心城区为核心,以公共交通为发展轴,轴上串结次级中心的"心—轴"结构。越近轴心密度越高,越远离轴心密度越低,越融入大自然。城市规模越大,心轴越发育,多轴间以田园、森林锲入;城市规模越小,则城心越聚合。

都江堰在5·12汶川地震之前是典型的单中心放射式发展模式。都江堰市因水设堰,因堰建城,自古形成的山水格局非常明显。纵观都江堰的城市发展过程,可清晰地看出其城市空间演变均是以"堰"为核心,呈扇形发展脉络(图6.33)。

在灾后重建规划中,尊重城市大山大水格局,传承古时都江堰背山面水、负阴抱阳、天人合一的营建思想,提出了"三山(即都江堰背靠的灵岩山、赵公山、青城山)为衬托,岷江为轴

---

① 细胞城市,是指打造具有可持续性的城市系统,每一个城市社区的运转立基于居民的自发性,这种城市在设计上可实现自给自足。这里比喻各个城市组团具备较完善的功能。

心,七水为脉络,田园为基底,路网为骨架;跳出旧城,发展新区"的新山水空间格局,按一主五副(旧城区为主城区;五副为隽坪镇、蒲阳北区、城市西区、聚源为市新区、青城山片区)的组团模式发展。将原来扇形蔓延式的空间扩张方式转变为"众星拱月"式的组团式发展模式。① 规划最大的特点是提出了环境容量控制的概念,确立了"生态营城"的理念,以组团式空间发展模式,使各城市组团能更好地融入都江堰市的生态背景。规划强调城市山水格局的"蓝脉"和"绿脉",重点控制开放空间系统的完整性,建立了蓝、绿、道路、铁路的城市网格。由此,规划以紧凑型—生态化思路,从宏观上保护并延续了都江堰市山水格局的城市形态,促进城市的空间在应对灾害方面的能力。

昆明也是典型的紧凑生态化城市形态,昆明城始建于唐广德二年,其"城际滇池,三面皆水"(刘学,2002),地形较为平坦,城市依托滇池形成昆明的雏形。现代昆明城市综合考虑与周边区域的协调,遵循城市空间演变规律、现状自然条件等多方面的影响因素,昆明城市将形成"多中心、轴向发展"的紧凑型空间发展模式(图6.34)。

与"摊大饼"式的发展模式相比,多中心轴向发展更适合快速发展的昆明城市。昆明城市空间演进以交通线为导向,呈现跳跃式发展,城市不是连续的蔓延,而是相对独立组团的串珠状成长(吴良镛,毛其智,吴唯佳等,2002)。这种模式在用地上穿插进生态绿地,城市建设用地部分紧凑建设,在城市空隙间拓展生态绿地,在空间上有利于最大限度地降低城市蔓延引发的城市病,有利于处理好土地、生态资源保护与主城区发展的宏观矛盾问题(周昕,2008),达到增强城市空间的总体适灾能力。

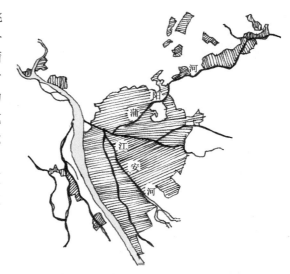

图 6.33 都江堰灾前城市形态

资料来源:根据上海同济城市规划设计研究院. 都江堰市城市总体规划(2008—2020 年)[Z]. 2008 整理绘制.

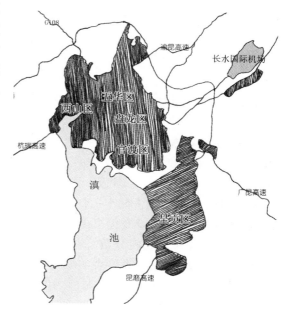

图 6.34 昆明市城市空间

资料来源:根据相关资料整理绘制.

① 详细规划内容参见上海同济城市规划设计研究院. 都江堰市城市总体规划(2008—2020 年)[Z]. 2008.

6.4 西南山地城市空间形态适灾的特征规律

6.4.1 西南山地城市空间形态与环境相适应的多组团特征规律

西南山地城市的形态不论是在宏观城市择址、城市外围轮廓、城市扩展方向、城市空间结构,还是在中观的城市街道肌理、轴线方向都受到自然环境的极大限制,从城市发展过程看,总是呈现出主动与自然地理环境相适应的关系,可谓一种"有此未必然,无此必不然"的因素(李旭,2010)。尽管现代科学技术突飞猛进,人们改造自然的技术日益强大,但自然地理环境对于城市空间形态仍有着巨大的约束。并且西南地区城市形态对环境的适应不仅是局部顺应自然环境,还表现为顺应自然规律,"因势利导"地积极利用与改造环境,达到自然环境与城市形态的有机融合,形成了众多特色鲜明的城市形态。

城市形态与地理空间环境相适应形成多组团特征。不同的环境条件形成了不同形态的城市,但归根结底,都是以组团形式进行不同的组合。如重庆、宜宾、万州、涪陵、巴中、攀枝花等城市,即便地形多种多样,形成如前面学者提出的各种形式,但其基本形式是组团形式。即便是如成都、昆明,城市处于较平坦区域,有着发展摊大饼模式的条件,但是当城市规模达到一定阶段,往往出现一系列不可解决的城市病,降低城市的抗灾能力,从而引发城市灾害。所以,成都、昆明在发展模式上也采用了大组团带小组团的多中心发展模式,以提高城市的适灾能力。

6.4.2 西南山地城市的有机分散与紧凑集中特征规律

紧凑城市,首次公开提出是在欧洲社区委员会于 1990 年发布的绿皮书中,其最基本的事实依据就是许多欧洲历史城镇保持了紧凑而高密度的形态并被普遍认为是居住和工作的理想环境(闫水玉,王正,2011)。从城市发展的进程看,城市化的过程就是人口向城市聚集的过程,集中发展提高了城市运作效率,但过度集中也使城市面临各种因人口聚集出现的问题,为了解决这些问题,城市进而又走向分散。在近代城市规划史上分别出现了以柯布西埃为代表的城市集中主义,以沙利宁为代表的城市分散主义。城市的发展过程可以说是集中与分散的交替演变过程(图 6.35)。山地城市的发展除遵循这一普遍规律外,其布局结构也体现出集中与分散的交替演变。

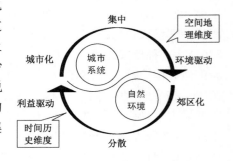

图 6.35 城市发展集中与疏散概念图

山地城市空间发展由于受自然条件的限制和切割,城市用地布局形态一般采取适应地形的组团分散方式。这种分散布局不仅能够灵活适应地形的变化,还能减少因开挖地形而导致的建设投资,保护自然生态环境,为城市发展创造了一定的有利条件,但同时也带来了市政设施建设困难、交通距离过长、生产生活联系不便等诸多问题(李和平,1998)。因而,常常采取相对集中的用地布局结构,分片集中配套公共服务设施,分区建立平衡。这种有分片集中的布局结构是山地城市用地发展的基本特征。当然,集中与分散如何有机结合,应根据各山地城市自身的用地条件和历史发展基础,找出最适合于自己生存和发展的形式。

由于西南山地城市所处的地理环境和自然条件的差异,山地城市布局结构的类型也多种多样。一般而言,当山地城市人口规模超过 10 万人,就应该考虑集中与分散相结合的布局结构模式,切忌采取自由蔓延"摊大饼"式的过度集中连片布局,使城市无限制膨胀(黄光宇,2005)。规模的限制也使得城市组团被限制在一定的发展空间之类,避免了盲目扩大,同时一定规模的限制,也使得组团在平面上不会摊的太大,组团间的生态绿地能进入并穿过组团,形成整个城市的生态网络。

6.4.3 西南山地城市的道路交通引导空间形态发展特征规律

西南山地城市由于地形条件的制约,城市交通与城市形态的关系呈现出一些特有的规律(图 6.36):一是城市交通模式的改变引起城市空间结构转变,城市交通模式的改变,首先导致城市用地可达性的改变,继而引起城市各种活动的重新分布组合,形成城市新的城市功能。在山地城市,中心组团往往是城市发展起来的核心和基础,其对于周围区域具有良好的交通可达性,城市功能开始往中心区集聚,对山地城市而言,集聚能产生效率。但当积聚到一定阶段(黄光宇,2005),便产生拥挤,交通出现瓶颈,造成中心区的可达性降低,限制中心区的过度开发。随着城市中心区对其他组团的可达性的减弱,在其他合适区域就会出现新的副中心。由此可见,城市空间结构的形态是受城市道路交通影响的。二是城市交通发展方向引导城市用地拓展方向。在以步行与马车为主的时代,城市居民在一定时间内出行的距离有限,城市的尺度限制在以步行可达的距离范围,这时的城市呈紧凑形态。汽车的出现彻底改变了城市空间形态和尺度,汽车的快速出行和便利联系,形成了沿道路系统为主导的现代城市空间结构。同时,城市交通沿线的吸引力是道路引导城市形态的重要因素。城市发展中,新拓展用地最先选择在基础设施已经建设的区域进行发展,这主要是已经形成的道路沿线,所以,往往形成沿城市多个方向道路轴向发展的趋势。三是交通条件是制约垂直等高线方向上土地利用。一般情况下,由于交通的不可达,在地势较高区域的土地无法利用。但在西南山地城市中,多采取续回转的机动车坡道,使不同方向和不同标高的城市道路连接起来。这种连续回转的坡道既改善了不同场地的交通运输条件,又提高了高地势地区的土

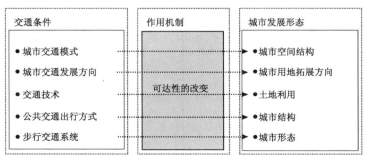

图 6.36　交通影响城市形态关系图

地可达性,使得地势较高的土地得到开发,使城市形态向更高地势地区拓展(廖炳英,丘承斌,2009)。四是公共交通出行方式影响城市形态。以公交为导向的发展模式就是要建立一个适合公交发展的城市结构形态。集中紧凑型布局的城市形态是实现功能高效综合的一种模式,这就要求各城市组团在生态承载力范围内,加大对组团内部土地的开发强度量,公交引导下的城市要求城市精明增长,防止城市过渡蔓延(朱炜,2004)。[①] 五是步行交通系统影响城市形态。山地城市步行交通的建设,特别是立体步行系统的建设塑造了山地城市鲜明的城市形态(图 6.37)。如香港的山地步行系统,它主要由过街天桥和连通步道两部分组成,分别联系

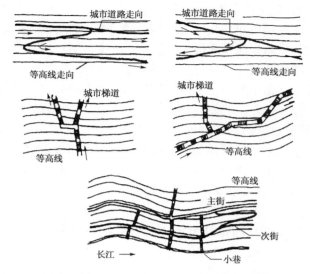

图 6.37　山地道路交通的几种形式

资料来源:赵万民. 三峡工程与人居环境建设[M]. 北京:中国建筑工业出版社,1999:145.

着不同高差的道路系统,形成具有三维景观特色的立体步行交通系统(王纪武,2003)。

6.4.4　西南山地城市空间形态自组织特征规律

正如我们所见,西南是山地城市出现的种种空间形态,除了地形的影响因素之外,还包括经济社会的发展影响、道路交通的发展的影响、城市间关系的影响(如竞争与协作)等等因素。城市形态需要满足的功能要求来自于政治、经济、社会的综合要求。[②] 可以理解为城市空间的形成具有竞争性、协同性、渐变性、突变性、有序性等,这些都是自组织的表现。

耗散结构[③]揭示了自组织系统具有:开放性的体系;非平衡态的体系;内部具有涨落演进功能的体系(H. Haken,1988)。只要城市具备这三个条件,则可说明城市具有自组织机制(图 6.38)。

自组织系统特征 { 开放性的体系
非平衡态的体系
内部具有涨落演进功能的体系

图 6.38　自组织系统特征

---

① 参见:朱炜. 公共交通发展模式对城市形态的影响[J]. 华中建筑,2004(5):104-106.

② 有观点认为将城市空间形态最终归因于城市的功能、经济发展等因素的理论认知有忽略人和人类群体社会需要的弊端,本文所指城市形态所承载的功能不仅包括经济功能,还包括了政治、社会等综合需求,是这些需求的综合反映。参见:栾峰,王忆云. 城市空间形态成因机制解释的概念框架建构[J]. 城市规划,2008(05):31-37.

③ 耗散结构理论源于热力学和统计物理学,可概括为:一个远离平衡态的非线性的开放系统(包括物理的、化学的、生物的乃至社会的、经济的系统)通过不断地与外界交换物质和能量,在系统内部某个参量的变化达到一定的阈值时,通过涨落,系统可能发生突变即非平衡相变,由原来的混沌无序状态转变为一种在时间上、空间上或功能上的有序状态。这种新的稳定的宏观有序结构,由于需要不断与外界交换物质或能量才能维持,因此称之为"耗散结构"(dissipative structure)。

段进(2006)在其研究中分析了城市具有的这三个方面的特征,首先,城市是开放性的。任何城市都不是鼓励的存在,它与外界环境存在能量的流动(人流、物流、信息流、资金流等),内部也存在能量从一个地方到另外一个地方的不断流动,是一种开放性的结构。但这种开放性是有限度的,城市边界有助于城市自身系统的运作。其次,城市系统处于非平衡态。城市发展首先在优势区位得到发展,由于区位之间的差异,促使人类活动走向优势区位城市,从而建立一种有序的发展过程,产生了自组织现像。第三,城市系统具有涨落演进功能。城市发展在受到外力干扰后具有"自愈和进化"功能。城市系统是由各个子系统构成,各子系统的运动状态最终影响着城市总系统的运动状态,形成涨落变化,系统结构不断调适这些变化,并推动着城市的进化。可以得出这样一个结论,以上三点分析都是城市耗散结构成立的条件,使得城市具有自组织性。

同样,张勇强也提到城市是一个开放的复杂巨系统,具有耗散结构的特点,自组织机制是城市发展的基本规律(李旭,2010;张勇强,2006)。①

李旭(2010)在其博士论文里面对西南山地城市空间具有的自组织机制进行了论述,他认为城市的发生、发展在微观层次上是由若干建设个体的建设行为共同形成的,这些个体的建设行为有充分的自主性和随机性,看似无规律可循,但实际上个体的建设总是自觉或非自觉地遵循一定的规则,受到一定制度制约。城市内部空间、城市外部空间和城市区域几个层面均能看到自组织机制的作用。

艾伦(P. M. Allen,1997)通过耗散理论方法和对社区经济功能的涨落分析,建立了一个城市和社区进化的直观研究模型,对城市空间自组织型的存在给予了有力支持(图 6.39)。

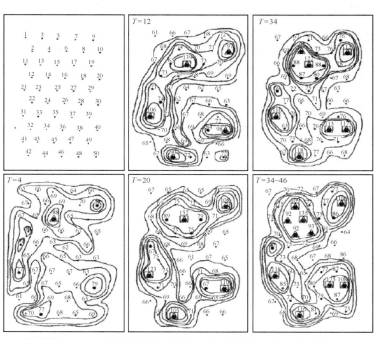

- · 一种功能的中心　　 T＝4　由于某种随机因素,某些点人口增加速度较快,这些点即为城市的雏形
- ● 二种功能的中心　　 T＝12　由于非线性相互作用,逐渐形成五个中心城市的空间结构
- ▲ 三种功能的中心　　 T＝20　人口不断在上述中心集中,聚集点的经济功能数也有所增加,城市开始蔓延
- 四种功能的中心　　 T＝34　空间结构基本稳定下来,有两个中心城市出现人口流失的逆城市化现象
- 　　　　　　　　　 T＝46　"双子"城市出现,几个相近或在功能上有联系的城市开始形成更高一级的实体

图 6.39　埃伦(P. M. Allen)的城市自组织研究

资料来源:P M Allen. Cities and regions as self-organizing systems models of complexity [M]. London:Taylor & Francis,1997:47-51.

① 参见:张勇强. 城市空间发展自组织与城市规划[M].南京:东南大学出版社,2006.

可见城市空间具有明确的自组织特征,那么西南山地作为城市里面特殊的一部分,也具有上面分析的所有特征,则西南山地城市空间也是具有自组织特征的。正是城市空间自组织规律使城市形成了与环境、功能相适应的结构形态。一旦环境、功能发生变化,城市又在不断的竞争、试错实践中向新的适应结构发展,这种过程不断发生,城市也就不断演进,在不同时期的不同环境条件、不同功能要求下形成不同的城市形态。

6.5 小结

本章针对西南山地城市空间的形态进行研究,分析了相关空间形态研究中关于适灾的部分,指出空间形态的形成在一定程度是为了避免灾害而形成。对于影响其形态形成的因素包括动力因素、阻力因素和安全因素,这些因素的产生可以是经济社会等非物质的,但最终体现到空间上是物质的。西南地区谷深坡陡,切割较深,地形条件复杂,对城镇形态和开发建设具有较大影响,为了建设安全城市,山地地形环境构成,决定了大多数城市是"多组团—有机分散"空间形态和"紧凑型—生态化"空间形态特点,这些特点的体现源于西南山地城市空间具有与环境相适应的多组团特征规律;西南山地城市的有机分散与紧凑集中特征规律;西南山地城市的交通引导空间形态特征规律;西南山地城市空间形态的自组织特征规律。同时我们也可以判定,以上这些规律正是影响城市空间适灾的核心因素。

7 规划干预与空间适灾优化模式

空间适灾研究目的在于找到调控灾害的方法,本章基于以上各章对于西南山地城市灾害特征和影响要素的研究,根据灾害的复杂适应性,建立了城市空间要素与城市灾害在灾前、灾中和灾后三个阶段的相互关系模型,可通过调控城市空间要素来调控城市灾害。该模型把城市空间研究与城市灾害研究联系起来,做到从城市空间研究开始,落脚点回到城市空间层面,而研究的主要问题还是城市灾害问题。基于模型的建构,分别提出对灾害在灾前、灾中和灾后三个阶段的规划干预方法,从灾害研究又回到了城市规划方法的研究。本章中分别就灾害三个阶段的问题提出了规划的应对方法。最后提出了西南山地城市适灾空间的理想模式,可作为西南山地城市安全建设的模范。

7.1 基于 CAS 的空间适灾概念模型

7.1.1 复杂适应性系统(CAS)

复杂适应系统(Complex Adaptive System,CAS)理论是约翰·霍兰德(John Holland)于 1994 年正式提出,被尝试用于观察和研究各种不同领域的复杂系统,该理论强调系统整体性,"整体大于其各部门之和"(贝塔朗菲,1987)。① 它打破了只注意分割、忽视综合的偏颇,以信息、反馈和控制的新观念研究系统行为,总结出跨越工程与生物界的控制论(维纳,1963)。② CAS 理论最基本的概念是具有适应能力的主体(Adaptive Agent),这些个体与环境以及与其他个体间的相互作用,不断改变着它们的自身,同时也改变着环境。CAS 理论与以往的系统观有了根本性差别,主体的特点是"学习"和"积累经验"。

CAS 理论引进宏观状态变化的"涌现"概念,因为指个体以及它们的属性在发生变化时,并非遵从简单的线性关系,而是非线性关系,这就使得系统变得复杂。

7.1.2 概念模型的复杂性分析

如何评价城市空间适灾能力,这一直是被普遍关注也是较难解决的问题。研究通过对构成城市空间相关的要素进行分析,甄别对空间适灾的重要影响因素,从要素在灾前、灾时、

---

① 参见:[美]贝塔朗菲. 一般系统论—基础、发展、应用[M]. 秋同,袁嘉新,译. 北京:社会科学文献出版社,1987: 25-32.

② 参见:[美]维纳. 控制论[M]. 郝季仁,译. 北京:科学出版社,1963.

灾后三个阶段所起的作用建立系统突变模型(图7.1)。

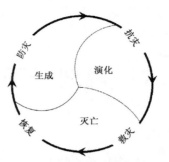

图 7.1　灾害演化规律概念图示

资料来源:作者自绘.

　　灾害发生的是"致灾因子"的破坏力对于"承灾体"(这指的是城市空间)的破坏效果。构建空间适灾概念模型的目的是能更直观地知道"致灾因子"的破坏力对于"承灾体"——空间构成相关要素在造成灾害发生、发展、衰减阶段所起到的作用机制,以便对"承灾体"相关要素进行控制调节,使得城市空间能承载更大"致灾因子"的破坏力,即所谓的空间适灾机制。

　　建立空间适灾概念模型具有直观性、针对性和可操作性。灾害系统是一个复杂的系统,从灾害的产生根源来说,地球表层系统的复杂性,社会系统的复杂性,两者交织起来形成灾害系统特有的复杂性(苗东升,2009)。建立空间适灾概念模型可以针对性地对造成灾害发生的要素进行控制,抓住主要矛盾,对于系统的复杂程度,影响要素较多,建立模型可以从众多要素中抓住主要要素。在灾害生成阶段,通过控制系统模型中的要素因子,阻止灾害的形成;在灾害发生后的演化阶段,通过控制,稳定灾害系统,避免次生灾害的发生;在灾害发生后,通过控制,加速灾害系统的消亡,提前结束灾害的影响。

表 7.1　城市空间适灾概念模型建立原则

原则	内涵详解
科学性原则	指标选择和设计必须以城市空间理论、生态环境理论以及统计理论为依据,具体要求指标的定义、数据收集、包括范围等都必须有科学依据
目标性原则	指标体系必须能够反映城市空间构成的关系,反映指标与灾害的关联性
阶段性原则	模型的建立应能充分反映与灾害三个阶段的关系
简明性原则	选指标必须概念清晰、明确,来源于公开得到的统计资料,且有具体的科学内涵,测算方法标准,统计计算方法规范;同时,指标体系应具有简明实用性的特点,即考虑定量化的可行性,建模的复杂性以及数据的可靠性和可获得性,既要使指标能简单清楚反映一定的信息特征,又不能过多,还要方便操作

资料来源:作者自绘.

　　建立城市空间适灾概念模型应遵循以下基本原则(表7.1):

　　(1) 科学性原则,即城市空间适灾概念模型的指标选择和设计必须以城市空间理论、生态环境理论以及统计理论为依据,具体要求指标的定义、数据收集、包括范围等都必须有科学依据。

　　(2) 目标性原则,指标体系必须能够反映城市空间构成的关系,反映指标与灾害的关联性。

　　(3) 阶段性原则,由于灾害的发生分为发生、演化、衰减三个阶段,模型的建立应能充分反映与各个阶段的关系。

　　(4) 简明性原则,所选指标必须概念明确清晰,来源较易,一般是公开得到的统计资料,且有具体的科学内涵,测算统计计算方法;同时,指标体系应具有简明实用性的特点,即考虑定量化的可行性,建模的复杂性以及数据的可靠性和可获得性,既要使指标能简单清楚反映一定的信息特征,又不能过多,还要方便操作。

建立城市空间适灾概念模型需要达到客观反映要素对于灾害的发生、演变和衰减三个阶段所起到的作用。

7.1.3 模型建构与要素体系分析

1)模型要素构成与分析

灾害的发生是多方面因素的综合结果,包括社会、经济、环境、空间等因素。但最主要因素是空间因素,因为空间因素直接建构了城市的安全骨架,使得物质承灾体得到强化,有利于抵抗灾害。就好像人的体格强壮,身体素质好,则较体质一般的人来说,其对于病源侵袭有较强抵抗力,不容易生病。本次研究主要是从城市空间本身出发,希望通过相关要素的研究分析,强化空间物质载体本身的适灾能力。所以,城市空间适灾概念模型限定了其模型要素选择只能是与物质空间本身相关的要素。从前面的分析来看,城市空间适灾概念模型要素主要包括城市外部环境、城市内部空间以及城市形态三大部分的要素。

第一,城市外部环境是指城市空间与外部环境相作用的部分以及向外一定范围。尽管城市总体规划限定了城市空间规划范围,划定了规划红线。但城市空间与外部环境的作用是一个能量交换过程,是一个范围内的作用效果,这在前面章节已经论述。比如城市产生的污染物会影响外围环境相当大范围;外围环境的质量高低也影响城市的环境质量。所以,外部城市环境系统的指标应包括外部环境重要的构成要素,具体是:外部环境的可疏散性、外部环境的规模性、外部环境的整体性、外部环境的生态性(表7.2)。

表 7.2 城市外部环境适灾作用

适灾作用	适 灾 性 解 释
可疏散性	指外部可疏散空间的质量,一般是指郊野公园、森林公园等,包括人口容纳量、与外界联系便捷度、基本生存支持条件(饮水等)。如2004年重庆市化龙桥氯气泄漏,造成沙坪坝区市民往歌乐山公园躲避
规模性	指城市所处的周边环境与城市规模的比例,当然这些环境是与城市有联系的,一般来说包括郊野公园、森林公园、外部生态环境等。外围环境规模越大,其对城市产生的生态效益就越大,也对城市产生的保护也越大,比如A城市的临近城市B城市发生有毒气体泄漏,如A城市周围环境有相当的规模,则可充分过滤或则稀释掉有毒气体的危害
整体性	指外部环境具有的生态承载力大小,整体性越好的环境,其生态承载力较强
生态性	指外部环境具有的生态承载力大小,整体性越好的环境,其生态承载力较强

资料来源:作者自绘.

(1)外部环境的可疏散性是指外部可疏散空间的质量,一般是指郊野公园、森林公园等,包括人口容纳量、与外界联系便捷度、基本生存支持条件(饮水等)。如2004年重庆市化龙桥氯气泄漏,造成沙坪坝区市民往歌乐山公园躲避。

(2)外部环境的规模是指城市所处的周边环境与城市规模的比例,当然这些环境是与城市有联系的,一般来说包括郊野公园、森林公园、外部生态环境等。外围环境规模越大,其对城市产生的生态效益就越大,也对城市产生的保护也越大,比如A城市的临近城市B城市发生有毒气体泄漏,如A城市周围环境有相当的规模,则可充分过滤或则稀释掉有毒气体的危害。

（3）外部环境的整体性是指外部环境具有的生态承载力大小，整体性越好的环境，其生态承载力较强。

（4）外部环境的生态性也和此相关，生态敏感性是其主要表现形式。

第二，城市内部空间就是指城市空间本身，构成城市空间的要素也是多种多样的，许多学者也有不同的分类。本研究选取要素从其与城市灾害的形成、演变、衰减有直接相关性角度考虑，包括：城市功能布局要素、城市道路系统要素、城市公共空间要素、城市建筑实体要素、城市基础设施要素、城市轴线要素（表 7.3）。

表 7.3　城市（内部）空间适灾作用

适灾作用	适　灾　性　解　释
城市功能布局要素	城市功能布局的合理性，有利于减少城市不合理布局产生的能量流动，如交通流量等；有利于减少功能不合理布局产生的相互影响，如工业区对于居住区的影响等
城市道路系统要素	指交通的便捷性和分隔性。便捷性体现在内部各功能地块联系的便捷性和城市对外联系的便捷性。内部便捷性是方便内部之间能量的流动，便于各个组团之间的避难要求和救灾支持。外部便捷性是便于城际之间的疏散和救灾支持
城市公共空间要素	指城市公共空间的分布形式会影响各个公共空间的可达性，影响城市空间的防灾效果，同时，城市空间中绿地系统自身的生态性对于灾害的防护、空气的净化、环境的调节方面有着积极作用
城市建筑实体要素	指城市建筑形态与建筑布局形式对于防灾减灾的积极作用。比如建筑布局形式对于小环境的营造能力，对于空气流通的控制，对于空间形式的控制都是对于防止灾害生成有影响的；其次建筑本身的形态构成所产生的抗震性等对于抵抗灾害破坏是有利的
城市基础设施要素	指其抗灾性，比如环形供水管网就比支线供水网更有保障，多点供水设施比单点供水设施更能抗灾
城市轴线要素	在灾害防御中最主要的作用是引导性

资料来源：作者自绘.

（1）城市功能布局要素的作用，城市功能布局的合理性，有利于减少城市不合理布局产生的能量流动，如交通流量等；有利于减少功能不合理布局产生的相互影响，如工业区对于居住区的影响等。

（2）城市道路系统要素则是交通的便捷性和分隔性。便捷性体现在内部各功能地块联系的便捷性和城市对外联系的便捷性。内部便捷性是方便内部之间能量的流动，便于各个组团之间的避难要求和救灾支持。外部便捷性是便于城际之间的疏散和救灾支持。

（3）城市公共空间要素是指城市公共空间的分布形式会影响各个公共空间的可达性，影响城市空间的防灾效果，同时，城市空间中绿地系统自身的生态性对于灾害的防护、空气的净化、环境的调节方面有着积极作用。

（4）城市建筑实体要素是指城市建筑形态与建筑布局形式对于防止灾害的积极作用。比如建筑布局形式对于小环境的营造能力，对于空气流通的控制，对于空间形式的控制都是对于防止灾害生成有影响的；其次建筑本身的形态构成所产生的抗震性等对于抵抗灾害破坏是有利的。

（5）城市基础设施要素是指其抗灾性，比如环形供水管网就比支线供水管网更有保障，多点供水设施比单点供水设施更能抗灾。

（6）城市轴线要素在灾害防御中最主要的作用是引导性。

第三，城市空间形态是指城市整体的形态特色，也可以理解为城市的空间结构，它是城市社会、经济发展的物质载体，一个良好的城市空间必然对该城市的社会经济发展、安全等起到促进作用，反之则会起阻碍作用。科学合理的城市空间形态规划和组织，可以创造安全、和谐的人居环境。从城市安全的角度，影响山地城市空间形态构成的要素主要可以归纳为动力因素，如社会经济的发展、交通科技的进步、政策积极导向、道氏形态"力动体"等；阻力因素，如地形环境限制、社会文化传统、行政界限等；以及安全因素，如基于政治因素的城市选址、基于城市军事防御的城市建设、基于城市防灾减灾的城市建设等（表7.4）。

表 7.4　城市空间形态适灾作用

适灾作用	适 灾 性 解 释
动力因素	社会经济的发展、交通科技的进步、政策积极导向、道氏形态"力动体"等，是影响城市空间形态的主要因素，形态发展与这些因素之间的耦合关系是影响空间安全的必要条件
阻力因素	地形环境限制、社会文化传统、行政界限等，形态发展与这些因素之间的耦合关系是影响空间安全的必要条件
安全因素	基于政治因素的城市选址、基于城市军事防御的城市建设、基于城市防灾减灾的城市建设等，这些因素在城市选址、建设等方面与城市安全直接相关

资料来源：作者自绘.

2）模型的构建思路

城市空间适灾是一个描述城市所处的一种状态，这种状态在某个瞬间时刻出现的灾害破坏力与城市空间安全支撑系统能力之间的比值（如下公式）。

$$城市空间适灾状态(A) = \frac{灾害破坏力(D)}{城市空间安全支持系统能力(S)} \tag{7.1}$$

（注：A＝Adaptation；D＝Damages；S＝Support）

当城市空间适灾状态值 $A \leq 1$ 时，城市处于一种安全状态，当城市空间适灾状态值 $A > 1$ 时，城市失去平衡，发生灾害。

要保证城市的安全，城市状态永远处在小于等于1（$A \leq 1$）这个值的附近，不会远离这个值太多。首先，若城市空间适灾状态值远小于1，说明城市空间安全支撑系统能力远大于灾害破坏力，则城市空间相关要素表现出承载力增强的状态，如道路交通到城市各个功能组团的同行能力表现为顺畅，则可达性提高。但如前所述，城市是具有自组织机制，一旦城市交通可达性增强，城市开发会增强，能量流动也会增强。各种人流车流增多又会堵塞道路，降低可达性。当道路可达性降低到一定程度，城市开发会选择其他可达性好的区域，如此循环，保证这个值在小于等于1值的附近。其次，若城市空间适灾状态值远大于1值时，城市失去平衡，灾害破坏力大于城市承载力，灾害爆发，当灾害爆发后，灾害破坏力释放完毕，灾后又回到小于等于1值的附近。

虽然建立起研究城市空间适灾状态的思路，但灾害破坏力和城市空间安全支持系统能力是无法实实在在量化的，而且也不需要量化。我们只需通过这个等式观测他们的关系，只要做到"城市空间安全支持系统能力＞灾害破坏力"即可保证城市空间是安全的。根据分析，城市空间适灾状态跟城市灾害破坏力成负相关关系，跟城市空间安全支持系统的能力成正相关关系。可以确定城市空间适灾状态与城市灾害破坏力和城市空间安全支持系统能力都有最直接的关系,是一个复杂系统,其中城市灾害破坏力是我们目前控制不了的,只能控制城市空间安全支持系统能力这个值。而且从前面几章的分析和这个等式可以看出,城市空间安全支持系统能力的变化会直接影响城市空间适灾状态的变化。我们这里只好引入适合这种复杂形态特点的研究方法"黑箱法"。①

通过控制输入要素,观察输出要素,对于系统内部的结构和作用机制则不用去认识,至少目前是认识不了的。因此,我们建立了只控制输入要素和观察输出结果的一个"黑箱适灾模型"(图7.2)。输入要素即是"城市空间安全支撑系统能力"包含了外部空间和内部空间共11个要素。这些要素分别影响了灾害发生前、灾害发生时、灾害发生后三个阶段的城市状态。如灾前城市未发生灾害,我们控制的目的就是破坏孕灾环境,避免灾害形成,11个要素都可以进行调节。灾时避免次生灾害的发生,并避免灾害扩大化,尽快结束灾害,11个要素也是可以进行调节的。灾后要进行恢复建设,提升空间的适灾水平,对11个要素进行调节。

3)模型的应用分析

概念模型怎样应用于城市规划是模型建立的目的,虽然该模型还处于概念思路阶段,但基于作者对城市空间与灾害的相关性的长期研究,结合西南地区的自然环境特点与社会经济发展现状,并考虑控制要素的可控性和可量化性,提出了一套易于操作,并能够较为客观全面地反映控制要素的调节作用的应用模式,为下一步研究提供思路参考。

该概念模型的应用过程的重点是制定出一个规划指标可调节的参考量值。因为我们不能无限地调节某个规划指标要素(比如无限加宽道路宽度来增强道路的可达性,这是现实中不会发生的情况),也不能一点一点调整,我们需要有个调整的最低限度值。举个简单的例子,我们都有经验(特别是近视患者),当我们去眼镜店配眼镜时首先需要验光,就是确定眼镜近视程度,然后选取模块化的近视测试片放到我们眼睛前试镜片度数,模块化的近视测试片的度数都是每提高一次为25度,不会是1度。这就是我们在调整指标时需要有个调整的最低限度值,使得每次调整都有意义,都能起到作用。还是回到试镜片度数,我们会遇到这个情况,当验光师不断增加镜片度数时,眼睛矫正到一定程度后,不管怎么增加度数都再不

---

① "黑箱法"是指当一个系统内部结构不清楚或根本无法弄清楚时,从外部输入控制信息,使系统内部发生反应后输出信息,再根据其输出信息来研究其功能和特性的一种方法。1945年,控制论创始人N.维纳提出了"封闭盒"概念及其研究途径。1948年,W.R.阿什比提出了黑箱概念,他说的黑箱就是维纳所说的封闭盒。所谓"黑箱",就是指那些既不能打开,又不能从外部直接观察其内部状态的系统,比如人们的大脑只能通过信息的输入输出来确定其结构和参数。"黑箱"研究方法的出发点在于:自然界中没有孤立的事物,任何事物间都是相互联系,相互作用的。所以,即使我们不清楚黑箱的内部结构,仅注意到它对于信息刺激如何作出反应,注意到它的输入-输出关系,就可以对它作出研究。黑箱法从综合的角度为人们提供了一条认识事物的重要途径,尤其对某些内部结构比较复杂的系统,对迄今为止人们的力量尚不能分解的系统,黑箱理论提供的研究方法是非常有效的。黑箱方法,也称"黑箱系统辨识法"。通过观测外部输入黑箱的信息和黑箱输出的信息的变化关系,来探索黑箱的内部构造和机理的方法。(1)指内部构造和机理不能直接观察的事物或系统。黑箱方法注重整体和功能,兼有抽象方法和模型方法的特征。(2)通过考察系统的输入、输出及其动态过程,而不通过直接考察其内部结构,来定量或定性地认识系统的功能特性、行为方式,以及探索其内部结构和机理的一种控制论认识方法。首先,要求把研究对象看作是一个整体。采取考察输入—输出的方式,对系统作整体上的研究。其次,当输入—输出关系确定后,一般用建立模型的方法来描述黑箱的功能和特性。模型结构有多种形式:有数学的(各种函数、方程式、图像、表格等)、实体的(功能相似于原型的现实系统),也有概念的。工程技术系统多采用数学模型,生物系统采用实体模型,社会系统则常用概念模型。再次,黑箱方法要突出联系的原则。把所要研究的系统置于环境之中,从系统与环境之间的相互联系中去研究、认识对象。黑箱方法有其独特的优点,但也有很大的局限性,它强调研究整体功能,而对内部的精确结构和局部细节不能准确回答,在研究客观对象过程中,必须把黑箱方法和其他科学方法结合起来。

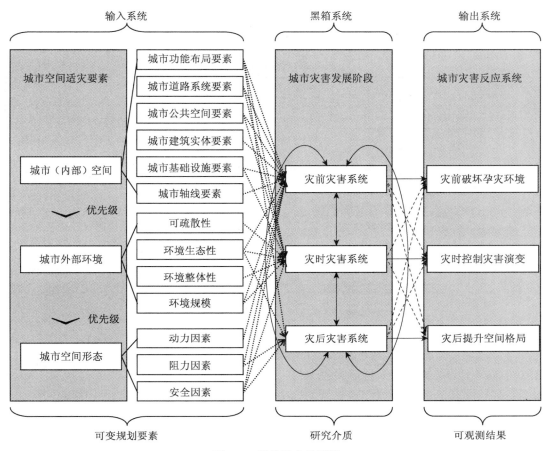

图 7.2　黑箱适灾模型图

资料来源：作者自绘.

能提高视力,反而越来越看不清。这时验光师会告诉我们眼睛有散光,需要调整另外一个参数,散光度数。最终通过两个参数的调整使得我们眼睛视力得到很好的矫正。这就是说明在调整要素指标时,不能无限调整某个参数,当某个参数的调整不能起到作用,或则起到反作用时,需要改变策略调整其他参数。

对于概念模型应用于城市规划也是这个思路,本节初步建立了模型输入要素的可调节等级体系,该体系由子系统层、可调因子层、可调因子描述、可调因子调整等级描述四个层次构成,如表 7.5 所示：

子系统层：从整体层面反映城市空间的整体作用,包括外部城市环境系统、内部城市空间形态。

可调因子层：是模型中需要具体进行调整的输入要素,包含了外部环境的可疏散能力、外部环境的规模、外部环境的整体性、外部环境的生态性、城市功能布局要素、城市道路系统要素、城市公共空间要素、城市建筑实体要素、城市基础设施要素、城市轴线要素、城市形态要素等。据前面分析,这些要素都是和空间适灾性密切相关的,不过作用的层面不一样,有的要素是在灾前产生作用,有的要素是在灾时产生作用。如外部环境规模、外部环境的整体性、外部环境的生态性、城市功能布局要素、城市形态要素等在灾前作为孕灾环境的组成部分,与灾害的发生有密切的关系;道路系统要素、公共空间要素、建筑实体要素在灾时对于灾害的演化有直接作用。

表 7.5　模型指标体系

子系统层	可调因子层	可调因子描述	可调因子调整等级描述			备注
			1 级	2 级	3 级	
城市外部环境系统	外部环境的可疏散性	可疏散空间数量、质量	部分改善	局部改善	整体改善	整体＞局部＞部分
	外部环境的规模	与城市相关外部环境的规模	1 倍	2 倍	3 倍	尽量多的改善外部环境与城市的关系
	外部环境的整体性	环境承载力	1~2 个参数达到要求	3~4 个参数达到要求	全部参数达到要求	土地资源、矿产资源、水环境、大气环境、生态环境承载力
	外部环境的生态性	生态敏感性	低	中	高	生态敏感性评价
城市内部空间系统	城市功能布局要素	防灾合理性调整	局部改善	部分改善	整体改善	整体＞局部＞部分
	城市道路系统要素	便捷性、分隔性	主干路调整	主次干路调整	整体调整	道路系统分类
	城市公共空间要素	分布合理性	区级空间可达性提高	城市级空间可达性提高	全部空间可达性提高	按重要程度
	城市建筑实体要素	布局与形态抗灾性	重要公共建筑	居住建筑	大部分建筑	按重要程度
	城市基础设施要素	抗灾性	给水	给水、燃气、电力	生命线系统	"生命线工程"是指对社会生活、生产有重大影响的交通、通信、供水、排水、供电、供气、输油等工程系统①
	城市轴线要素	空间引导性	局部引导性	部分引导性	整体引导性	整体＞局部＞部分
城市空间形态	动力因素 阻力因素 安全因素	促进适灾性	局部与地形协调关系	部分与地形协调关系	整体与地形协调关系	整体＞局部＞部分

可调因子描述:是关于可调因子与灾害关系的作用方面的描述,可调因子与灾害关系体现在多方面,本表描述的是最直接的关系。

可调因子调整等级描述:本表根据作者的经验,初步分为 3 个等级,每一个等级之间的差异量足以产生明显的调控效果。

通过这个思路,研究建立了模型调节与相关城市规划要素的联系,并就这个思路对模型进行实证检验。

---

① 中华人民共和国国务院.破坏性地震应急条例[Z].1995.

7.2 西南山地城市空间适灾的规划干预实证

　　首先需要说明一点,因概念模型包含了从城市外部环境、城市内部空间、城市空间形态三个层面的内容,涉及城市规划的要素较多,很难在某个城市一次性完成实证研究。本节拟对概念模型涉及的内容分别进行局部实证研究,这也比较符合现实情况,由于城市的不同,所面临的灾害类型、危害程度等不同,所要通过规划干预的要素也不尽相同,这也和前面一节中提到的模型的应用分析应用思路一致,即我们规划中首先只调节最相关的要素,使调节模型能最快的作出反应并阻止灾害或次生灾害的形成或威胁;当一个规划要素调节不能起作用时,再考虑增加其他调节要素,以此类推。

　　山地城市适灾的规划干预在于强调规划有联系的全程参与,不是等到灾害发生后才进行干预,也不是各个阶段的干预相互割裂,毫无关系,而是一个连续的过程。且每个阶段又有重点,灾前突出"控制",即破坏灾害形成的环境,控制灾害的发生,比如山地城市较多的滑坡地质灾害,在其还没有形成滑坡灾害之前,就应破坏引发其发生的要素,如过量的雨水会导致滑坡,则在滑坡易发地段就应建立排水沟,疏导水流,避免水量积蓄。一般情况下,高切坡容易引发滑坡灾害,则在工程处理时避免形成高切坡的地形,控制引导灾害发生的因素。灾中突出"稳定",即灾害一旦发生,就应把灾害稳定在一定范围内,减小其对于城市的进一步危害,首先是控制灾源,从源头上控制;其次是避免次生灾害的发生,据统计,大部分灾害的人员伤亡都是由于次生灾害造成的。如2013年发生的芦山地震,余震就有上千次,怎样避免次生灾害就是减灾的重点。灾后突出"提升",即灾后重建或恢复应总结之前城市发生灾害的规律特点等,有针对地进行城市空间改造或建设,提高城市空间承载灾害的能力(图7.3)。

　　本节从灾害发生的三个阶段进行了实证的分析,更利于论证概念模型的合理性。

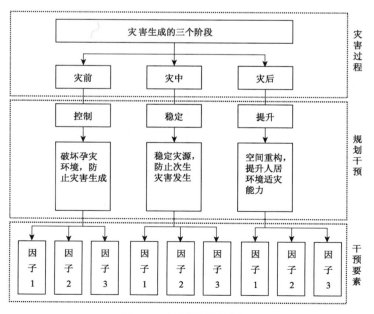

图7.3 规划干预模式图

7.2.1　灾前干预:破坏孕灾环境,防止灾害生成

城市的发展可以理解为城市建设与城市灾害不断适应、协调的动态过程。随着全球城镇化的高速发展、人口剧增,城市灾害的风险水平不断增大,城市防灾已成为全球关注的重要议题,以保障人类生命和财产安全。灾前控制的目的主要是防止灾害生成,一是阻止灾害发生的引发因素,这种因素在山地城市主要体现人为因素,比如人类生产对环境的污染、建设对地形的破坏等等。二是增加城市的承受灾害的能力,优化城市空间格局。对于山地城市来说,因为地形的复杂,城市建设对地形的破坏案例较多,容易直接引发灾害;另外,山地城市生态复杂,用地有限,特别是山地城市在快速城镇化之中,城市建设照搬平原城市的做法,使得城市对灾害的承载力受到限制,在同等灾害威胁下易发生灾害。

在山地城市适灾规划中,城市总体规划阶段是适灾规划的关键时段,该时段能从总体上制定控制灾害发生的引发因素,以长寿区总体规划中外部环境的整体性、生态性以及用地环境规模容量控制为例,在规划前先确定合适的外部环境的生态容量,破坏孕灾环境形成的前提条件,以达到空间适灾的目的,防止灾害的生成(图7.4)。

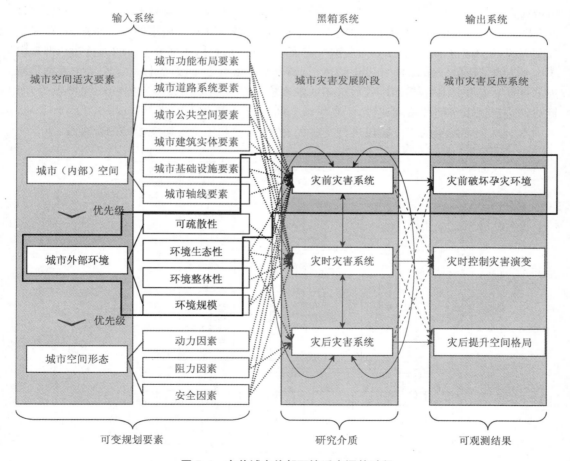

图7.4　灾前城市外部环境适灾调整过程

城市生态环境容量是城市空间的承载体和基础,只有建立科学的用地生态容量分析方法,建立在该基础上的城市空间建设才具有基本安全性,才能发挥其适灾性。本次土地生态容量的分析是以长寿区全区为研究范围,体现城市外围环境的整体性、生态性和环境规模性。首先在用地生态资源承载力与用地适宜性分析的基础上综合得出土地承载力综合分析,然后对长寿区土地承载力适宜性和土地综合承载力进行评价,根据评价内容指导规划中城市用地功能布局(图7.5)。

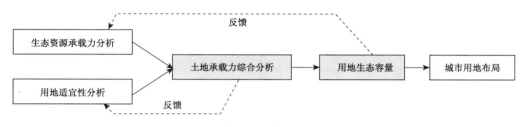

图 7.5　总体规划中城市适灾调整过程

1)生态资源承载力评价

(1)单因子生态承载力评价

长寿区作为典型的山地城市,生态环境本底条件较好。长寿常年气候温和,雨量充沛,水热条件好。区内河溪纵横,地貌复杂,生态环境多样,生物资源丰富。然而,随着人口的快速增长,不断加剧的人为活动对生态环境的影响强度和范围都越来越大,例如,绿地植被面积逐年下降,生物多样性保育功能较差;山区土壤侵蚀严重,加之陡坡耕种致使城周边山地裸露斑块多,频繁诱发滑坡、泥石流和坍塌等地质灾害的发生。为了提高城市承载灾害的能力,更有效地保护生态环境,必须对长寿区整体生态环境进行生态敏感性评价①,避免在生态敏感性高的区域进行建设(图7.6)。

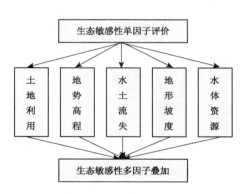

图 7.6　多因子生态敏感性评价途径

规划中依照主导因素综合性、科学性与实践性、简单性及规范性等原则选取 5 个生态单因子:土地利用因子(LU),地形高程因子(EL),水土流失因子(SE),地形坡度因子(SL),水资源因子(WR),根据以上各单因子对长寿区生态环境的影响强弱,将单因子分为敏感性高、敏感性较高、敏感性较低和敏感性低四等级,根据《长寿区城乡空间资源承载力及空间管制专题研究》研究结果得出个单因子分析图②,如表7.6,图7.7～图7.11所示。

---

①　生态敏感性是指:区域生态系统对各种自然环境变化和人类活动干扰的反应程度,即区域生态环境在遇到干扰时产生生态失衡与生态环境问题的难易程度和可能性大小。因此,区域生态敏感性评价的实质就是评价具体的生态过程在自然状态下和人类活动干扰过程中可能产生生态问题的概率。

②　参见:重庆大学城市规划与设计研究院. 重庆市长寿区城市总体规划(2011—2030 年)[Z]. 2011.

表 7.6　长寿区生态敏感性评价因子及其分级

因子序号	评价因子	生态敏感性分级			
		敏感性高	敏感性较高	敏感性较低	敏感性低
1	现状用地类型	有林地、灌木林地	河流、水库、河漫滩、草地、园地、疏林地	裸地、旱地、耕地、荒草地、沼泽地	各种建设用地
2	高程分析	＞500 m	360～500 m	300～360 m	＜300 m
3	水土流失	剧烈、极强度、强度	中度	轻度	微度
4	坡度分析	＞35%	25%～35%	15%～25%	＜15%
5	水资源	主要的河流和水库,及沿岸 60 m 范围内	主要的河流和水库,及沿岸 60～100 m 范围内	主要的河流和水库,及沿岸 100～200 m 范围内	主要的河流和水库,及沿岸＞200 m

资料来源:根据相关资料绘制.

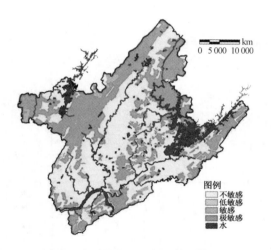

图 7.7　长寿区土地利用单因子评价图

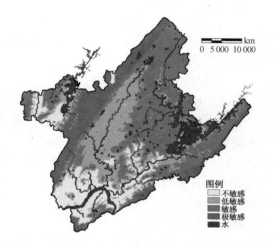

图 7.8　长寿区高程单因子评价图

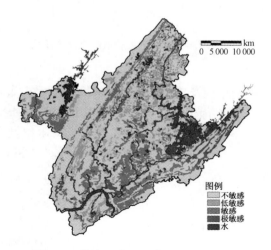

图 7.9　长寿区水土流失单因子评价图

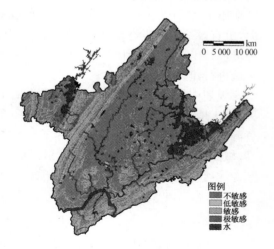

图 7.10　长寿区坡度单因子评价图

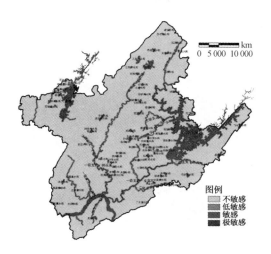

图 7.11　长寿区水资源单因子评价图

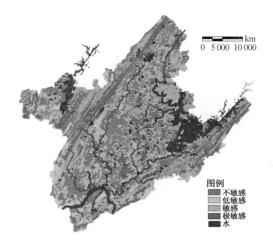

图 7.12　长寿区生态敏感性综合评价图

资料来源:重庆大学城市规划与设计研究院.长寿区城乡总体规划(2011—2030 年)[Z].2011.

（2）生态承载力综合分析

将以上 5 个主要的生态环境因子敏感性分区图叠加处理,按照分级标准进行控制(如表 7.7),最后得到长寿区生态敏感性综合评价图(如图 7.12 所示)。

表 7.7　生态环境敏感性综合评价分级表

敏感性等级	敏感性高	敏感较高	敏感较低	敏感低
分级值 S	$100 \geqslant S > 75$	$75 \geqslant S > 50$	$50 \geqslant S > 25$	$25 \geqslant S > 0$
面积比例(%)	10.80	32.90	46.77	9.53

资料来源:根据相关资料整理绘制.

2）用地适宜性评价

（1）单因子用地适宜性评价

建设适宜性评价主要从城市空间构成角度出发选取单因子。规划选取地形坡度、与现状城镇距离、与现状城镇高程差和交通可达性单因子进行分析和评价,根据建设适宜性评价因子及其分级(表 7.8)计算结果[①],得出具体的单因子评价结果图示(图 7.13～7.16)。

表 7.8　建设适宜性评价因子及其分级

评价因子	建设适宜性分级			
	很不适宜	不适宜	基本适宜	适宜
坡度分析	>35%	25%～35%	15%～25%	<15%
高程分析	>500 m	360～500 m	300～360 m	<300 m
与现状城区距离 （根据现状城镇建设用地规模）	>2 000 m	1 000～2 000 m	1 000～500 m	<500 m
交通可达性(与道路距离)	>2 000 m	1 000～2 000 m	1 000～500 m	<500 m

资料来源:根据相关资料整理绘制.

---

①　计算方式参见:重庆大学城市规划与设计研究院.长寿区城乡空间资源承载力及空间管制专题研究[R].2011.

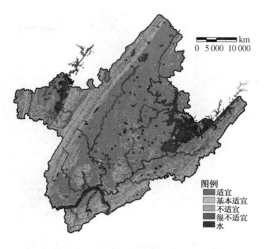

图 7.13 长寿区坡度适宜性单因子评价图

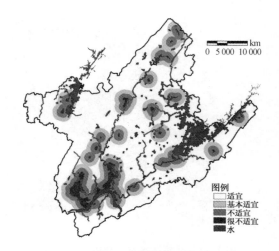

图 7.14 与现状城镇距离单因子评价图

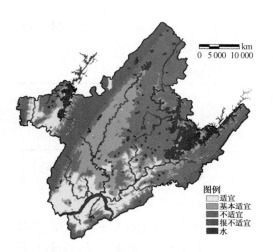

图 7.15 长寿区高程适宜性单因子评价图

图 7.16 长寿区交通可达性单因子评价图

资料来源:重庆大学城市规划与设计研究院.长寿区城乡总体规划(2011—2030 年)[Z].2011.

(2)多因子综合叠加分析

根据以上分析进行叠加,最终得出不可建设区(建设成本高)面积 210.47 km²,占整个规划区总面积的 14.78%,主要分布在规划区西部、东南部的明月山生态保护区和黄草山生态保护区;基本不适宜建设区(建设成本较高)面积 169.46 km²,占规划区面积 11.90%,主要分布在规划区周边山区;基本适宜建设区(建设成本较低)面积 532.00 km²,占规划区面积的 37.36%,位于河谷与山区之间过渡区域;适宜建设区(建设成本低)面积 512.07 km²,占总面积的 35.96%,主要分布在区域南部长江沿线,长寿湖、大洪湖周边地区和现状城镇周边地区(图 7.17)。①

----

① 参见:重庆大学城市规划与设计研究院.重庆市长寿区城市总体规划(2011—2030 年)[Z].2011.

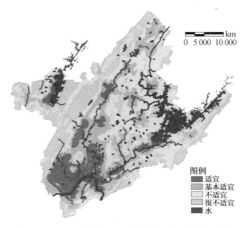

图 7.17　长寿区用地适宜性综合评价图

资料来源：重庆大学城市规划与设计研究院.长寿区城乡总体规划(2011—2030 年)[Z].2011.

3）土地承载力综合分析及用地功能布局

（1）土地承载力适宜性区划

将用地生态敏感性综合评价和用地适宜性综合评价进行综合叠加分析，确定用地建设适宜性分区（禁、限、适、已建区），以此标准对土地容量进行分析（图 7.18）。

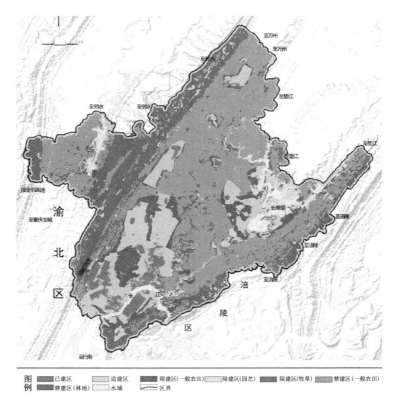

图 7.18　长寿区土地综合承载力适宜性区划图

资料来源：重庆大学城市规划与设计研究院.长寿区城乡总体规划(2011—2030 年)[Z].2011.

考虑到用地建设适宜性分区的可操作性,在禁、限、适、已建四区基础上进行细化,在小类划分上可与土地利用总体规划中用地类型相协调,从而起到协调城市与土地利用总体规划的作用,这样也能对规划区的郊区规划有较好的引导作用。[①]

（2）土地综合承载力评价

根据计算分析[②],长寿区用地建设适宜性为:禁建区面积为 176.89 km²,占区域总面积 12.43%;限建区面积为 384.65 km²,占区域总面积的 27.02%;适建区面积为 811.74 km²,占区域总面积的 57.01%。根据区域空间分布,将长寿区分为北部、东部、西部和南部区域进行控制（如表 7.9）。

表 7.9　长寿建设用地适宜性分区评价统计表　　　　　　　　　（hm²）

片区	镇（街道）	建设用地适宜性评价				
		已建用地面积	不宜建设用地面积	可建用地面积	禁建用地面积	其他建设用地面积
南部中心城区	凤城街道、晏家街道、江南街道、渡舟街道、八颗镇	4 303.63	11 373.84	29 824.95	5 801.41	18 451.11
北部区域	海棠镇、云台镇、石堰镇、葛兰镇、新市镇	368.27	8 227.48	25 720.95	4 190.16	26 493.47
东部区域	双龙镇、云集镇、龙河镇、长寿湖镇、邻封镇、但渡镇	269.02	13 323.07	42 205.76	5 299.09	28 882.69
西部区域	万顺镇、洪湖镇	92.76	5 540.31	12 886.5	2 398.79	7 346.28

资料来源:重庆大学城市规划与设计研究院.长寿区城乡总体规划（2011—2030 年）[Z].2011.

（3）规划用地功能布局

在确定的土地综合承载力的基础上,规划从制定合理的城市空间适灾角度出发,城市空间应建立在土地综合承载力最强的区域,根据中心城区的自然条件,结合功能分区,形成"一心四片,双轴北拓"结构。"一心"为长寿菩堤山城市绿心;环绕中心规划四片,即桃花片区、凤城片区、经开片区、北城片区。其中,桃花片区包括桃东、桃西 2 个组团,凤城片区包括凤东、凤西 2 个组团,经开片区包括晏家、江南 2 个组团,北城片区包括八颗、北城 2 个组团。"双轴北拓",即中心城区发展轴由南至北延伸,包括东部综合用地发展轴和西部工业用地发展轴,两轴一起带动城市向北拓展（图 7.19）。

4）模型初步结果校验

城市规划实施的作用要在城市安全性上反映出来需要一段时间的观察及综合效果评价才能证明,不能只因为一两个突发案例就能说明的。本文选取的长寿区在总体规划开始实施前后一段时间内统计部门公布城市综合环境统计数据,包括酸雨频率、空气质量优良天数、二氧化硫量、区域环境噪声等为参考判断依据。

本次规划以 2010 年为规划前与规划后为分界点,通过初步判断,酸雨频率呈降低趋势,空气质量优良天数呈上升趋势,空气中二氧化硫含量呈降低趋势,区域环境噪声呈下降趋势,城市环境质量往着优良方向转变（图 7.20）。从这个角度上来说,通过长寿区城市总体

---

①　参见:重庆大学城市规划与设计研究院.长寿区城乡空间资源承载力及空间管制专题研究[R].2011.
②　参见:重庆大学城市规划与设计研究院.长寿区城乡空间资源承载力及空间管制专题研究[R].2011.

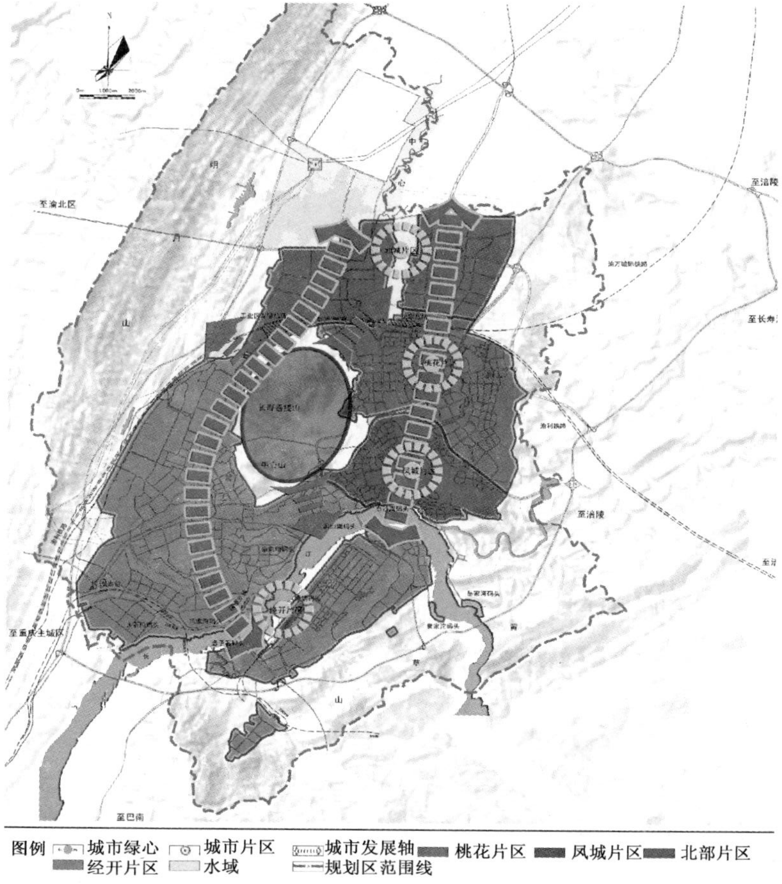

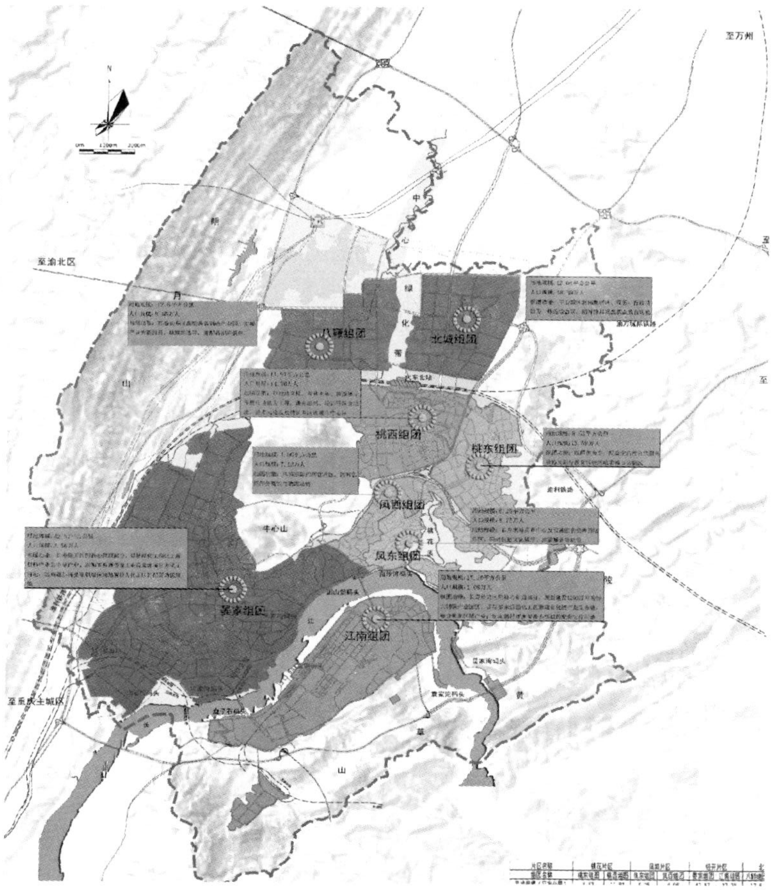

(b) 长寿区空间组团分布

图 7.19 长寿区空间规划图

资料来源:重庆大学城市规划与设计研究院.重庆市长寿区城乡总体规划(2011—2030年)[Z].2011.

(a) 长寿区城区空间结构

图例 ▭城市绿心 ◎城市片区 ▨城市发展轴 ▬桃花片区 ▬北部片区
▬经开片区 ▨水域 ▨规划区范围线 ▬凤城片区

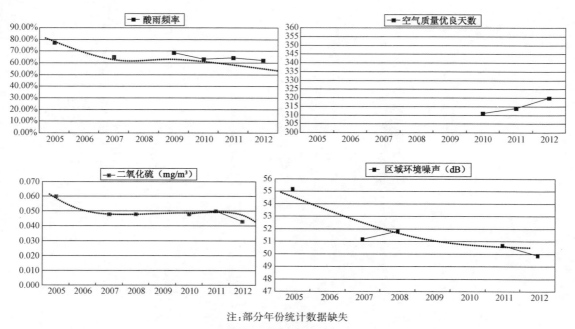

注:部分年份统计数据缺失

图7.20　长寿区环境统计数据

资料来源:根据长寿区统计局资料整理绘制.

规划的实施,城市外部环境的整体性、生态性以及环境规模容量得到有效控制,城市总体环境得到改善,阻止了由于区域环境恶化会形成灾害的前提,城市空间适灾性得到增强,这与作者所提出的概念模型的判断是一致的,可以部分说明概念模型的合理性。

7.2.2　灾中干预:控制灾源,防止次生灾害危害

灾害发生过程中,留给人们的反应时间较少,避难和救援的时间十分短暂。次生灾害也是灾中的重大隐患,西南山地地区的自然灾害常常是相生相随的,一种灾害的发生往往引发其他次生灾害的发生。例如山洪暴发往往引发滑坡、塌陷和泥石流等地质灾害,而地震往往也会引发滑坡、崩塌、火灾等灾害。

基于西南山地地区灾害发生进程中的上述特点,以灾中稳定灾源,避免灾害扩大、避免产生次生灾害为主要目标。在灾害发生时,对于城市空间要素的调整可以达到这个目的。如将适应性好且疏散力强的城市公共绿地空间进行功能调整,将其作为重要的防灾资源,以便灾时居民就近快速进入公共绿地空间避灾和组织救援。同时,还应在这些公共空间中开辟临时性的防救空间,以提供暂时性的紧急避难和救援场所,这样既避免次生灾害发生危及灾民安全,又为下阶段展开大规模救援创造有利条件。又如道路系统,在灾害发生时,道路系统是提供外部救援的重要通道,灾时控制道路的出入可以形成救灾生命通道,对于救灾车辆到达灾区提供了最重要的保障。另外,道路系统在灾害发生时,可作为如火灾、瘟疫等具有传播性的灾害的隔离带。如在日本灾害防治理念中,以道路划分防灾生活圈。防灾生活圈周边道路具有隔离作用(图7.21)。我国西南地区目前还没有这样的考虑,但在灾害发生时,可根据灾源情况临时调整某些路段作为防灾隔离道路。

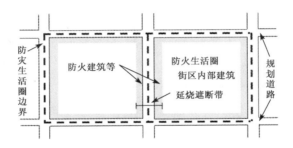

图 7.21 防灾生活圈示意图

资料来源:引自董衡苹. 东京都地震防灾计划:经验与启示[J]. 国际城市规划,2011,26(3):106-110.

1)灾时道路系统控制

灾害发生时,最重要的就是组织救灾,避免次生灾害的威胁。从概念模型看,主要的控制内容就是调整城市道路系统和城市公共空间系统(图 7.22)。

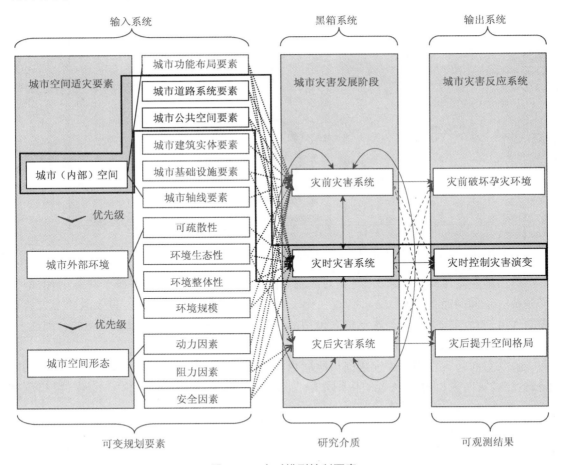

图 7.22 灾时模型控制要素

以芦山地震发生时为例,因有了汶川地震的救灾经验,救援就显得井然有序,特别是在灾害发生时,管理部门首先对于到达灾区的道路成雅高速、318 国道、210 省道进行车流控制,把这两条道路提升到救灾生命通道的高度,对于救灾车辆到达灾区提供了最重要的保障。芦山地震发生后救援力量主要来自成都方向,以成雅高速为主要救灾路径。如图 7.23 所示,成雅高速雅安东段为交通相对单一,进入到成雅高速雅安市区段时,由于增加了成渝环线高速的车流,交通压力定然会加大;从成雅高速进入到 318 国道后,由于路面宽度和道路等级限制,加之 318 国道还与雅安市区等联系,车流量进一步加大;从 318 国道进入芦山县的 210 省道后,道路瓶颈进一步增大,特别是 210 省道的路况较差,进一步影响救灾通行量。

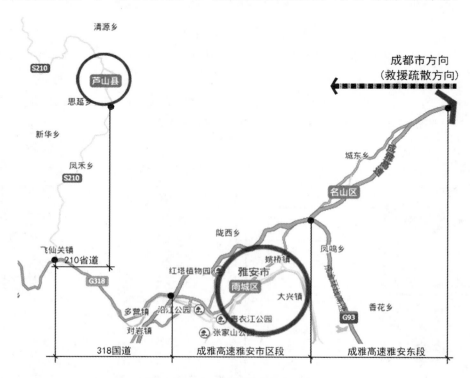

图 7.23 灾时区域道路控制分析图

芦山地震发生时,相关部门首先对成雅高速、318 国道、210 省道进行了管制,暂时限制了非救灾车辆的通行(图 7.24),有效强化了区域道路的通行救灾能力,间接减少了灾害造成的人员伤亡和损失。这与本章概念模型的判断一致,可以部分说明概念模型的合理性。

2) 城市公共空间控制

公共空间防灾作用在于灾害前后所展现的防灾救灾能力,包括"灾前城市灾害易发区的隔离性"、"灾时人群避灾救援的接纳性"、"灾后灾民临时安置的支持性"3 项评价内容(戴彦,陶陶,2010),反映了城市公共空间应对灾害的基本适应能力。

关于公共空间在灾前城市灾害易发区的隔离性和灾后灾民临时安置的支持性这里就不赘述。这里重点讨论在灾害发生时,调整公共空间要素对于灾害产生的影响。公共空间在灾害发生时,能够接纳居民临时避灾,具有群避灾救援接纳性。这就需要绿地公共空间都有一定的可容避难人停留的空间。灾时需要对这些空间进行合理组织和管理,引导避难人员和救灾人员有序进入。要根据灾源产生的区域,临时调整作为避难场所的空间位置和作为救灾场所的空间。

图 7.24　交通控制指示牌

资料来源:麦积新闻网. 天水交警为赴芦山地震灾区救援车辆保畅通[EB/OL]. http://maiji. gscn. com. cn/news/tsyw/2013/422/13422151152659FFE5BK6783G81048D. html,2013-04-21.

西南地区特殊地理结构决定了能达到防灾作用的公共空间的规模不仅从面积指标上来确定,还要从实际地形特点,内部绿化构成等来综合考虑。只有这样才能为避难防灾提供基本条件,一般认为,这类城市绿地公共空间面积应在 500 m² 以上,坡度在 15% 以下,区级以上的公共绿地面积最好在 2 hm² 以上,市级公园面积依城市规模可定在 10～30 hm² 以上(游璧菁,2004)。按照现在的科技水平,很难准确预测灾害发生的时间、地点。因此,各种类型、各种规模的绿地公共空间都有可能发挥作用。按照日本的经验,面积在 10 hm² 以上的绿地公共空间灾时可作为"广域避难地",也可以作为灾害发生后居民的集散场所,带有较长期的性质。而面积在 1 公顷左右的绿地公共空间可以作为临时避难场所或避难"中转站"。在机能上属于城市一级避难据点,可开辟作为固定的防灾公园,一般规模 10～50 hm²,服务半径 2～3 km(李洪远,杨洋,2005;郑曦,孙晓春,2008)。避难空间建设标准按照计划可容纳避难人数来计算,国外一般临时性紧急避难场所的有效避难面积是 1～2 m²/人以上,中长期避难场所是 3 m²/人以上,日本的防灾公园则是 7 m²/人(滕五晓,2003)。根据人体工程学关于人体站立和坐下的比例图,在保证人体能自由移动的情况下,可以推算人体站立和坐下所占面积大约是 0.5 m² 和 1 m²。

西南山地城市人口密度大,城市整体防灾减灾功能跟不上城市现代化建设的发展,而目前大多数公园绿地公共空间等地带除了健身、娱乐等功用,并没有发挥它的防灾减灾功效。因此,根据实际情况,应该结合各大公园逐步改造建设,在改造中考虑防灾避难功能,同时增加防灾救灾基础设施。

规划确定为防灾公园的城市绿地公共空间,可作为城市居民避难、救援活动展开的场所。因此相应基础设施建设非常重要,如消防及生活用水设施、照明设施、卫生设施、医疗急救等。

以芦山地震为例,灾时几乎所有居民都到公共空间进行躲避,降低了次生灾害的危害。这就需要灾时对规划的城市公共空间,进行功能的转变,由休闲型、景观型的空间转变为救灾避难空间。公共空间作为灾时临时安置的场所,需要临时配置水、电、气等必要的基本生活设施,可作为灾后灾民的短期安置场所。同时,为防止次生灾害对灾民的伤害,并结合临时救灾设施的建设考量,绿地公共空间中可容纳避难人群的区域,其坡度应小于10%。对于这类城市公共绿地的灾民临时安置人数,可将能适用的绿地空间面积与人均占地面积相除,即可得出确定的人口安置规模。绿地公共空间在灾后作为临时安置点容纳的灾民人数越多,说明公共空间对城市空间适灾能力的贡献越大(图7.25)。从实际使用取得的效果看,具有转换成救灾空间能力的绿地公共空间对城市减灾防灾能力的提高具有显著支撑,这与本章的概念模型判断一致。

图7.25 芦山县灾时公共空间里的救灾帐篷

资料来源:楚天都市报. 俯瞰芦山县城遍布彩色帐篷[EB/OL]. http://ctdsb. cnhubei. comHTMLctdsb20130425ctdsb2026700. html,2013.04.25.

3) 模型初步结果校验

灾时对城市道路和公共空间的调整干预对救灾起到了有效的保证,从交通管制部门介绍:"在地震期间,3条路运送伤员200余次,提高了救援效率[1],……在地震当天,3条生命通道共为122辆运送伤员的车辆保驾护航,其中118辆为救护车,4辆为社会车辆,所有伤员都在第一时间被送往医院接受治疗。"可见,区域道路控制所起的作用是积极的,道路系统(区域和城市)是影响灾害救援的有效手段。

另外,从四川省民政厅救灾物资统计日报数据显示:"截至(2013年4月)24日18时,包括中央下拨、省本级自筹、外省支援、本省市州支援和接受捐赠等多个渠道在内,民政部门累计已筹集帐篷99 581顶,发放67 877顶。"[2]按照每顶帐篷占地面积3 m² 计算,以已发放的

---

① 华西都市报. 芦山地震3条救灾生命通道 恢复正常通行[EB/OL]. http://sichuan. scol. com. cn/dwzw/content/2013-05/04/content_5146867. htm? node=968,2013-05-04.

② 新华网. 媒体跟踪还原芦山地震灾区救灾帐篷行走路线[EB/OL]. http://cd. qq. com/a/20130425/000506. htm,2013-04-25.

帐篷顶数为计算数据（67 877 顶×3 m²/顶＝203 631 m²），则需要 203 631 m² 的开场空间面积。如果这些帐篷数量都发放到城市居民手中，那么城市就需要提供这么多的可用公共开敞空间用地面积。所以，可以确定城市可利用的开敞空间对于城市救灾是具有重要作用的。当然这些调整后的救灾避难场所还需要临时搭建相配套的供水、供电、供气、厕所、医疗等必要的设施。所以，能进行调整的公共开敞空间也受到这些设施的限制。灾时把相关开敞空间调整为救灾避难场所是救灾工作必要和重要的手段之一，也是避免次生灾害造成人员伤亡和财产损失的重要支撑。

综上所述，灾时道路系统调整控制、公共空间调整都是保障救灾进行的重要手段，这与本章所建立的概念模型思路是一致的。

7.2.3 灾后干预：空间重构，提升空间适灾能力

灾后重建分为两种情况，一是异地重建，另一种是在原城市基础上优化改建。不管哪种情况最重要的都是总结灾害破坏特点，分析灾害应对策略并反映在城市空间上，构建安全的城市空间，以适灾概念模型为指导，结合日本神户灾后重建和香港山地城市空间的建设，以及西南山地城市空间形态的适灾特征，可以提出灾后城市空间提升的重点控制内容。首先是城市外部环境控制，如果是异地新建城市就涉及城市选址问题，城市选址时对外部环境的考虑要从可疏散性、环境生态性、环境整体性、环境规模等方面综合考虑；如果是优化改建城市，就需要在灾后重建中逐步对外部环境进行改造和优化，达到概念模型要求的内容。其次是城市内部空间的控制，如果是新城建设，则从空间适灾六大系统要求分别进行规划设计；如不是新建，则会逐步改造，分别优化各个系统。第三是城市空间形态，根据不同的环境条件，打造相适应的空间结构形态，本节以两个不同类型（完全新建和优化改建）的案例分别加以分析说明。

1）都江堰灾后城市空间优化重建

2008 年 5 月 12 日在四川汶川地区发生里氏 8.0 级大地震①，给汶川地区造成巨大灾难。都江堰市是地震核心区最大的城市，遭受了严重的损失。② 灾后都江堰进行了恢复重

---

① 汶川大地震，也称 2008 年四川大地震，发生于北京时间（UTC＋8）2008 年 5 月 12 日（星期一）14 时 28 分 04.1 秒，震中位于中国四川省阿坝藏族羌族自治州汶川县映秀镇附近、四川省省会成都市西北偏西方向 79 千米处。根据中国地震局的数据，此次地震的面波震级达 8.0Ms、矩震级达 8.3Mw（根据美国地质调查局的数据，矩震级为 7.9Mw），破坏地区超过 10 万 km²。地震烈度可能达到 11 度。地震波及大半个中国及亚洲多个国家和地区。北至辽宁，东至上海，南至香港、澳门、泰国、越南，西至巴基斯坦均有震感。截至 2008 年 9 月 18 日 12 时，汶川大地震共造成 69 227 人死亡，是中华人民共和国成立以来破坏力最大的地震，也是唐山大地震后伤亡最惨重的一次。地震造成四川、甘肃、陕西等省的灾区直接经济损失共 8 451 亿元人民币，灾区的卫生、住房、校舍、通讯、交通、治安、地貌、水利、生态、少数民族文化等方面受到严重破坏。地震灾情引起民间强烈回响，全中国以至全球纷纷捐款援助，累积金额超过 500 亿元人民币。中国军方调动了和平时代以来规模最庞大的队伍进行救灾，中国民间的大批志愿者和来自中国各地以及世界各国的专业人道救援队伍也加入救灾。震后中国政府宣布投入 1 万亿元人民币，并采取"一省帮一县"的原则，用三年时间进行地震灾区的重建工作，计划在 2010 年基本实现目标。2012 年初，四川省长宣布重建完成。参见维基百科。

② 都江堰市面积约 1 208 km²，具有独特的地貌特征，俗称"六山一水三分坝"。2007 年底市域总人口约 70 万人，城镇人口约 30 万人。其不仅是国家级自然保护区、国家历史文化名城、中国最佳旅游城市、国家级生态示范区、中国最佳魅力城市、国家 5A 级旅游景区、国家级重点风景名胜区、国家园林城市、长寿之乡，更是世界自然和文化双遗产所在地。然而，2008 年 5 月 12 日的汶川特大地震，都江堰市因灾死亡 3 091 人，191 人失踪，10 560 人受伤，受灾人口达 62.21 万人；城市 80% 以上房屋不同程度受损，非平原地区 95% 以上房屋损毁；交通、通信、城市基础设施严重损毁；初步统计直接经济损失高达 536.65 亿元，一系列产业、就业等社会经济活动发展骤然停止。

建,从灾后重建概念总体规划阶段的方案可以看出,都江堰市在城市空间适灾方面做了很多探索。

(1) 城市用地要素的安全选取

城市用地要素是属于适灾概念模型中的城市功能布局要素部分,都江堰灾后重建是在原城市基础上优化改建,在规划中,首先对都江堰灾后重建城市用地的安全性进行了综合评估,初步判断并划定了规划区地质相对稳定、适于建设用地发展区域。①

在对方案用地要素评价过程中,采用现代 GIS 技术,依据国家抗震救灾总指挥部、四川省国土资源厅等权威机构发布的汶川地震发生机理、四川龙门山脉与周边地区地质和灾情评估报告,提取了地震断裂带、次生灾害、地震烈度等影响因子,特别是利用都江堰市域第四纪沉积岩厚度分布与坡度资料,对河流、水系、植被、建设用地类型和开发限制因素等的权重分析,评估了都江堰市区空间的生态安全性,还通过对都江堰市的现状和规划交通网络的分析,评估了市域范围内的空间交通可达性。最终综合地质安全性评价图、生态安全性评价图、交通可达性评价图,叠加得出城市空间管制分区图,将都江堰市划分为禁建区、严格限建区、一般限建区和适建区四类,为安全、科学的城市建设用地选择提供了依据(图 7.26)。这和龙彬教授提出的古代城市用地选择"和"的概念相一致(龙彬,2001),这也是我国古代城市用地选择的成熟阶段,是体现城市用地拓展与自然环境的高度协调,是营建安全城市的基本要求。

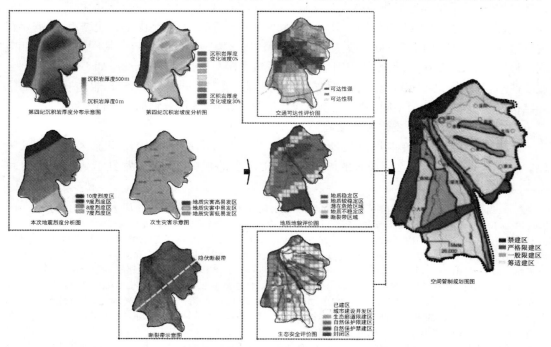

图 7.26 市域地质安全评价分析图

资料来源:吕斌,黄斌,等.天府之母·山水林风:城乡一体化的安全宜居生态城——北京大学城市与环境学院.都江堰灾后重建规划概念方案[J].//上海同济规划设计研究院.理想空间——都江堰灾后重建概念方案[M].上海:同济大学出版社,2008,30(12):4-17.

① 北京大学城市与环境学院.都江堰灾后重建概念规划[Z].2008.

（2）多中心网络化的城市空间形态构建

多中心网络化的城市空间形态是城市大分散,小集中发展的一种城市形态,有利于把环境引入城市之间作为分隔密集的城市建设,城市集中建设区也可以避开地质环境较差区域。都江堰市地势起伏较大、河流众多,用地受到限制,规划为了疏解城市中心区高密度状况,采用对多中心组团式空间形态,城市向东南拓展为主,发展聚源片区;向西发展为辅,发展玉堂片区;完善、提升老城片区和环城片区。规划结合都江堰的山水环境,以山体为背景、水网为脉络,通过绿化、水系、主要道路分割,形成"三心、五片区"的城市空间结构(图7.27)。①

多中心网络化的城市空间形态,由于各个中心具有相对完善的城市功能,能满足片区居民的生活需求,这在一定程度上能减少组团之间的通勤,缓解交通压力。而且都江堰市各组团之间被绿化、地形或河流所分隔,城市建设避开这些"隔离带"进行建设,既保护自然生态环境,又为城市提供了多样的空间景观,还能作为个组团间的灾

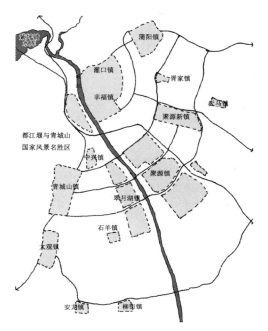

图7.27　土地利用规划图
资料来源:根据相关资料整理绘制.

难缓冲带,避免灾害的扩大。组团式的空间形态还能分解城市中心的压力,强化各自的独立性。组团间能借助便捷的联系性通道,加强可达性。这种城市空间形态在保持良好自然生态环境,提高城市适灾能力的同时,还能使城市运作具有更高的效率。

（3）建立组团式方格网道路系统

为了建设具有防灾能力的道路网络,都江堰市因地制宜地采用了组团式方格网道路系统。方格网具有通行能力、可达性更强的特点,灾时居民到达同一个避难场所可有多种选择,道路彼此替代能力较强,有利于灾害发生后的救援和运输,减轻灾害带来的影响,生态化的道路还起到灾害隔离作用。组团间的道路联系也较紧密,考虑到组团间的有机联系,采用多条纵横道路进行连接,在整体上形成大的方格网形式,加强各组团之间的通行能力(图7.28)。

（4）形成城市生命绿网开敞空间体系

都江堰市结合城市各区域的环境条件,结合"山、水、田、林"铺陈生态基底,在"六山一水三分田、北山南田"的基础上搭建"两心、七带、多楔"的城市生命绿网,以此为基础形成了市区级、社区级和街区级三个层面的防灾安全生活圈。

① 三心:城市级公共功能中心指沿着成灌发展走廊的三个城市级公共功能中心,由北向南为:位于建设路以内的古城旅游服务中心;位于彩虹大道以外依托规划成灌铁路都江堰站形成的综合交通枢纽中心;位于都江堰大道东端的行政中心。五片区:指按照自然水体(金马河)和生态廊道、主要道路划定的相对独立又有机联系的五大片区:老城片区、环城片区、聚源片区、玉堂片区、乡村休闲片区。参加:上海同济城市规划设计研究院.都江堰市灾后重建总体规划(2008—2020年)[Z].2008.

201

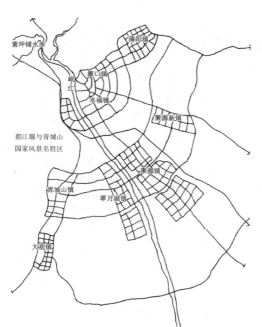

图 7.28　组团式方格网道路系统

资料来源：根据相关资料整理绘制.

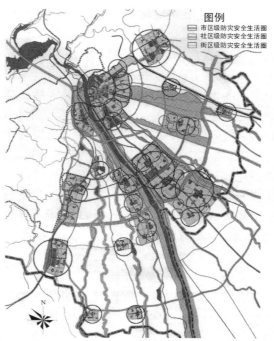

图例
- 市区级防灾安全生活圈
- 社区级防灾安全生活圈
- 街区级防灾安全生活圈

图 7.29　防灾避难体系规划图

资料来源：吕斌,黄斌,等. 天府之母·山水林城：城乡一体化的安全宜居生态城——北京大学城市与环境学院都江堰灾后重建规划概念方案[J]//上海同济规划设计研究院.理想空间——都江堰灾后重建概念方案规划[M].上海：同济大学出版社,2008,30(12)：4-17.

　　根据不同的公园、绿地、广场所具有的不同功能,以人的行为模式为基础,广泛地分级建设网络化防灾避难体系。由于不同形态及规模的公园、绿地、广场在灾害发生时所体现的能力有所不同(表 7.10),各类公共空间服务半径亦有不同要求,规划中应综合平衡建设防灾避难体系,都江堰充分利用现状公共空间资源建设防灾避难体系(图 7.29),并在重建规划中对公园绿地、避难场地等的建设标准都进行了规定。对公园绿地的细节形态进行控制,有利于处于不同环境中的居民使用及其相应功能的发挥,还有利于土地的合理利用。都江堰市通过新建、改建公园和广场形成了公共空间网络。这些公共空间有利于隔离灾害,保证人群的安全避难。而且,各广场、公园之间,一般都有宽度 10～20 m 的沿路绿带存在。这保证灾害点与避难场所之间避难通道的安全。因此,都江堰市这种网络化防灾避难系统,大大提高了城市空间的适灾能力,减缓分解灾害给城市带来的影响。

表 7.10　城市公园规划一览表

名称	面积(hm²)	位置	公园内容
都江堰遗产公园	100	宝瓶巷处的公园绿地,含离堆公园、玉垒山公园	旅游观光、人文景观、休闲娱乐
"工业与水"公园	8	蒲阳干道与彩虹大道相交处	现代高科技工业景观、休闲娱乐
"人居与水"公园	9.4	民丰路、景中路相交处	全民健身场、市民节假日游憩运动、交流

续表

名称	面积(hm²)	位置	公园内容
"生态与水"湿地公园	18	聚青线以东紧邻金马河地块	保留、整治原有水面，形成滨水风光为主题的市民休闲、娱乐及旅游观光
地震公园	2	蒲阳干道与彩虹大道相交处	以纪念活动、旅游观光的人文景观为主
迎祥遗址公园	20	天府大道延伸段以北、聚三路以西、迎祥遗址处	人文景观、旅游观光、休闲娱乐，以林盘景观为主
老人儿童公园	12	青城路、玉府路交叉口	主题游乐设施、青少年活动场、儿童游戏场、老年活动场

资料来源：上海同济城市规划设计研究院. 都江堰市灾后重建总体规划(2008—2020年)[Z]. 2008.

2）北川县灾后城市空间异地新建

汶川特大地震，给北川县城造成毁灭性破坏。人员伤亡之大，破坏之严重。房屋基本损毁、道路交通中断，城市基本功能受损，城市整体结构受到破坏，地震引发的崩塌、滑坡等地质灾害对北川县城造成重大破坏。同年9月24日，北川县城再受到泥石流灾害的破坏[①]，城市受到彻底破坏，从地质条件和城市安全角度考虑，曲山镇已不适宜作为北川新县城灾后重建用地(图7.30、图7.31)。

图7.30 震前北川县城

资料来源：中国城市规划与设计研究院. 北川羌族自治县新县城灾后重建总体规划[Z]. 2008.

北川县灾后重建规划是建立在城市防灾减灾的基础上，探讨了强化城市空间适灾性方面的工作，特别是新县城城市选址的确定，还有城市空间形态构成、城市道路构成、城市公共空间系统建设。

（1）安全科学的新县城城市选址的确定

北川县城曲山镇在历史上经历过多次自然灾难，1952年在此建设县城完全没有考虑这

---

① 2008年9月24日，汶川震区的北川县暴雨导致区域性泥石流发生，泥石流冲入县城，几乎掩埋老县城。这次9.24暴雨泥石流灾害导致了42人死亡，对公路和其他基础设施造成严重损毁。

图 7.31　震后北川县城

资料来源:中国城市规划与设计研究院. 北川羌族自治县新县城灾后重建总体规划[Z]. 2008.

个因素,特大地震摧毁老县城是自然的报复(李晓江,2011)。

邹德慈院士指出北川新县城重新选址要"正确处理城镇与自然的关系,特别是与可能发生的自然灾害的关系,是规划设计中的重大原则问题,过去那种所谓"人定胜天,敢于和大自然斗争"的哲学,以及对自然漠然视之的态度都是不可取的。正确的方针应该是与自然和谐相处(邹德慈,2011)。灾害是不可避免的,是客观存在的,规划中应尽量避免。县城规划选址也应趋利避害,北川新县城最终选址本着趋利避害的原则,避开老县城用地,在安昌镇附近一块平川上,北靠山丘,南向安昌河,地质稳定。

据《四川省绵阳市地质灾害防治规划(2006—2020 年)》,北川老县城曲山镇属于地质灾害高易发区,长期遭受崩塌、滑坡、泥石流等地质灾害威胁。5•12 地震及 9.24 泥石流灾后,城区基础设施还是被毁,引发的潜在崩塌、滑坡危害极大的威胁以后的城市安全。出于城市安全的考虑,原址已经不能继续作为城市重点建设区域,有必要进行新的县城选址。说到选址,我们祖先已经给出了很多意见,"度地卜食、体国野营",强调适中的地理位置及城市的可持续发展,"国必依山川"强调自然景观和生态因素,以及城市安全的需要。从思想上可以概括为"天时、地利、人和"的自然哲学思想。古代城市选址强调因地制宜,选择优越区位环境等。北川新县城在选址时,这些因素都是值得参考的,可以理解为选址时要考虑工程地质可行性,要具有良好的地质条件和较高的安全性;其次是区位的优越性,与中心城市,县域腹地联系便捷,便于灾时疏散和救援;可建设用地充足,保障安全的建设条件,实现可持续发展;基础设施依托便利,可以利用现有市政基础设施和公共服务设施;等等。

北川县地形复杂,属于山地地形,城镇建设用地条件极为苛刻,仅有的少量适宜城镇建设的河谷坪坝地区已经几乎全部被已有的乡镇占用。县域内唯一具有一定用地条件的擂鼓镇有两条活动断裂带通过,处于滑坡、崩塌,岩溶等地质灾害高易发区;1958 年曾发生过 6.2级地震,本次特大地震中房屋建筑损毁及人员伤亡十分严重。而且该镇可建设用地约3 km²,用地空间狭小,不利于北川的长远发展。因此,应考虑在北川县域以外安昌为新北川县城建设用地。[①] 该选址地处河谷平坝至盆地的过渡地段,工程地质条件好;地处北川、安县联系绵阳市区的主要通道上;规划用地约 11 km²,可发展用地规模较大;受现状制约小,文化特色塑造空间大;安昌河横贯、周围被低山环绕,自然景观独特,综合条件最优。

---

① 中国城市规划设计研究院. 北川羌族自治县新县城灾后重建总体规划[Z]. 2008.

（2）组团紧凑式的城市空间形态构成

北川新县城形态为组团紧凑式,天然河流的阻隔形成组团式,紧凑的城市布局形态,中心区集聚化建设,从而减少对外围整体生态系统的扰动,前面已经分析过,城市空间的安全是城市外部、内部综合作用的结果,中心集聚发展,维持外围良好的生态环境也是强化空间适灾性的方法。另外,对于 1 个 10 万人口以下的小城市来讲,集聚发展最高效率的空间形式,如前所述 10 万人是一个城市组团发展较合适的规模。在新县城总体规划中,建设用地被安昌河自然分隔成 5 km² 和 2 km² 的两个片区,均采用紧凑集中式发展布局,保证土地的集约利用(图 7.32),提高空间的效率。

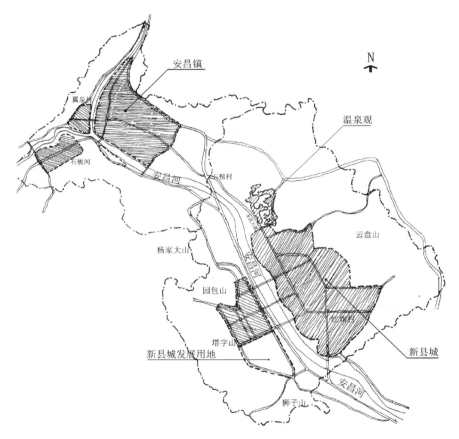

图 7.32　北川县城土地利用规划图

资料来源:根据中国城市规划设计研究院. 北川羌族自治县新县城灾后重建总体规划[Z]. 2008 资料绘制.

（3）适宜复杂地形的城市道路构成

北川新县城道路建设,基本采用格网形态,采取以景观控制宽度、以可达性控制密度的原则。规划了由齐鲁大道、新川路、西羌北街、西羌南街组成的城市干路主骨架,是构成城市空间的主要干线,也是城市空间适灾的主要通道。

北川新县城格网道路系统布局整齐,有利于城市空间组织、土地规划和方向识别,城市空间组织具有灵活性。格网道路布局交通组织简便,有利于机动灵活的组织交通线路,如在交通阻塞和道路改建施工时,将便于疏散和组织交通。方格网路网的交叉口一般都是规则的十字交叉口,便于组织交通。

　　新县城的道路断面设计(如图 7.33),也在一定程度上考虑到城市防灾,加强了道路绿化建设,有利于道路作为隔离带,强化步行道路的建设,如灾害发生时,人行可以有单独的通道。根据城市不同地段的地形状况,道路断面处理形式不同。

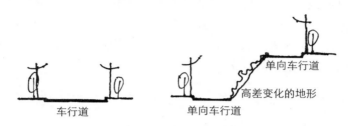

图 7.33　部分道路断面图

资料来源:根据相关资料整理绘制.

　　(4) 点、脉、网、面为一体的城市公共空间系统建设

　　北川新县城总体规划中,对防灾空间处理尤其突出。以城市设计思想为指导,突出人的适用,以"点、脉、网、面"四种形态空间要素组织突出重点、强化特色、服务均好的城市公共活动体系(图 7.34)。

图 7.34　新县城绿地系统规划图

资料来源:根据中国城市规划设计研究院. 北川羌族自治县新县城灾后重建总体规划[Z]. 2008 资料整理绘制.

规划沿安昌河东岸、永昌河设置两处大型带状公园,其中安昌河东岸结合堤防建设和城市体育设施,形成环境良好的滨水生态休闲健身公园;沿永昌河设置80~200 m宽绿地,建设具有纪念、游憩、文化、生态休闲健身等综合功能的亲水公园。新县城内部沿改造人工水系,两侧各设置5~15 m的绿带,建设方便居民使用的绿色亲水空间。规划沿主要东西向干道两侧各控制20 m宽绿带,形成多条山水生态廊道。并形成城市、社区两级防灾空间体系。

3)模型初步结果校验

灾后重建城市的安全需要从城市外部环境、城市内部空间、城市空间形态三个层面进行优化和控制。以都江堰市重建为例,通过灾后重建,城市在用地要素的安全选取、多中心网络化的城市空间形态构建、建立组团式方格网道路系统、形成城市生命绿网开敞空间体系方面进行了优化建设,城市空间的质量得到很大提升。从都江堰市城市环境质量变化图可以看出,各个图趋势除了2008—2010年呈上升趋势外,总体呈下降趋势,由于2008年5月汶川地震的影响,灾后两年左右的灾后重建对于环境的影响较大,之后便呈现下降趋势(图7.35)。

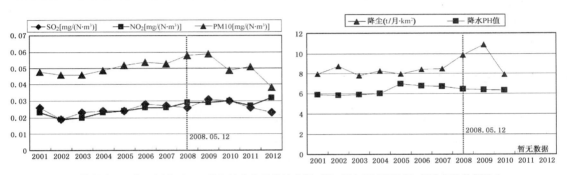

注:资料来源于都江堰市国民经济与社会发展统计公报、都江堰市环境保护局,部分年份数据缺失

图7.35　城市环境质量变化图(2001—2012年)

北川异地重建从安全科学的新县城城市选址的确定、组团紧凑式的城市空间形态构成、适宜复杂地形的城市道路构成点、脉、网、面为一体的城市公共空间系统建设三个方面重建了北川新城。通过规划,整个北川新县城200万 m^2 的建筑面积,绿地面积占到了120万 m^2。新县城因地制宜,塑造优美的山、水、城一体的城市环境,构建宜居、特色的生态园林城市。目前,拥有景观绿化工程项目16个,人均绿地面积达16 m^2,每个居民能在5分钟之内到达一处公共绿地[①],这些数据直观反映了城市环境品质的提升,在很大程度上提高了城市空间适灾能力。

总体来说,通过两个不同城市的灾后重建,城市环境质量得到提升,城市空间质量得到改善,这与本章概念模型认为的这些要素改变会影响城市孕灾环境的改变是一致的。

7.3　西南山地城市适灾空间理想模式探讨

这里谈到的西南山地城市空间适灾理想模式和安勒·拉斯马森认为的"理想城市的

---

① 数据来源参见:熊英.浴火重生[N].绵阳日报,2010-09-14.

概念是防腐的,根本没有理想城市那回事,……现代城市是由他的内部生活的柔性规律所决定的,这种规律和几何学规律不一样,并不是放之四海而皆准的①"是不一样的。他们潜意识认为理想城市是一个万能模版,不同的城市可以套用,所以不能有这样的万能模版。这里所指的西南山地城市空间适灾理想模式是研究发现城市在空间适灾方面的共同特征规律,指引城市空间规划建设,以避免城市中普遍出现的灾害问题。如凯瑟林·鲍威尔强调探索理想城市模式的必要性和可能性。他认为"一个好的城市必须保证全体居民的最低生活标准,同时必须提供有利于创造性实验的环境,发挥首创精神的自由和消费者最大限度的选择权。面对这些复杂的要求,塑造一个理想城市的形态是绝对必要的"。詹姆斯·斯帕特斯和约翰·马西瓮尼斯也赞成这个观点,他们认为任何好的城市形态模式,不管愿不愿意,都将反映设计者本人的价值观。尽管这种理想城市形态缺乏绝对的客观,但不妨碍建立一个好的城市形态模型,可为进一步思考提供基础(詹姆斯·斯帕特斯,约翰·马西翁尼斯,1982)。可见,这里谈到的理想城市空间适灾形态,并不是万能的城市空间形态,而是集中反映城市空间在适灾方面的能力特征,比如空间形态布局的组团式对于灾害的抵抗能力,内部空间集约发展的必要性,以及空间生态化建设的重要性,等等。

7.3.1 空间形态适灾的组团化模式

我们常见到的城市组团式空间布局是城市因地形等自然条件的限制而被迫形成分散的空间形态,当然这是客观的存在现象,但不能包含组团式空间布局真正的适灾含义。研究所讨论的组团化模式,是利用空间布局主动分散的模式,就如沙利宁的主张,城市是有机的分散,分散的目的是为了解决一部分"城市病",平原城市也可以分散布局,分散的各个组团之间是有机联系的,山地城市的分散布局只是受到客观条件限制的一种表现形式,是和人类主观意愿不谋而合的,但由于地形等自然条件的限制,山地组团间更需要强化有机联系性。组团式布局是普遍适用于山地城市的一种形态,他在城市空间适灾方面具有的优势主要是适应地形集约利用山地土地、组团分隔控制无序蔓延、留出空间间隙,改善城市环境。

组团空间布局对于西南山地区域城市来说,主动适应复杂地形地貌环境是城市用地选择避灾的一种表现。适应山地地形环境不仅仅是城市形态与地形形态耦合关系,而且是在综合分析地形环境承载力、生态敏感性的基础上做出最优化的城市用地选择,这样的用地选择从根本上避开了潜在灾害威胁区域,为创造适灾空间打下坚实基础。同时,在山地城市这样的选择用地方式也是一种集约土地利用的体现,在城市建设用地范围内,严格根据城市环境综合承载力用足每一寸土地,在非建设用地范围,则留出来作为生态绿地等。

西南山地城市空间的组团式布局,还有利于限制组团规模的无限增长,避免出现城市蔓延式发展。这对于地形复杂的区域,城市受到地形限制,组团会被动地控制在一定规模,据研究,组团规模控制在 10 万人左右比较合适(黄光宇,2005)。但对于地形较为

---

① 转引自:武进.中国城市形态:结构、特征及其演变[M].南京:江苏科学技术出版社,1999:313.

平坦的区域,如果不以组团模式发展,就会出现城市空间以毫无间隙的形式蔓延发展,这将引发很多城市问题。

另一方面,城市组团式发展要求组团之间是有机联系的,功能上是协调的,一般在距离上都不会相距太远,存在一个最优的范围,超过这个范围发展组团,则组团间的联系就会降低,影响城市整体功能。这也从某个角度限制了组团城市的无序发展(图 7.36)。

组团式城市空间布局,还在于城市内部空间的集约使用,外部留出了一定的绿化缓冲空间,作为灾害的缓冲地带。在西南山地区域,留出的绿地分为两类,一种是由于地形限制或则不能建设的用地作为绿地,这是被动地留出的。另一种是在城市可建设用地范围内主动根据防灾减灾的要求、根据城市空间密度的要求、根据城市形态构成的要求等留出的公园、街头绿地、防灾绿地等。这些主动留出的绿地和被动存在的绿地共同构成城市生态环境基底,共同改善着城市环境(图 7.37)。

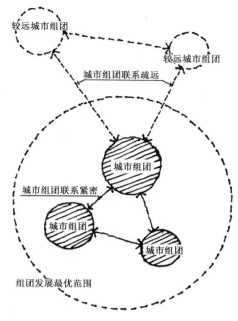

图 7.36　城市组团发展模式

资料来源:作者自绘.

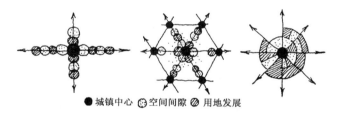

●城镇中心　空间间隙　用地发展

图 7.37　城市空间留出间隙

资料来源:段进.城市空间发展论[M].南京:江苏科学技术出版社,2006:203.

7.3.2　内部空间适灾的集约、紧凑性

所谓集约,是指城市以紧凑、高密度的方式进行布局和发展。[①] 从总体上而言,这是由目前我国用地紧张的国情所决定的,要求用足每一寸土地。对于山地城市来说,用地的制约性决定了采用集约发展的模式。当然也是城市自身发展的需要,城市集约化发展有利于节约资源,提高空间运行效率。同时集约型空间发展可以限制城市的无限制扩大,降低城市扩大而带来的各种问题。需要指出的是,山地城市空间建设集约、紧凑是以组团式为前提的,大格局要分散,小组团要集约紧凑。

---

①　段进.城市空间发展论[M].南京:江苏科学技术出版社,2006:200.

由于山地占了国土面积的 2/3 以上,人多地少矛盾突出,山地城市发展大多受制于用地条件、城市生态承载力等因素,这是中国城市化发展中的一个突出矛盾。如重庆市有"三分丘陵七分山,真正平地三厘三"、贵州省有"八山、一水、一分田"的说法。近年来,随着城市化的加速和西部大开发战略的推进,山地资源的消耗和山地环境所承受的压力不断加大,山地城市的"人—地关系"矛盾更为突出。同时,我国正处于城市化的中期阶段,城市仍以集聚型发展为主,城市集聚发展有利于节约资源,提高空间运行效率,以利于提高公共设施覆盖范围,强化公共空间的辐射距离,提高公共空间的可达性,有利于强化城市空间防灾减灾功能。

7.3.3 外部环境适灾的生态性

受山地地形地貌限制,西南地区山地城市类型可概括为城在山中、山在城中、城山相依几种类型。不管哪种类型,生态环境占据着主要位置。山地是复杂和相互依存的生态环境中的一个重要生态系统,对维护全球生态系统起着十分重要的作用(黄光宇,2005),可见处在山地区域城市都以生态作为其发展基础。外部环境的生态性是城市可持续的基础,是打破以往粗放式发展的一种模式,这种模式更能提高城市的综合承灾力,提高城市空间的适灾性。

山地也是生态系统敏感和脆弱的区域,城市建设较容易破坏山地的生态系统。[①] 在山地建设首先注意对生态环境的保护,建立保护在前,发展灾后的思路。城市发展应注重人工设施建设与生态环境培植的平衡,不能以破坏生态环境为代价。城市建设方式不能照搬平原城市的方式,应采用山地的规划和建设技术,避免对沟谷山体的切割影响,城市的发展建设与生态建设应同步进行(图 7.38)。

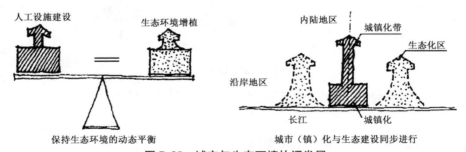

图 7.38　城市与生态环境协调发展

资料来源:赵万民. 三峡工程与人居环境建设[M]. 北京:中国建筑工业出版社,1999:48.

---

① 参见:黄光宇. 山地城市学原理[M]. 北京:中国建筑工业出版社,2006. 城市化对于山地生态环境的冲击在于:(1)在山地区域城市建设的人为活动中,如修路、房地产开发等,由于不顾自然地形的大填大挖,照搬平原城市做法,出现平原式景观,破坏了自然地貌的平衡和稳定。(2)城市化改变了地表水循环过程,加剧了对地表物质的冲刷、剥蚀,加速河湖淤积,加大了洪涝灾害的危害性。(3)城市化改变了自然生境条件,原来的自然生态网络系统被分割,破碎化,绿色空间被羁押,缩小,生物发展受到限制,生物多样性消失,使自然环境的缓冲能力减弱,造成生态环境的脆弱性。(4)城市本身由于人类活动强度过大,非持续的生产模式过渡强化,使人地矛盾进一步突出,资源承载力负荷过重。

7.3.4　其他方面

良好的城市适灾空间,除了以上几点外,还需有完善的城市安全管理措施、便捷、高效的交通体系、安全的城市基础设施、能够提高居民防灾意识的教育体系等等。

7.4　小结

灾害的发生是多方面因素的综合结果,包括社会、经济、环境、空间等因素。但最终是发生在城市空间这个物质实体上,所以,探讨空间与灾害的关系就很有意义,本章基于空间要素的研究,建构了城市空间要素与灾害发生的关系模型,以便能更好地认识空间与灾害的关系。

进一步认识灾害的发生过程,可以分为灾前、灾中和灾后三个阶段,各个阶段的控制方法和要点不尽相同。灾前主要是破坏孕灾环境,防止灾害生成;灾中主要是控制灾源,防止次生灾害发生;灾后重点在于重构空间,提升人居环境空间适灾能力。本章进一步通过不同层面的实证案例对模型进行了验证。

最后通过总结前面的分析,提出西南山地城市适灾空间的理想模式在城市空间形态上体现组团式,空间发展上集约化,环境控制上生态化等方面。

8 结 语

近年来,全球灾害形势严峻,山地灾害日趋严重,西南山地区域城市化的快速发展,使得空间本来就复杂的山地城市面对更多的问题,在城市防灾减灾方面,还存在就灾害谈灾害的现状,对城市空间规划建设的基本特征、发展规律与灾害发生的关系认识较少,致使其城市规划层面的防灾减灾工作存在一定的盲目性和被动性。鉴于国内外城市防灾减灾研究主要集中于工程技术和管理学领域,尚缺少从城市物质空间构成角度进行研究,另一方面从城市规划层面已开展的城市防灾减灾工作还有一定的被动性,大多基本流于形式,只是城市功能、形态等确定后的补充。本书选择从城市物质空间构成角度对城市空间在减灾防灾方面的规律特征进行研究,结合西南地区城市特有的灾害类型和灾害作用于空间的特征,提出城市空间适灾概念,对城市空间发展规律与灾害的关系进行了初探。

8.1 研究主要结论

研究主要围绕城市空间适灾理念的建构、城市空间适灾的特征规律和城市空间适灾的规划干预与调控进行。

8.1.1 城市空间适灾的概念

灾害是一个客观存在,对于城市来说,不能完全杜绝灾害的发生,只有通过对城市空间的改造阻止灾害的发生,或通过强化城市空间来抵抗灾害发生时所造成的损失。正如人体对于疾病的抵抗一样,体质强的人很少生病,即使生病也能很快地治愈,体质弱的人则恰恰相反。从这个角度可以看出,城市对于灾害的抵抗类似于人体对疾病的抵抗。本书提出的城市空间适灾概念,是指城市空间对于灾害的"适应"和"承受"能力,表现为城市空间具有弹性,可通过改造空间以避免灾害发生,也可通过强化空间以承受灾害发生而使灾害的损失减到最低甚至避免损失,城市空间具有较好的抗灾能力,甚至可以支持城市在灾时及时救援与灾后迅速恢复重建,可理解为城市"不怕灾"。

关于城市空间适灾的研究,首先要讨论"空间适灾"概念提出的科学性和可行性。即从城市空间角度谈"适灾"是否具有可行性? "空间适灾"的概念在逻辑上是否成立? 西南山地城市空间环境具有地域特殊性,特别是山地城市空间上的多维性与平原城市空间形态不同,虽然,多维性的空间在城市景观特色营造方面具有较大优势,但在面对灾害发生时,山地城市多维性的空间则表现出极度的脆弱性。另外,西南山地城市灾害类型也具有特殊性,主要可归纳为 6 类,这 6 类灾害发生时,从破坏结果上,可以归结为灾害直接导致人员伤亡,以及灾害导致城市空间被破坏而间接导致人员伤亡。所以,可以得出西南山地城市空间在面对灾害时,灾害对空间的破坏而导致的人员伤亡是比较严重的这一判断,这在近年来的案例中已经得到证实。从这个认识角度出发,则可以证明从城市空间角度来讨论防灾减灾具有可行性。更进一步,如目前灾害的防治是以单个灾害治理为目标,因各类灾害的应对措施都是以调整改造城市的某个或多个空间元素来达到防治灾害的目的,但这些空间要素在应对不同灾害时是有重复的;如果仅针对某个灾害分别提出措施,则某些空间元素就会存在重复调整改造的可能,且因每次调整改造的目标不一样,调整改造措施就不一样,就会造成改造后的措施对前面措施的破坏。如果以提高城市空间的适应灾害的能力为目标,提升城市应对灾害的能力,则能避免目前灾害治理各自为政的局面,协调各类城市空间要素的调整改造措施,统筹考虑城市空间品质的提高。所以,提出城市空间适灾的概念是具有科学性的。本书进一步对空间适灾概念提出的哲学辨析,以及与空间承载力概念的相同与区别进行了讨论,进一步印证了空间适灾概念的可行性。

将城市空间适灾概念引入城市防灾减灾领域,是以整体性思维研究城市防灾减灾,整体性体现全面性,避免了目前防灾减灾工作的盲区。季羡林先生曾说:"东方哲学思想重综合,就是'整体概念'和'普遍联系',即要求全面考虑问题。"[①]正说明了整体思维对于研究的积极作用。吴良镛院士则指出:"研究建筑、城市以至区域等的人居环境科学,也应当被视为一种关于整体与整体性的科学。"[②]更进一步说明了本研究中采用整体思维进行研究的必要性。从另一个方面,不是所有的灾害都需要去防,也不是所有灾害都是能防的,比如地震灾害,就目前人类发展阶段的科学技术水平是防不了的,也是避免不了的,但是我们还是需要去面对,这就需要我们建立城市空间"适应"地震灾害的防灾思路。当然"适应"不是"回避",也不是"妥协",是主动根据城市灾害发生发展规律及特征,采取与之对应的避免产生破坏空间的方法。本书尝试从城市物质空间角度探讨应对灾害的措施、方法和理论,对城市空间在避灾、减灾、防灾、救灾以及灾后重建方面的规律特征进行探索,以期对当前西南山地城市防灾减灾工作提供有益借鉴。

8.1.2 城市空间适灾的特征规律

西南地区山地城市的防灾减灾工作,始终不能回避山地特殊地形条件的影响。在缺乏对山地城市发展规律全面研究的情况下,山地城市防灾减灾工作普遍存在就灾害谈灾害的现状,缺乏整体性。随着人口和财富往城市聚集,每次灾害必然造成城市人员伤亡和财产的严重损失。在这种情况下,积极探索和研究城市整体空间对于灾害的防御作用,探索空间的适灾能力,进而谋求科学的防灾减灾规划,是促进西南地区城市安全与可持续发展的当务之急。本书研究的城市空间适灾的规律,是相对于"就灾害谈灾害"的城市防灾减灾工作而进行的,是基于对灾害作用于城市空间的特性研究,从城市空间角度探索应对灾害的空间构成规律。本书分别从城市外部环境整体承载性对于减灾的作用、城市(内部)空间抗灾能力提升的空间构成特征、城市空间形态对于灾害的反应效果进行了初探。

---

① 引自吴良镛. 人居环境科学导论[M]. 北京:中国建筑工业出版社,2001:103.
② 引自吴良镛. 人居环境科学导论[M]. 北京:中国建筑工业出版社,2001:103.

城市外部环境是城市空间所处的基底,城市外部环境是城市存在的外部条件,外部环境承载力直接关系到城市空间安全。城市选址时对于外部环境的考虑,总结起来无非就是城市和外部环境的关系,即外部环境能够承载城市发展所需的物质能量,城市发展不会破坏外部环境的正常功能等。归纳起来,城市外部环境的适灾能力主要表现有三点,首先是外部环境的容纳力特征。外部环境广阔的区域可以稀释、缓解城市产生的有害物质,比如毒气泄漏或空气污染等;其次,外部环境的生态性特征。由大量生态植物构成的外部环境具有较高的自净能力,可缓解城市污染;第三,外部环境边界可控性,可控制城市无序蔓延,引导城市安全发展。比如规划预留整片森林、农田、公园等等,可以避免城市继续往该方向拓展,阻止城市无序蔓延,引导城市合理发展。

城市(内部)空间是指城市本身,是一个有机整体,城市空间具有自我调整能力,这种调整能力在应对灾害方面,可以提升城市整体的适灾能力。伊利尔.沙里宁在其《城市:它的发展、衰败与未来》一书中说道:"'有机秩序'事实上是宇宙结构的真正原则,大自然的种种事物,即是按照上述结构原则产生和运行的。只要这样的情况保持不变,而表现和相互协调的能力,足以维持有机秩序时,就会有生命和生命的发展。"[1]城市的"有机秩序"是有机特性的体现,城市空间可通过内外部"刺激"[2]不断调整自身功能,这种调整有一定的方向性,正面的刺激则是优化城市空间环境,负面的刺激则使城市空间环境越来越差。本书研究旨在探索通过人为方式[3],"刺激"某个城市空间要素,迫使城市做出反应以应对刺激。如果控制好刺激的"力度"和"精度",则会引导城市自身往空间环境最优化方向调整。这在城市防灾减灾方面表现为通过空间要素的改变以应对灾害的生成、发展和衰减。这里所指的"刺激"就是规划手段,"力度"和"精度"是指调整改变城市空间要素的程度。研究归纳城市空间适灾的作用在于空间构成的六个主要方面,即用地功能布局要素、道路系统要素、公共空间要素、建筑要素、基础设施要素和轴线要素。这六个方面分别从不同的层面影响城市空间对于灾害的调节能力,可以判定这六要素的状态及其相互关系与城市是否发生灾害密切相关,任何一个要素的规划建设不合理必然导致城市灾害的发生。相反,合理的规划建设可以破坏城市孕灾环境,阻止灾害的形成。

城市空间形态是城市空间在城市所处大环境中的分布状态,不同的空间形态具有不同的适灾效果。因空间形态的形成涉及动力因素、阻力因素和安全因素,不同城市的空间形态形成的过程不一样,所产生的城市总体安全状态也是不一样的,本书通过对西南山地主要城市的形态与总体安全状态进行比对研究,认为:组团式城市的空间适灾情况较好;处于平原的多中心放射式城市空间适灾性较好;规模较小的单中心城市空间适灾性较强。研究进一步通过对典型安全山地城市的空间剖析,印证了之前所做的分析结论。

西南山地城市组团化、集约化和生态化是城市空间适灾的必要条件。理想的城市空间适灾形态,并不是万能的城市空间形态,而是集中反映城市空间在适灾方面的能力特征。研究中发现空间布局的组团式、空间集约发展、空间生态化建设对空间适灾具有积极作用。组

---

① 引自:[美]伊利尔·沙里宁. 城市:它的发展、衰败与未来[M]. 顾启源,译. 北京:中国建筑工业出版社,1986:14-15.

② 这里的刺激是个比喻,因考虑城市是一个有机体,通过刺激改变某个要素,则其他要素会相应做出变化。

③ 人为方式其实指城市规划方法和手段。

团式布局是普遍适用于西南地区城市的一种形态,在城市空间适灾方面具有的优势主要是适应地形集约利用山地土地、组团分隔控制无序蔓延、留出绿地改善空间生态环境等;城市空间集约发展是城市自身发展的内在要求,集约发展能通过公共空间的覆盖率,提高可达性,同时空间的集约发展限制城市的蔓延扩展,限制城市过度扩张形成的一系列城市问题;空间发展的生态化是城市可持续的重要保障,因西南地区城市受地形限制,不可建设的生态用地在城市规划相关范围内占有主要地位,城市可建用地几乎处于这个大生态系统之内,城市的生态化对于维护大环境的生态具有重要作用。

8.1.3　城市空间适灾的规划引导与调控

城市空间适灾的研究是基于对灾害作用于城市空间的特征分析,这种分析建立起了灾害与城市空间要素之间的内在联系。因这种联系是一种复杂性、整体性、非线性关系,本书引入了 CAS 理论宏观状态变化的"涌现"概念来描述这种关系,建立起空间要素和灾害变化之间的模型关系,即空间适灾概念模型。根据灾害的发展阶段和防治灾害的规律特征,可以将灾害发展阶段划分为灾前—灾中—灾后三个阶段,各个阶段防治灾害的目标以及灾害作用于城市空间的机制不一样。本书基于空间适灾提出规划引导措施,灾前干预在于破坏孕灾环境,防止灾害生成;灾中干预在于控制灾源,防止次生灾害发生;灾后干预在于灾后重建的空间重构,提升空间适灾能力。从空间适灾角度,理想的山地城市防灾减灾空间模式主要体现为组团式格局、集约发展的空间、生态化的城市基底。

8.2　研究创新点

（1）系统建立了西南山地城市空间适灾研究框架

目前虽有一些空间适灾理念提出,但尚无系统研究城市空间适灾的成果。本书系统建立如何利用城市空间的调控进行主动防灾减灾思路,提出城市空间适灾的理念,把城市空间对于防灾的"防御"进一步推进到城市空间对灾害的"适应"中,并系统阐述空间适灾理念的构成、空间适灾的作用机制及其优势,并第一次建立了西南山地城市空间适灾研究框架。

（2）发现并总结了城市空间适灾的特征规律

本书从适灾角度系统分析了影响城市空间安全的关键要素,从城市所处的外部环境作用、城市空间构成、城市形态特征三个方面 13 个关键因素,分别论述了城市空间与灾害发生发展的内在联系,发现并总结了城市空间适灾的特征规律。

（3）提出了针对西南山地城市典型灾害控制的"渐进式"规划干预方法

本书基于对城市空间各要素适灾机制的研究,构建了城市空间与灾害形成—演化—衰减三个阶段关联的适灾概念模型,并进行了初步实证检验,并以西南地区城市规划建设为案例,提出了灾害控制的"渐进式"规划干预方法,对西南地区城市防灾减灾工作具有重要参考价值。

8.3　研究不足之处

行文至此，即将掩卷，但深感存在一些不足和遗憾。

由于西南地区范围广，城市形态差异大，因精力和篇幅所限，本研究只能选择具有代表性的典型城市进行研究，涵盖范围不够广泛。在研究中采取专家评分法，对于城市灾害等级进行评分划分等级，存在一定的主观性。事实上，可以通过对每个城市空间要素进行考察，更客观地评价其防灾减灾能力，但这个工作量之大，不是个人能在短期内完成的，需要有更多同行的共同努力。限于时间精力，本书中提出了城市空间适灾的概念模型，并进行了部分实证检验，虽能在一定程度上对城市空间减灾防灾建设有一定的指导意义，但需要在下一步研究中，通过大量受灾城市的观察和数据支撑，进一步研究细化各个指标要素，逐步完善模型。

不足之处也就是后续研究的方向，城市防灾减灾研究作为当前学术研究热点，正方兴未艾。城市空间适灾既涉及空间问题，又涉及灾害问题，还应考虑经济、社会、文化等诸多因素的影响；既要考虑城市建设的可行性，又要考虑城市的安全性，其复杂性与特殊性不言而喻，这就要求我们在这一领域更加深入地开展研究。笔者在这一学术领域里班门弄斧，意在以绵微之力、浅薄之见，抛砖引玉，使得广大学界同仁更多地关注并参与到城市空间适灾的研究领域中来。

参 考 文 献

［1］［奥］维特根斯坦.逻辑哲学论［M］.郭英,译.北京:商务印书馆,1962.

［2］［奥］维特根斯坦.哲学研究［M］.李步楼,译.北京:商务印书馆,2007.

［3］［德］黑格尔.逻辑学［M］.杨一之,译.北京:商务印书馆,2006.

［4］［德］中央马恩著作编译局.马克思恩格斯全集(第一卷)［M］.北京:人民出版社,1995.

［5］［德］A.库尔曼.安全科学导论［M］.赵云胜,译.武汉:中国地质大学出版社,1991.

［6］［美］刘易斯·芒福德.城市发展史［M］.宋俊岭,译.北京:中国建筑工业出版社,2005.

［7］［美］贝塔朗菲.一般系统论——基础、发展、应用［M］.秋同,袁嘉新,译.北京:社会科学文献出版社,1987.

［8］［美］简·雅各布斯.美国大城市的生与死［M］.金衡山,译.南京:译林出版社,2005.

［9］［美］凯文·林奇.城市意象［M］.方益萍,何晓军,译.北京:华夏出版社,2011.

［10］［美］R.克里尔.城市空间——各种建筑模式在城市空间上的效果［M］.钟山,等,译.上海:同济大学出版社,1991.

［11］［美］伊利尔·沙里宁.城市:它的发展、衰败与未来［M］.顾启源,译.北京:中国建筑工业出版社,1986.

［12］［美］维纳.控制论［M］.郝季仁,译.北京:科学出版社,1963.

［13］［日］齐藤庸平,沈悦.日本都市绿地防灾系统规划的思路［J］.中国园林,2007(7):1-5.

［14］［日］中濑勲,狱山洋志.日本阪神、淡路大地震后城市绿地重建的思路与规划设计(理论和实例)［J］.李树华,译.中国园林,2008(9):22-29.

［15］［日］内阁府中央防灾会议.首都直下地震的被害设想［Z］.2005.

［16］［日］青木信夫.日本东京的防灾规划［J］.城市环境设计,2008(4):9-12.

［17］［日］滕五晓,加藤孝明,小出治.日本灾害对策体制［M］.北京:中国建筑工业出版社,2003.

［18］［苏］克罗基乌斯.城市与地形［M］.钱治国,王进益,常连贵,等,译.北京:中国建筑工业出版社,1982.

［19］［挪］诺伯格·舒尔兹.存在·空间·建筑［M］.尹培桐,译.北京:中国建筑工业出版社,1990.

［20］［英］埃比尼泽·霍华德.明日的田园城市［M］.金经元,译.北京:商务印书馆,2000.

［21］［日］吉良龙夫,只木良也.人与森林:森林调节环境的作用［M］.唐广仪,陈丕相,郑铁志,译.北京:中国林业出版社,1992.

［22］北京大学城市与环境学院.都江堰灾后重建概念规划［Z］.2008.

［23］毕凌岚,沈中伟."5·12汶川大地震"受灾城镇重建规划的若干建议［J］.规划师,2008(7):26-29.

[24] 毕兴锁,马东辉,杨俊伟.城市地震灾害特点与抗震防灾基本对策[J].工程抗震与加固改造,2005(4):84-86.

[25] 包维楷,陈庆恒,刘照光.山地退化生态系统中生物多样性恢复和重建研究[J]//中国科学院生物多样性委员会.生物多样性研究进展[M].北京:中国科技出版社,1995:417-422.

[26] 蔡畅宇.关于灾害的哲学反思[D].长春:吉林大学,2008:6.

[27] 曹润敏,曹峰.中国古代城市选址中的生态安全意识[J].规划师,2004(10):86-89.

[28] 常玮,郑开雄.基于生态理念的城市选址刍议——"汶川大地震"引发的城市选址思考[J].中外建筑,2008(9):147-149.

[29] 陈秉钊.城市,紧凑而生态[J].城市发展研究,2008(03):28-31.

[30] 陈淮.中国应加快提高城市综合承载力[N].第一财经日报,2006-05-26.

[31] 陈亮明,章美玲.城市绿地防灾减灾功能探讨——以北京元大都遗址公园绿地建设为例[J].安徽农业科学,2006(3):452-453.

[32] 陈绍福.城市综合减灾规划模式研究[J].灾害学,1997,12(4):20-23.

[33] 陈先龙.香港先进城市交通模型发展及对广州的借鉴[J].华中科技大学学报(城市科学版),2008(2):91-95.

[34] 陈亚宁,杨思全.自然灾害的灰色关联灾情评估模型及应用研究[J].地理科学进展,1999(2):158-163.

[35] 陈泳.城市空间:形态、类型与意义——苏州古城结构形态演化研究[M].南京:东南大学出版社,2006.

[36] 陈自新,苏雪痕,刘少宗,等.北京城市园林绿化生态效益的研究(3)[J].中国园林,1998(3):53-56.

[37] 程开明,陈宇峰.国内外城市自组织性研究进展及综述[J].城市问题,2006(7):21-27.

[38] 程开明.城市自组织理论与模型研究新进展[J].经济地理,2009(4):540-544.

[39] 仇保兴.借鉴日本经验求解四川灾后规划重建的若干难题[J].城市规划学刊,2008(6):5-15.

[40] 崔鹏,韦方强,陈晓清,等.汶川地震次生山地灾害及其减灾对策[J].中国科学院院刊,2008,23(4):317-323.

[41] 崔鹏,韦方强,何思明,等.5·12汶川地震诱发的山地灾害及减灾措施[J].山地学报,2008,26(3):280-282.

[42] 戴彦,陶陶.山地城市绿地布局的防灾效能评价——以湖南省湘西州保靖县城市绿地为例[J].中国园林,2010,26(7):69-72.

[43] 邓伟.重建规划的前瞻性:基于资源环境承载力的布局[J].中国科学院院刊,2009,24(1):28-33.

[44] 邓燕.新建城市社区防灾空间设计研究[D].武汉:武汉理工大学,2010.

[45] 丁健.现代城市经济[M].上海:同济大学出版社,2001.

[46] 丁俊,等.我国西南地区城市地质灾害与防治对策[J].中国地质灾害与防治学报,2004,15(S1):119-122.

[47] 段进,等.当代新城空间发展演化规律:案例跟踪研究与未来规划思考[M].南京:东南

大学出版社,2011.

[48] 段进. 城市空间发展论[M]. 南京:江苏科学技术出版社,2006.

[49] 段进,李志明,卢波. 论防范城市灾害的城市形态优化——由 SARA 引发的对当前城市建设中问题的思考[J]. 城市规划,2003(7):61-63.

[50] 段渝,谭洛非. 濯锦清江万里流:巴蜀文化的历程[M]. 成都:四川人民出版社,2001.

[51] 冯平,崔广涛,钟昀. 城市洪涝灾害直接经济损失的评估与预测[J]. 水利学报,2001(8):64-68.

[52] 费文君. 城市避震减灾绿地体系规划理论研究[D]. 南京:南京林业大学,2010.

[53] 高曾伟. 中国民俗地理[M]. 苏州:苏州大学出版社,1999.

[54] 高吉喜. 可持续发展理论探索[M]. 北京:中国环境科学出版社,2001.

[55] 顾朝林,甄峰,张京祥. 集聚与扩散:城市空间结构新论[M]. 南京:东南大学出版社,2000.

[56] 贵州省地方志编纂委员会. 贵州省志-城乡建设志[M]. 北京:方志出版社,1998.

[57] 郭进修,李泽椿. 我国气象灾害的分类与防灾减灾对策[J]. 灾害学,2005(4):107-110.

[58] 胡海涛,周平根. 论地质灾害与防治[J]. 西部探矿工程,1997(1):1-9.

[59] 胡强. 山地城市避难场所可达性研究[D]. 重庆:重庆大学,2010.

[60] 黄光宇,黄耀志. 山地城市结构形态类型及动态发展分析[J]//黄光宇. 山地城市规划建设与环境生态[C]. 北京:科学出版社,1994:91-92.

[61] 黄光宇. 山地城市空间结构的生态学思考[J]. 城市规划,2005(01):57-63.

[62] 黄光宇. 山地城市学原理[M]. 北京:中国建筑工业出版社,2006.

[63] 黄明华,寇聪慧,屈雯. 寻求"刚性"与"弹性"的结合——对城市增长边界的思考[J]. 规划师,2012,28(3):12-15.

[64] 黄亚平. 城市空间理论与空间分析[M]. 南京:东南大学出版社,2002.

[65] 黄亚平. 城市外部空间开发规划研究[M]. 武汉:武汉大学出版社,1995.

[66] 黄亚平,等. 城市土地开发及空间发展[M]. 武汉:华中科技大学出版社,2011.

[67] 黄亚平,冯艳,叶建伟. 大城市都市区簇群式空间结构解析及思想渊源[J]. 华中建筑,2011(07):14-16.

[68] 季羡林. 长江上游的巴蜀文化[M]. 武汉:湖北教育出版社,2004.

[69] 金磊. 中国城市水灾透视[J]. 城市问题,1997(2):23-29.

[70] 金磊. 构造城市防灾空间——21世纪城市功能设计的关键[J]. 工程设计 CAD 与智能建筑,2001(8):6-8.

[71] 金磊. 天灾人祸话千年——全球千年灾害回眸[J]. 科技潮,2000(12):50-54.

[72] 金磊. 灾害系统论其减灾模型研究初步[J]. 系统工程理论与实践,1994(1):77-80.

[73] 金磊. 中国城市安全空间的研究[J]. 北京城市学院学报,2006(2):33-37.

[74] 金磊. 中国城市综合减灾的未来学研究[J]. 灾害学,2005,20(1):116-120.

[75] 荆其敏,张丽安. 世界名城[M]. 天津:天津大学出版社,1995.

[76] 雷芸. 阪神·淡路大地震后日本城市防灾公园的规划与建设[J]. 中国园林,2007,23(7):13-15.

[77] 李德华. 城市规划原理[M]. 第三版. 北京:中国建筑工业出版社,2001.

[78] 李东序,赵富强. 城市综合承载力结构模型与耦合机制研究[J]. 城市发展研究,2008 (06):37-42.

[79] 李东序. 提高城镇综合承载能力[N]. 中国建设报,2006-05-15.

[80] 李繁彦. 台北市防灾空间规划[J]. 城市发展研究,2001(6):1-8.

[81] 李和平. 山地城市规划的哲学思辩[J]. 城市规划,1998(3):52-53.

[82] 李洪远,杨洋. 城市绿地分布状况与防灾避难功能[J]. 城市与减灾,2005(2):10-13.

[83] 李晓江. 铭记:风雨彩虹 大爱北川[J]. 城市规划,2011(S2):5-9.

[84] 李旭. 西南地区城市历史发展研究[D]. 重庆:重庆大学,2010.

[85] 李旭. 西南地区城市历史发展研究[M]. 南京:东南大学出版社,2011.

[86] 李云燕. 山地城市绿地防灾减灾功能初探[D]. 重庆:重庆大学,2007.

[87] 李云燕,赵万民. "后三峡时代"库区城镇空间管制规划方法探析——以长寿区总体规划为例[J]. 室内设计,2013(2):25-30.

[88] 李泽新,赵万民. 长江三峡库区城市街道演变及其建设特点[J]. 重庆建筑大学学报,2008(2):1-10.

[89] 李铁立. 边界效应与跨边界次区域经济合作研究[M]. 北京:中国金融出版社,2005.

[90] 梁应添. 香港城市交通规划设计概况——一位建筑师对香港交通的审视[J]. 中外建筑,2003(5):1-4.

[91] 廖炳英,丘承斌. 山地城市道路交通与城市形态关系浅析[J]. 城市道路与防洪,2009 (5):16-18.

[92] 廖云平,李德万,陈思. 重庆市山地地质灾害防治对策[J]. 重庆交通大学学报(自然科学版),2011(S1):619-623.

[93] 刘川,徐波,梁伊独,等. 日本阪神、淡路大地震的启示[J]. 国外城市规划,1996(4):22-27.

[94] 刘传正. 地质灾害防治工程设计的基本问题[J]. 中国地质灾害与防治学报,1994(5):300-305.

[95] 刘东云,周波. 景观规划的杰作——从"翡翠项圈"到新英格兰地区的绿色通道规划[J]. 中国园林,2001(3):59-61.

[96] 刘敦桢. 西南古建筑调查概况[A]//刘敦桢文集[C]. 北京:中国建筑工业出版社,1987.

[97] 刘剑君,沈治宇. 汶川大地震部分混凝土结构建筑物震害分析与思考[J]. 城乡规划与研究,2009(1):23-26.

[98] 刘学. 春城昆明——历史 现代 未来[M]. 昆明:云南美术出版社,2002.

[99] 刘亚丽,何波. 地震灾后城镇重建规划及环境影响评价研究[J]//2009 城市发展与规划国际论坛论文集[A]. 2009.

[100] 龙彬. 中国古代山水城市营建思想研究[M]. 南昌:江西科学技术出版社,2001.

[101] 吕元,胡斌. 城市防灾空间理念解析[J]. 低温建筑技术,2004(5):36-37.

[102] 吕元. 城市防灾空间系统规划策略研究[D]. 北京:北京工业大学,2004.

[103] 马宗晋,高庆华. 减轻自然灾害系统工程初议[A]//施雅风. 中国自然灾害灾情分析与减灾对策[C]. 武汉:湖北科学技术出版社,1992.

[104] 孟醒.浅析香港城市空间绿化特征[J].广东园林,2012(5):45-48.

[105] 苗东升.灾害研究与复杂性科学[J].河池学院学报,2009(1):1-7.

[106] 毛其智.21世纪的城市与建筑的思考[J].科技导报,2000(02):35-37.

[107] 毛其智.城市基础设施与规划[J].小城镇建设,2001(07):8-9.

[108] 阚海东,宋伟民,等.大气微生物污染对居民呼吸系统疾病影响的研究[J].中国公共卫生,1999(9):817-818.

[109] 牛建宏.关注提高城市综合承载能力[N].中国建设报,2006-02-09.

[110] 牛文元.生态环境脆弱带ECOTONE的基础判定[J].生态学报,1989(2):97-105.

[111] 聂运华,李逢东.地震次生火灾与城市绿地的减灾作用[J].工程抗震,1999(4):38-39.

[112] 欧阳桦,欧阳刚.山地道路的交叉形态——重庆近代城市道路研究[J].重庆建筑,2005(8):18-23.

[113] 彭锐,刘皆谊.日本避难场所规划及其启示[J].新建筑,2009(2):102-106.

[114] 齐康.城市建筑[M].南京:东南大学出版社,2001.

[115] 齐丽艳.人员密集公共建筑安全设计策略初探[D].重庆:重庆大学,2006.

[116] 邱建.汶川地震震中映秀镇灾后重建规划思路[J].规划师,2009(5):55-56.

[117] 上海同济城市规划设计研究院.都江堰市城市总体规划(2008—2020)[Z].2008.

[118] 沈国舫.生态环境建设与水资源的保护和利用[J].中国水土保持,2001(1):4-7.

[119] 沈玉麟.外国城市建设史[M].北京:中国建筑工业出版社,1989.

[120] 施小斌.城市防灾空间效能分析及优化选址研究[D].西安:西安建筑科技大学,2006.

[121] 石崧.城市空间他组织——一个城市政策与规划的分析框架[J].规划师,2007(11):28-30.

[122] 史培军.三论灾害研究的理论与实践[J].自然灾害学报,2002,11(3):1-9.

[123] 史培军.五论灾害系统研究的理论与实践[J].自然灾害学报,2009,18(5):1-9.

[124] 史小龙,李辉,张福.浅析我国山地地质灾害的现状与防治对策[J].知识经济,2013,(1):97.

[125] 四川省城乡规划设计研究院.阆中总体规划(2012—2030)[Z].2012.

[126] 苏幼坡,马亚杰,刘瑞兴.日本防灾公园的类型、作用与配置原则[J].世界地震工程,2004(4):27-29.

[127] 孙才志,宫辉力,张戈.自然灾害的模糊识别模型及其应用[J].自然灾害学报,2001(4):52-56.

[128] 孙清元,郑万模,倪化勇.我国西南地区山地灾害灾情年际综合评估[J].沉积与特提斯地质,2007(3):105-107.

[129] 孙施文.城市规划哲学[M].北京:中国建筑工业出版社,1997.

[130] 孙小群.基于城市增长边界的城市空间管理研究——以重庆市江北区为例[D].成都:西南大学,2010.

[131] 汤爱平.城市灾害管理和震后应急反应辅助决策研究[D].哈尔滨:中国地震局工程力学研究所,1999.

参考文献

[132] 唐川. 汶川地震区暴雨滑坡泥石流活动趋势预测[J]. 山地学报,2010(3):341-349.

[133] 唐志华. 山地道路规划设计研究——以柞水县安沟村为例[J]. 陕西师范大学学报(自然科学版),2008(36):119-120.

[134] 田敏敏. 大城市外围地区空间重组研究:以常州市为例[D]. 苏州:苏州科技学院,2008.

[135] 田依林,杨青. 基于 AHP-DELPHI 法的城市灾害应急能力评价指标体系模型设计[J]. 武汉理工大学学报(交通科学与工程版),2008(1):168-171.

[136] 同济大学,重庆建筑大学,武汉大学. 城市园林绿地规划[M]. 北京:中国建筑工业出版社,1982.

[137] 童恩正. 西方文明[M]. 重庆:重庆出版社,1998.

[138] 童林旭. 地下空间概论(三)[J]. 地下空间,2004,24(3):414-420.

[139] 汪坚强. 现代济南城市形态演变研究[J]. 现代城市研究,2009(10):54-61.

[140] 王帆. 基于可持续发展的西安城市承载力研究[D]. 西安:西安工业大学,2010.

[141] 王鹤. 人密车多路窄的香港交通为什么如此顺畅[N]. 广州日报,2012-03-16.

[142] 王纪武. 山地城市步行系统建设的集约观[J]. 规划师,2003(8):79-80.

[143] 王竹,王建华,范理杨. 基于气候环境的浙江建筑设计措施分析[J]. 江南大学学报(自然科学版),2008(06):692-697.

[144] 王竹,朱晓青,王佶. 山水城市空间形态特色的探索——余姚市文化中心区概念性规划研究[J]. 华中建筑,2005(01):95-98.

[145] 王竹,王玲. 绿色建筑体系的导衡机制[J]. 建筑学报,2001(05):58-59,68.

[146] 王俭,孙铁珩,李培军,等. 环境承载力研究进展[J]. 应用生态学报,2005(4):768-772.

[147] 王建力,魏虹. 对西部大开发中西南地区生态环境重建的几点认识[J]. 经济地理,2001(1):16-18.

[148] 王建国. 城市传统空间轴线研究[J]. 建筑学报,2003(5):24-27.

[149] 王锦思. 中国自然灾害损失为何高于日本[N]. 日本新华侨报网:http://www.jnocnew.jp.

[150] 王柯."阪神大震灾"的教训与"创造性复兴"[M]. 北京:中国民主法制出版社,2009.

[151] 王兰生. 叠溪地震与汶川地震——对汶川地震次生灾害防止和灾后再建的建议[J]. 城市发展研究,2008(3):22-25.

[152] 王琦,邢忠,代伟国. 山地城市空间的三维集约生态界定[J]. 城市规划,2006(8):52-55.

[153] 王让会,樊自立. 塔里木河流域生态脆弱性评价研究[J]. 干旱环境监测,1998,12(4):218-223.

[154] 王如松. 城市人居环境规划方法的生态转型[J]. 房地产世界,2002(10):21-24.

[155] 王瑞燕,赵庚星,等. 土地利用对生态环境脆弱性的影响评价[J]. 农业工程学报,2008,24(12).

[156] 王薇. 城市防灾空间规划研究及实践[D]. 长沙:中南大学,2007.

[157] 王莹莹. 防灾减灾:中国 PK 日本[J]. 中国减灾,2001(5):46-47.

［158］王珍吾,高云飞,等.建筑群布局与自然通风关系的研究[J].建筑科学,2007(6).

［159］王中德.西南山地城市公共空间规划设计的适应性理论与方法研究[D].重庆:重庆大学,2010.

［160］韦方强,谢洪,钟敦伦,等.西部山区城镇建设中的泥石流问题与减灾对策[J].中国地质灾害与防治学报,2002(4):23-28.

［161］王峤.高密度环境下的城市中心区防灾规划研究[D].天津:天津大学,2013.

［162］吴东平.一种新的公交站点服务半径计算方法[J].城市公共交通,2006(3):19-25.

［163］吴良镛.吴良镛城市研究论文集——迎接新世纪的来临(1986—1995)[M].北京:中国建筑工业出版社,1996:40.

［164］吴良镛,毛其智,吴唯佳,等.京津翼地区城乡空间发展规划研究[M].北京:清华大学出版社,2002.

［165］吴良镛,赵万民.三峡工程与人居环境建设[J].城市规划,1995(4):5-10.

［166］吴良镛,周干峙,林志群.我国建设事业的今天和明天[M].北京:中国城市出版社,1994.

［167］吴良镛.人居环境科学导论[M].北京:中国建筑工业出版社,2001.

［168］吴庆州.中国古城选址与建设的历史经验与借鉴(下)[J].城市规划,2000(10):34-41.

［169］吴庆洲.中国古城防洪研究[M].北京:中国建筑工业出版社,2009.

［170］吴人坚,陈立民.国际大都市的生态环境[M].上海:华东理工大学出版社,2001.

［171］吴人韦.国外城市绿地的发展历程[J].城市规划,1998(6):39-40.

［172］吴增志,等.森林植被防灾学[M].北京:科学出版社,2004:149-157.

［173］武晓晖.城市道路网合理性研究[D].成都:西南交通大学,2008.

［174］奚国金,张家桢.西部生态[M].北京:中共中央党校出版社,2001.

［175］奚江琳,黄平,张奕.城市防灾减灾的生命线系统规划初探[J].现代城市研究,2007(5):75-81.

［176］许浩.国外城市绿地系统规划[M].北京:中国建筑工业出版社,2003.

［177］许强.汶川大地震诱发地质灾害主要类型与特征研究[J].地质灾害与环境保护,2009(2):86-93.

［178］邢忠,应文,颜文涛,等.土地使用中的"边缘效应"与城市生态整合——以荣县城市规划实践为例[J].城市规划,2006(01):88-92.

［179］邢忠,丁素红,王琦.植根于山地地域环境的城市空间特色塑造[J].新建筑,2007(05):20-23.

［180］邢忠,徐晓波.城市绿色廊道价值研究[J].重庆建筑,2008(05):19-22.

［181］邢忠,黄光宇,靳桥.促进形成良好环境的土地利用控制规划——荣县新城河西片区控制性详细规划解析[J].城市规划,2004(12):89-93.

［182］闫水玉,王正.四川岳池县城紧凑城市空间规划[J].城市规划,2011,35(S1):21-25.

［183］杨明豪.议人居环境建设与城市规划[J].中外建筑,2007(03):31-34.

［184］杨士弘.城市绿化树木的降温增湿效应研究[J].地理研究,1994(4):74-80.

［185］杨思远,陈亚宁.基于模糊模式识别理论的灾害损失等级划分[J].自然灾害学报,

1999(2):56-60.

[186] 杨振之,叶红. 汶川地震灾后四川旅游业恢复重建规划的基本思想[J]. 城市发展研究,2008(6):6-11.

[187] 姚清林. 试论城市减灾规划[J]. 城市规划,1995(3):39-40.

[188] 姚士谋,朱振国,陈爽,等. 香港城市空间扩展的新模式[J]. 现代城市研究,2002(2):61-64.

[189] 叶裕民. 叶裕民解读"城市综合承载能力"[J]. 前线,2007(04):26-28.

[190] 仪垂祥,史培军. 自然灾害系统模型——I:理论部分[J]. 自然灾害学报,1995(3):6-8.

[191] 游璧菁. 从都市防灾探讨都市公园绿地体系规划——以台湾地区台北市为例[J]. 城市规划,2004(5):74-79.

[192] 于涛方,吴志强. 长江三角洲都市连绵区边界界定研究[J]. 长江流域资源与环境,2005(4):397-403.

[193] 余翰武,伍国正,柳浒. 城市生命线系统安全保障对策探析[J]. 中国安全科学学报,2008(5):18-22.

[194] 余颖,扈万泰. 紧凑城市——重庆都市区空间结构模式研究[J]. 城市发展研究,2004(4):59-66.

[195] 云南省地方志编纂委员会. 云南省志-地理志(卷一)[M]. 昆明:云南人民出版社,1996.

[196] 占辽芳,廖野翔,彭颖霞,等. GIS技术在地质灾害研究中的应用[J]. 测绘与空间地理信息,2011(1):167-170.

[197] 张保军,等. 水库诱发地震对库岸滑坡体稳定性的影响[J]. 人民长江,2009(01):67-78.

[198] 张翰卿,戴慎志. 美国的城市综合防灾规划及其启示[J]. 国际城市规划,2007(4):58-64.

[199] 张浩,王祥荣. 城市绿地降低空气中含菌量的生态效应研究[J]. 环境污染与防治,2002(4):101-103.

[200] 张丽萍,张妙仙. 环境灾害学[M]. 北京:科学出版社,2008:49-55.

[201] 张林波. 城市生态承载力理论与方法研究——以深圳为例[M]. 北京:中国环境科学出版社,2009.

[202] 张敏. 国外城市防灾减灾及我们的思考[J]. 规划师,2000(2):101-104.

[203] 张明媛,袁永博,周晶. 城市灾害相对承载力分析与模型的建立[J]. 自然灾害学报,2008(5):136-141.

[204] 张明媛. 城市承灾能力及灾害综合风险评价研究[D]. 大连:大连理工大学,2008.

[205] 张庆费,杨文悦,乔平. 国际大都市城市绿化特征分析[J]. 上海市风景园林学会论文集,2004(7):76-78.

[206] 张天尧. 香港公共交通系统可持续发展评析[J]//2011城市发展与规划大会论文集[C]. 2011:348-353.

[207] 张庭伟. 1990年代中国城市空间结构的变化及其动力机制[J]. 城市规划,2001(7):7-14.

[208] 张维,周锡元,高小旺,等.城市综合防灾示范研究[J].建筑科学,1999.

[209] 张咸恭,黄鼎成,韩文峰,等.人类活动与诱发灾害[J].地质灾害与防治,1990,1(2):1-8.

[210] 张新献,古润泽.北京城市居住区绿地的滞尘效益[J].北京林业大学学报,1997(4):12-17.

[211] 张永仲.历史中的巴黎实践创新[J].规划师,2002(2):80-82.

[212] 张勇强.城市空间发展自组织研究——深圳为例[D].南京:东南大学,2003.

[213] 张勇强.城市空间发展自组织与城市规划[M].南京:东南大学出版社,2006.

[214] 张倬元.大力加强人类工程活动与地质环境互馈作用机理及对策研究(代序)//张倬元.典型人类工程活动与地质环境相互作用研究[M].北京:地震出版社,1994:1-5.

[215] 赵珂,饶懿,王丽丽,等.西南地区生态脆弱性评价研究——以云南、贵州为例[J].地质灾害与环境保护,2004,2(15):38-42.

[216] 赵万民.三峡工程与人居环境建设[M].北京:中国建筑工业出版社,1999.

[217] 赵万民,李云燕.西南山地人居环境建设与防灾减灾的思考[J].新建筑,2008(4):115-120.

[218] 赵万民,韦小军,王萍,等.龚滩古镇的保护与发展——山地人居环境建设研究之一[J].华中建筑,2001(2):87-91.

[219] 赵万民.关于山地人居环境研究的思考[J].规划师,2003(6):60-62.

[220] 赵万民.三峡库区城市化与移民问题研究[J].城市规划,1997(4):4-7.

[221] 赵万民,等.西南地区流域人居环境建设研究[M].南京:东南大学出版社,2011.

[222] 赵炜.乌江流域人居环境建设研究[M].南京:东南大学出版社,2008.

[223] 赵炜,杨矫.汶川地震灾区安居环境评价技术体系初探[J].四川建筑科学研究,2009(06):168-170.

[224] 赵锡清.发展小轿车与城市建设的关系和对策[J].城市规划,1988(4):16-20.

[225] 赵志模,郭依泉.群落生态学原理方法[M].重庆:科学技术文献出版社重庆分社,1990.

[226] 郑力鹏.开展城市与建筑"适灾"规划设计研究[J].建筑学报,1995(8):39-41.

[227] 郑曦,孙晓春.城市绿地防灾规划建设和管理探讨——基于四川汶川大地震的思考[J].中国人口·资源与环境,2008(6):152-156.

[228] 中国城市规划设计研究院.北川羌族自治县新县城灾后重建总体规划[Z].2008.

[229] 中华人民共和国国务院.破坏性地震应急条例[Z].1995.

[230] 钟城,吴振华.我国八大区域的城乡统筹发展水平实证研究[J].重庆工商大学学报(西部论坛),2008(1):13-17.

[231] 钟纪刚.巴黎城市建设史[M].北京:中国建筑工业出版社,2002.

[232] 周捷.大城市边缘区理论与对策研究:武汉市实证分析[D].上海:同济大学,2007.

[233] 周珂,屈军.城市灾后恢复重建规划的核心特征——都江堰市灾后重建规划概念方案国际征集综述[J].城市规划,2008(11):87-92.

[234] 周昕.昆明城市空间形态演变研究[J].规划师,2008(11):71-76.

[235] 周庆华,李岳岩,陈静,等.四川汉旺地震遗址保护地概念规划探讨[J].规划师,2010

（02）：44-49.

[236] 周庆华，雷会霞，海龙西. 城市设计·生态结构·景观生成——安康总体城市设计生态景观生成的启示[J]. 规划师，2001（06）：22-26.

[237] 朱炜. 公共交通发展模式对城市形态的影响[J]. 华中建筑，2004（5）：104-106.

[238] 朱文一. 空间·符号·城市：一种城市设计理论[M]. 第二版. 北京：中国建筑工业出版社，2010.

[239] 邹德慈. 城市规划导论[M]. 北京：中国建筑工业出版社，2002：25.

[240] 邹德慈. 刍议北川新县城规划设计的立意[J]. 城市规划，2011（S2）：10-11.

[241] 曾帆. 山地人居环境空间形态规划理论与实例探析[D]. 重庆：重庆大学，2009.

[242] 曾坚，左长安. CBD 空间规划设计中的防灾减灾策略探析[J]. 建筑学报，2010（11）：75-79.

[243] 曾庆波，李意德，陈步峰，等. 热带森林生态系统研究与管理[M]. 北京：中国林业出版社，1997.

[244] Kochunov B L. 脆弱生态的概念及分类[J]. 地理译报，1993（1）：36-43.

[245] Abernethyvd. Carrying capacity：the tradition and policy implications of limits[J]. Ethics in Science and Environmental Politics，2001（1）：9-18.

[246] Ahern J. Greenways as a planning strategy [J]. Landscape and Urban Planning，1995（33）：131-155.

[247] Ambe J Njoh. Development implications of colonial land and human settlement schemes in Cameroon [J]. Habitat International，2002（26）：399-415.

[248] Anastassia Alexandrova，Ellen L Hamilton，Polina Kuznetsova. What can be learned from introducing settlement typology into urban poverty analysis：the case of the Tomsk region，Russia [J]. Urban Studies，2006，43（7）：1177-1189.

[249] Arriaza M，Ca ñas-Ortega J F，Cañas-Madueño J A，et al. Assessing the visual quality of rural landscapes[J]. Landscape and Urban Planing，2004（69）：115-125.

[250] Arthur E Stamps. Fractals，skylines，nature and beauty[J]. Landscape and Urban Planning，2002（60）：163-184.

[251] Barber Jeffrey. The sustainable communities' movement [J]. Journal of Environment and Development，1996，5（3）：338-348.

[252] Cohen J E. How many people can the Earth support? [J]. The Sciences，1995（35）：18-23.

[253] H Haken. Information and self-organization：a macroscopic approach to complex systerm[M]. New York：Springer-Verla，1988.

[254] Hallegatte S. An adaptive regional input-output model and its application to the assessment of the economic cost of Katrina [J]. Risk Analysis，2008，28（3）：779-799.

[255] Herzele A V，Wiedemann T. A monitoring tool for the provision of accessible and attractive urban greens paces[J]. Landscape and Urban Planning，2003（63）：109-126.

[256] Koenig J G. Indicators of urban accessibility：theory and application [J].

Transportation, 1980(9):145-172.

[257] Kozlowski J M. Sustainable development in professional planning: a potential contribution of the EIA and UET concepts[J]. Landscape and Urban Planning, 1990, 19(4), 307-332.

[258] Kyushik Oh, Yeunwoo Jeong, Dong kun Lee, et al. Determining development density using the urban carrying capacity assessment system[J]. Landscape and Urban Planning, 2005,1(73):1-15.

[259] Li Yunyan, Zhou Tiejun. Analysis of disaster prevention and reduction of urban green space planning in mountain city[J]. Disaster Advance, 2010 (4):133-137.

[260] Li Yunyan, Zhao Wanmin. Notice of research on planning strategies for disaster prevention and reduction in Southwest Mountainous cities [A]//International Conference on Electric Technology and Civil Engineering[C]. IEEE , 2011 (2): 1452-1455.

[261] Li yunyan, Zhao-wanmin, Zhu Meng. Theoretical reflection on disaster prevention and reduction in Southwest Mountainous cities[J]. Advanced Materials Research, 2002(255-260):1422-1425.

[262] Oh K, Jeong Y, Lee D, et al. An Integrated frame work for the assessment of urban carrying capacity[J]. Korea Plan Assoc, 2002,37(5): 7-26.

[263] P M Allen. Cities and regions as self-organizing systems: models of complexity [M]. London: Taylor & Francis, 1997:47-51.

[264] Pirie G H. Measuring accessibility: a reviewand proposal[J]. Environment and Planning, 1979, 11(3):299-312.

[265] R J Pryor. Defining the Rural-Urban Fringe[J]. Social Forces, 1968, 47(2):202-215.

[266] Sehmel G A. Particle and gas dry deposition: a review [J]. Atmospheric Environment, 1967 (14): 983-1011.

[267] Vick man R W. Accessibility attraction and potential a review of some concepts and their use in determining mobility[J]. Environment and Planning A, 1974(6):675-691.

[268] Weibull J W. An axiomatic approach to the measurement of accessibility[J]. Regional Science and Urban Economics, 1976(6):357-379.

[269] Young Christian C. Defining the range: the development of carrying capacity in management practice[J]. Journal of the History of Biology, 1998, 31(1):61-83.

[270] Nanba S, Kawaguchi T. Influence of some factors upon soil losses from large mountain watershed [J]. Bulletin of the Government Forest Experiment Station, 1965(173):93-166.

参考文献

致　谢

　　城市防灾减灾研究是一项浩繁的系统工程，涉及社会、经济、文化、空间、技术、管理等等城市各个方面的内容。本书择其物质空间层面进行系统研究，需要避开与城市密切相关的社会、经济、管理等问题，需要做出很大的勇气……是导师高屋建瓴，给予我信心，引领我一步一步直至成文。

　　首先感谢恩师赵万民教授，师从先生，迄今六年有余，先生学识渊博、治学严谨，目光敏锐，讲解问题深入浅出，引领我一个懵懂小子，言传身教，逐渐启发，开始涉足学术研究，找到自己的学术方向。深感先生对弟子的教导，本书写作中，导师不断鼓励，常以"小马过河"的故事鞭策。本书成型后又多次得到先生的悉心指导，屡屡精进；尤其本书的最后阶段，先生的一句"行百里者半九十"让我脱出浮躁，静下心来，在先生的严格要求下，本书历经多次评改，终至成文，在此深深拜谢。

　　本书的开题和预答辩得到了黄天其教授、阴可教授、邢忠教授、颜文涛教授、徐煜辉教授、李和平教授和谭少华教授等的悉心帮助与指点，在此，致以最诚挚的谢意。本书内容的进行与修改得到师兄黄勇副教授的关心与帮助，感谢您多次提出的修改建议和帮助，特别叩谢。还要感谢李进高级工程师、聂小晴副教授在工作和学习中对我的鼓励与帮助。感谢山地人居环境团队段炼副教授、李泽新副教授、汪洋副教授、王成教授、戴彦副教授、黄瓴副教授、李旭副教授、周露老师等对于本书所提的修改建议和帮助，在此一并致谢。

　　本书成文还要感谢我的硕士研究生导师周铁军教授，先生治学严谨、言谈风趣，为我开启了该方向研究的大门，使得自己在此方向有了较多的积累；深深感谢师兄左进副教授一直以来的关心与帮助；感谢王雪松副教授对于开展该方向研究的肯定与建议。

　　感谢朱猛、魏晓芳在我写作挣扎时刻以及写作过程中给予的支持与安慰，永远记得我们常聚在城规学院五楼半圆办公室"指点江山、激扬文字……"；感谢邻居及同门郭辉在学习生活中给予的关心和帮助；感谢刘畅、阴怡然、陈皞等在本书初成时给予的建议和帮助；感谢丁咚的时常鼓励，感谢周琚、史靖塬、陈浩、李长东、孙爱庐及各位同门的陪伴。

　　本书所需资料有幸得各方帮助，方得以完成，在此要特别感谢中科院成都山地所给予方便之门进入其图书馆搜集资料；感谢重大设计院梁文跃所长、重大规划院杨柳教授、四川省院胡上春、成都市温江区规划局李波、中规院蔡一喧等提供了宝贵的资料和帮助；感谢孙国春老师、刘柳在教务办公室提供的各种方便；感谢好友林岭、温江、高露、宋晓宇、彭维燕、杨秦川、钟敦宇、赵忠凯、王立、杨黎黎、赵煜阳、庞春等给予的关心与帮助，在此一并谢过。

　　感谢评阅本书和参加本书答辩的教授们，衷心感谢你们宝贵的意见和建议，您辛苦了！

本书的出版,特别需要感谢出版社各位领导和编辑的关怀与辛苦的工作,在此拜谢!

最后深深感谢我的父母,感谢你们的默默支撑,让我没有后顾之忧,毅然走上求学路;感谢我的爱人和最可爱的小公主,你们是我前进的动力,谢谢你们!

李云燕

2014 年 12 月

致

谢